2009第二次全国R&D资源清查资料汇编

政府研究机构卷

中华人民共和国科学技术部
国家国防科技工业局
第二次全国R&D资源清查领导小组办公室

R&D 2009

中国统计出版社
China Statistics Press

（京）新登字 041 号

图书在版编目（CIP）数据

2009 第二次全国 R&D 资源清查资料汇编. 政府研究机构卷 / 中华人民共和国科学技术部, 国家国防科技工业局, 第二次全国 R&D 资源清查领导小组办公室编. -- 北京 : 中国统计出版社, 2011.10

ISBN 978-7-5037-6406-6

Ⅰ. ①2… Ⅱ. ①中… ②国… ③第… Ⅲ. ①科学研究组织机构 – 科技统计 – 统计资料 – 汇编 – 中国 – 2009 Ⅳ. ①G322

中国版本图书馆 CIP 数据核字(2011)第 213092 号

2009 第二次全国 R&D 资源清查资料汇编——政府研究机构卷

作　　者/中华人民共和国科学技术部　国家国防科技工业局
　　　　　第二次全国 R&D 资源清查领导小组办公室　编
责任编辑/徐　涛　杨宏进
装帧设计/杨　超
出版发行/中国统计出版社
通信地址/北京市西城区月坛南街 57 号　邮政编码/100826
办公地址/北京市丰台区西三环南路甲 6 号
电　　话/邮购（010）63376907　书店（010）68783172
印　　刷/河北天普润印刷厂
经　　销/新华书店
开　　本/880 × 1230mm　1/16
印　　张/19.5
字　　数/624 千字
版　　别/2011 年 11 月第 1 版
版　　次/2011 年 11 月第 1 次印刷
书　　号/ISBN 978-7-5037-6406-6/G. 203
定　　价/260.00 元

《2009第二次全国R&D资源清查资料汇编——政府研究机构卷》

编者说明

为全面掌握我国研究与试验发展（以下简称 R&D）活动情况，更好地适应新形势下宏观管理的需求，经国务院批准，国家统计局、科技部、国家发展改革委、教育部、财政部、国防科工局于 2009 年联合开展了第二次全国 R&D 资源清查。

此次清查的调查对象是国民经济中 R&D 活动相对密集行业的法人单位，涉及的范围包括：农、林、牧、渔业，采矿业，制造业，电力、燃气及水的生产和供应业，建筑业，交通运输、仓储和邮政业，信息传输、计算机服务和软件业，金融业，租赁和商务服务业，科学研究、技术服务和地质勘查业，水利、环境和公共设施管理业，教育，卫生、社会保障和社会福利业，文化、体育和娱乐业等十四个行业。

清查的主要内容包括 R&D 活动人员数量、素质及其工作情况；R&D 经费支出、用途及来源情况；研发用仪器设备等固定资产拥有情况；各类研发机构的基本情况；R&D 项目（课题）的研究类型、组织方式及社会经济目标等情况；专利等自主知识产权的拥有及使用情况等。企业的清查内容还包括技术引进、消化吸收和技术改造情况；政府给予研发活动的税收减免情况等。

本资料汇编为第二次全国 R&D 资源清查系列资料之政府研究机构卷，“政府研究机构”包括县以上政府部门属科学研究与技术开发机构、科学技术信息和文献机构，但不包括转制院所。本资料汇编是反映此次清查中政府部门属研究机构总体情况的统计资料书。全书分为四个部分，包括全国政府部门属研究机构、自然科学和技术领域研究机构、社会与人文科学领域研究机构、科技信息和文献机构。书后附有主要统计指标解释。

本书数据的年份为 2009 年。地区分组中，东部地区包括北京、天津、河北、辽宁、上海、江苏、浙江、福建、山东、广东和海南；中部地区包括山西、吉林、黑龙江、安徽、江西、河南、湖北和湖南；西部地区包括内蒙古、广西、重庆、四川、贵州、云南、西藏、陕西、甘肃、青海、宁夏和新疆。

书中因小数取舍而产生的误差均未作配平调整；各表中的“空格”表示该项统计指标数据不足本表最小单位数或无该项数据；“#”表示其中主要项。

目　录

一、全国政府部门属研究机构

二、自然科学和技术领域研究机构

三、社会与人文科学领域研究机构

四、科技信息和文献机构

附　　录

一、全国政府部门属研究机构

1-1　科技活动基本情况

主要指标	单位	合计	自然科学和技术领域	社会、人文科学领域	科技信息与文献机构
机构数	个	3707	3059	308	340
从业人员	人	639185	603280	20905	15000
科技活动人员	人	506651	473052	20372	13227
#具有博士学位	人	31831	28486	2992	353
具有硕士学位	人	85659	79288	4622	1749
#具有高级职称	人	132093	120727	7872	3494
科技经费筹集总额	万元	15369623	14704238	384778	280608
#政府资金	万元	12585968	12018778	341337	225852
企业资金	万元	544116	534564	4313	5238
金融机构贷款	万元	40638	40392	15	231
国外资金	万元	56495	53852	2606	37
其他资金	万元	2142408	2056651	36507	49250
科技经费内部支出	万元	14281666	13679032	352009	250625
#日常性支出	万元	10352582	9857841	304697	190044
#人员劳务费	万元	2755502	2545269	125888	84346
资产性支出	万元	3929084	3821191	47312	60580
#设备购置费	万元	2285914	2208246	22483	55185
科技经费外部支出	万元	365168	352311	3228	9629
科技活动课题数	项	86030	77518	6553	1959
科技活动课题参加人员全时当量	人年	297426	281207	10681	5538
#研究人员	人年	169303	157691	8538	3073
科技活动课题经费内部支出	万元	7229946	7063620	109129	57197
#政府资金	万元	6033711	5899154	99007	35551
固定资产中的科研仪器设备原价	万元	7583226	7341729	53869	187628
#进口	万元	2792032	2788982	1729	1320

1-2 研究与试验发展(R&D)活动基本情况

主要指标	单位	合计	自然科学和技术领域	社会、人文科学领域	科技信息与文献机构
R&D人员数	人	323034	310836	10860	1338
#全时人员	人	250027	240312	8849	866
#女性	人	102903	98034	4320	549
#博士	人	35393	32978	2321	94
硕士	人	80511	77155	3082	274
R&D人员折合全时当量	人年	277183	266414	9679	1090
#研究人员	人年	172525	164245	7657	623
#基础研究	人年	40754	37104	3622	28
应用研究	人年	102900	97874	4581	445
试验发展	人年	133529	131436	1476	617
R&D经费内部支出	万元	9959481	9776458	157895	25129
#基础研究	万元	1106276	1042886	62238	1152
应用研究	万元	3509107	3424002	75358	9747
试验发展	万元	5344098	5309570	20299	14230
#日常性支出	万元	6979483	6819171	142870	17443
#人员劳务费	万元	1805816	1732808	65529	7479
资产性支出	万元	2979998	2957287	15025	7686
#设备购置费	万元	1697888	1677043	13760	7084
#政府资金	万元	8495281	8335403	140862	19016
企业资金	万元	298323	296510	1773	41
国外资金	万元	41624	40413	1194	17
其他	万元	1124253	1104132	14066	6055
R&D资金外部支出	万元	213778	213509	97	172
R&D课题数	项	61135	55856	4928	351
R&D课题参加人员全时当量	人年	236991	227867	8217	908
#研究人员	人年	142392	135089	6779	524
R&D课题经费内部支出	万元	5798172	5705773	82424	9976
#政府资金	万元	4996303	4910766	77828	7709

1-3 科技活动成果

主要指标	单位	合计	自然科学和技术领域	社会、人文科学领域	科技信息与文献机构
专利申请受理数	件	15773	15737	16	20
#发明专利	件	12361	12349	3	9
专利申请授权数	件	6391	6381	4	6
#发明专利	件	4077	4072	4	1
#国外授权	件	52	52		
有效发明专利数	件	17677	17668	4	5
专利所有权转让及许可数	件	509	509		
专利所有权转让及许可收入	万元	120824	120824		
发表科技论文	篇	138119	113816	20982	3321
#国外发表	篇	25882	25080	627	175
出版科技著作	种	4788	2849	1835	104
形成国家或行业标准数	项	2458	2177	1	280
集成电路布图设计登记数	件	22	21		1
植物新品种权授予数	项	813	813		
软件著作权数	件	1347	1250		97
新药证书数	件	1340	1340		

1-4 从业人员和科技活动人员按性别和工作性质分

项 目	机构数（个）	从业人员（人）	科技活动人员（人）	#女性	科技管理人员	课题活动人员	科技服务人员
全 国	**3707**	**639185**	**506651**	**157307**	**66916**	**358143**	**81592**
按机构类型分							
自然科学和技术领域	3059	603280	473052	143595	60783	338137	74132
社会与人文科学领域	308	20905	20372	7832	3714	14127	2531
科技信息与文献机构	340	15000	13227	5880	2419	5879	4929
按隶属关系分							
地方部门属	3016	214441	167496	62652	28345	100595	38556
省级部门属	1440	143290	115198	43738	18313	72458	24427
副省级城市属	180	12409	9405	3584	1518	5749	2138
地市级部门属	1396	58742	42893	15330	8514	22388	11991
中央部门属	691	424744	339155	94655	38571	257548	43036
中国科学院	100	46714	76209	13071	4761	64430	7018
中国社会科学院	36	3211	4488	1294	453	3760	275
按地区分							
东部地区	1613	328256	278653	84838	34748	205858	38047
中部地区	1117	132449	102672	31338	14157	68084	20431
西部地区	977	178480	125326	41131	18011	84201	23114
北 京	364	133141	119611	37193	14394	94464	10753
天 津	69	12603	9932	3627	1294	6996	1642
河 北	74	15423	10773	3087	1418	7744	1611
山 西	171	16186	13239	4749	1900	8969	2370
内蒙古	97	8296	6490	2570	1264	3839	1387
辽 宁	170	20662	19485	5395	2471	13923	3091
吉 林	119	13307	11874	3518	1827	7888	2159
黑龙江	188	14435	11896	4314	1556	7885	2455
上 海	137	39901	34470	9546	4449	24886	5135
江 苏	149	38517	29763	9044	3492	20412	5859
浙 江	101	14872	11177	3189	1508	7875	1794
安 徽	111	15289	10663	2504	1318	7205	2140
福 建	104	6287	5869	1744	841	4142	886
江 西	113	12030	7232	2281	1070	4979	1183
山 东	230	21503	17354	5699	2308	11249	3797
河 南	125	22855	16521	5317	2242	9777	4502
湖 北	158	25189	21607	5702	2673	15542	3392
湖 南	132	13158	9640	2953	1571	5839	2230
广 东	185	20645	17613	5521	2186	12580	2847
广 西	119	10283	6983	2439	1226	4222	1535
海 南	30	4702	2606	793	387	1587	632
重 庆	29	9289	6172	1806	854	3989	1329
四 川	163	63646	36014	10672	5151	24464	6399
贵 州	75	5742	4499	1482	838	2886	775
云 南	97	10567	9143	3247	1211	6058	1874
西 藏	19	1231	917	350	182	464	271
陕 西	120	49607	37714	12848	4828	26903	5983
甘 肃	104	11390	9463	2898	1219	6266	1978
青 海	22	933	1015	280	122	696	197
宁 夏	22	809	753	269	155	507	91
新 疆	110	6687	6163	2270	961	3907	1295

1-4 续表 1

项　目	机构数（个）	从业人员（人）	科技活动人员（人）	#女性	科技管理人员	课题活动人员	科技服务人员
按机构学科领域分							
自然科学领域	283	53873	73899	15233	6114	59952	7833
数学	5	580	1275	160	78	1074	123
信息科学与系统科学	30	2280	2591	683	311	1927	353
力学	2	862	1271	157	73	1076	122
物理学	14	10395	15229	2282	968	12877	1384
化学	37	6116	8980	1902	686	7247	1047
天文学	5	1575	2125	358	171	1674	280
地球科学	103	20062	23291	5217	2429	18294	2568
生物学	86	11850	18720	4387	1373	15411	1936
心理学	1	153	417	87	25	372	20
农业科学领域	1293	103056	77518	25247	12218	50966	14334
农学	825	72423	54592	17864	8268	35966	10358
林学	246	14682	10589	3665	1987	6594	2008
畜牧、兽医科学	114	9581	7217	2321	1118	4846	1253
水产学	108	6370	5120	1397	845	3560	715
医学科学领域	315	49767	36467	17827	3948	25062	7457
基础医学	44	4357	4479	1800	408	3544	527
临床医学	100	20203	11150	5805	1081	7545	2524
预防医学与公共卫生学	59	8960	7747	3954	994	5108	1645
军事医学与特种医学	3	241	234	85	58	165	11
药学	26	3427	3620	1371	363	2788	469
中医学与中药学	83	12579	9237	4812	1044	5912	2281
工程科学与技术领域	1171	397714	285870	85638	38697	202267	44906
工程与技术科学基础学科	96	29426	23947	7848	3176	16539	4232
信息与系统科学相关工程与技术	1	42	37	12	8	22	7
自然科学相关工程与技术	12	553	478	146	100	277	101
测绘科学技术	17	2294	1753	536	181	1408	164
材料科学	32	8785	7643	1852	810	5492	1341
矿山工程技术	7	1304	761	277	153	547	61
冶金工程技术	8	457	359	107	49	193	117
机械工程	68	6217	4456	1405	627	2725	1104
动力与电气工程	10	3256	3199	710	313	2414	472
能源科学技术	30	2840	3175	700	467	2206	502
核科学技术	25	39053	20544	5692	2682	14346	3516
电子与通信技术	148	92038	61159	17746	6825	43749	10585
计算机科学技术	35	15615	9345	2466	1003	7401	941
化学工程	51	3543	3334	810	394	2389	551
产品应用相关工程技术	3	252	794	64	40	667	87
纺织科学技术	29	1003	533	251	130	240	163
食品科学技术	52	2441	2028	756	310	1157	561
土木建筑工程	81	7596	5370	1784	1013	2695	1662
水利工程	77	10931	7962	2379	1602	5040	1320
交通运输工程	60	33240	26330	6780	3326	20177	2827
航空、航天科学技术	130	120524	86966	28189	13015	62288	11663
环境科学技术及资源科学技术	133	10105	10098	3589	1566	6913	1619
安全科学技术	38	4836	4196	1069	616	2449	1131
管理学	28	1363	1403	470	291	933	179

1-4 续表 2

项目	机构数(个)	从业人员(人)	科技活动人员(人)	#女性	科技管理人员	课题活动人员	科技服务人员
社会、人文科学领域	645	34775	32897	13362	5939	19896	7062
马克思主义	5	835	794	317	152	551	91
哲学	7	1249	1308	475	276	920	112
宗教学	2	94	124	36	19	98	7
语言学	1	81	105	31	9	93	3
文学	5	322	424	142	43	365	16
艺术学	46	1924	1712	783	300	1218	194
历史学	9	699	820	250	89	661	70
考古学	24	1960	1731	536	294	922	515
经济学	94	4826	4755	1703	864	3434	457
政治学	10	599	752	244	65	639	48
法学	14	1142	1381	368	201	959	221
军事学							
社会学	52	5362	4902	2089	1026	3262	614
民族学与文化学	11	487	484	197	80	338	66
新闻学与传播学	7	283	230	90	30	178	22
图书馆、情报与文献学	282	11218	10064	4576	1833	4156	4075
教育学	40	2601	2278	1096	475	1431	372
体育科学	31	1019	969	401	175	628	166
统计学	5	74	64	28	8	43	13
按机构服务的国民经济行业分							
农、林、牧、渔业	1249	98259	74856	24565	11441	49621	13794
农业	595	57478	43387	14435	6457	28870	8060
林业	201	11714	8578	2970	1482	5462	1634
畜牧业	60	6154	4597	1438	712	3126	759
渔业	66	4432	3667	967	562	2678	427
农、林、牧、渔服务业	327	18481	14627	4755	2228	9485	2914
采矿业	10	1722	917	374	89	718	110
煤炭开采和洗选业	6	540	264	82	36	158	70
石油和天然气开采业	1	345	231	129	37	176	18
有色金属矿采选业	2	828	413	160	13	378	22
其他采矿业	1	9	9	3	3	6	
制造业	415	28190	22238	7468	3493	13793	4952
农副食品加工业	41	1828	1532	526	229	883	420
食品制造业	15	541	433	190	79	255	99
饮料制造业	2	148	68	36	13	48	7
烟草制品业	1	26	25	11	3	13	9
纺织业	17	617	413	162	94	199	120
纺织服装、鞋、帽制造业	5	145	71	40	15	32	24
皮革、毛皮、羽毛(绒)及其制品业	3	45	28	9	9	13	6
木材加工及木、竹、藤、棕、草制品业	2	233	308	92	22	180	106
家具制造业	1	21	20	6	4	14	2
造纸及纸制品业	2	107	71	24	13	34	24
印刷业和记录媒介的复制	6	107	79	33	16	13	50
石油加工、炼焦及核燃料加工业	2	45	30	8	7	16	7
化学原料及化学制品制造业	43	3198	2625	708	323	1798	504
医药制造业	56	6557	5755	2503	694	4089	972
化学纤维制造业	4	172	102	41	14	59	29
橡胶制品业	1	103	35	5	6	14	15
塑料制品业	6	224	188	56	30	126	32
非金属矿物制品业	22	1299	896	311	179	467	250
黑色金属冶炼及压延加工业	5	216	115	37	26	58	31
有色金属冶炼及压延加工业	3	292	286	89	37	151	98
金属制品业	3	90	75	18	15	54	6
通用设备制造业	31	2716	1804	563	397	780	627
专用设备制造业	81	5676	4219	1163	714	2687	818
交通运输设备制造业	5	343	217	80	48	131	38
电气机械及器材制造业	6	354	300	99	57	199	44
通信设备、计算机及其他电子设备制造	23	1631	1427	353	179	884	364
仪器仪表及文化、办公用机械制造业	16	1197	943	241	224	521	198
工艺品及其他制造业	13	259	173	64	46	75	52

1-4 续表 3

项 目	机构数 (个)	从业人员 (人)	科技活动人员 (人)	#女性	科技管理人员	课题活动人员	科技服务人员
电力、燃气及水的生产和供应业	13	2125	1912	555	231	1418	263
电力、热力的生产和供应业	10	1913	1763	500	204	1342	217
燃气生产和供应业	1	153	106	38	19	43	44
水的生产和供应业	2	59	43	17	8	33	2
建筑业	51	5977	4553	1294	833	2072	1648
房屋和土木工程建筑业	44	5784	4436	1257	804	1999	1633
建筑安装业	1	20	8	3	2	5	1
建筑装饰业	3	36	31	7	8	21	2
其他建筑业	3	137	78	27	19	47	12
交通运输、仓储和邮政业	23	3247	3014	892	425	2325	264
铁路运输业	4	402	342	103	75	228	39
道路运输业	8	1617	1544	440	200	1220	124
城市公共交通业	6	435	371	89	61	275	35
水上运输业	3	429	391	114	49	306	36
航空运输业	1	195	195	86	10	185	
装卸搬运和其他运输服务业	1	169	171	60	30	111	30
信息传输、计算机服务和软件业	43	3557	4477	1108	478	3720	279
电信和其他信息传输服务业	21	1737	1711	644	235	1349	127
计算机服务业	8	1020	2007	264	152	1784	71
软件业	14	800	759	200	91	587	81
批发和零售业	2	50	34	13	11	16	7
批发业	2	50	34	13	11	16	7
金融业	2	42	38	14	7	31	
其他金融活动	2	42	38	14	7	31	
房地产业	2	60	20	9	6	8	6
房地产业	2	60	20	9	6	8	6
租赁和商务服务业	10	317	269	120	39	188	42
商务服务业	10	317	269	120	39	188	42
科学研究、技术服务和地质勘查业	1217	422761	339356	96381	41764	248804	48788
研究与试验发展	687	375176	296525	83240	35188	221891	39446
专业技术服务业	306	30406	28035	8637	4303	17140	6592
科技交流和推广服务业	172	6347	7056	2151	1084	4610	1362
地质勘查业	52	10832	7740	2353	1189	5163	1388
水利、环境和公共设施管理业	222	19287	16722	5697	2975	10831	2916
水利管理业	82	8494	6847	2121	1462	4126	1259
环境管理业	131	10311	9534	3457	1452	6455	1627
公共设施管理业	9	482	341	119	61	250	30
居民服务和其他服务业	3	90	76	33	13	33	30
居民服务业	2	44	44	20	2	28	14
其他服务业	1	46	32	13	11	5	16
教育	36	2350	2048	1002	417	1297	334
教育	36	2350	2048	1002	417	1297	334
卫生、社会保障和社会福利业	249	40140	26643	13996	2974	17562	6107
卫生	249	40140	26643	13996	2974	17562	6107
文化、体育和娱乐业	84	4556	4057	1866	734	2026	1297
新闻出版业	2	285	189	99	20	154	15
广播、电视、电影和音像业	1	44	46	21	24	21	1
文化艺术业	50	3109	2748	1318	484	1174	1090
体育	30	1004	957	396	170	624	163
娱乐业	1	114	117	32	36	53	28
公共管理和社会组织	76	6455	5421	1920	986	3680	755
中国共产党机关	2	26	31	12	4	23	4
国家机构	74	6429	5390	1908	982	3657	751

1-5 科技活动人员按学历和职称分

单位：人

项目	科技活动人员	学历				职称		
		博士	硕士	大学	其他	高级	中级	其他
全 国	**506651**	**31831**	**85659**	**229641**	**159520**	**132093**	**138472**	**236086**
按机构类型分								
自然科学和技术领域	473052	28486	79288	214213	151065	120727	128385	223940
社会与人文科学领域	20372	2992	4622	8759	3999	7872	5647	6853
科技信息与文献机构	13227	353	1749	6669	4456	3494	4440	5293
按隶属关系分								
地方部门属	167496	5802	23771	76560	61363	48802	51208	67486
省级部门属	115198	5290	19492	53535	36881	36165	34192	44841
副省级城市属	9405	195	1540	4514	3156	2694	3126	3585
地市级部门属	42893	317	2739	18511	21326	9943	13890	19060
中央部门属	339155	26029	61888	153081	98157	83291	87264	168600
中国科学院	76209	12857	9510	41254	12588	21083	13446	41680
中国社会科学院	4488	1317	704	1991	476	1666	978	1844
按地区分								
东部地区	278653	24618	52564	125154	76317	75313	74818	128522
中部地区	102672	3408	14479	48623	36162	27012	29193	46467
西部地区	125326	3805	18616	55864	47041	29768	34461	61097
北 京	119611	14983	25210	52715	26703	33909	31744	53958
天 津	9932	281	1519	4462	3670	2413	2707	4812
河 北	10773	216	1823	4843	3891	2823	2977	4973
山 西	13239	218	1260	6384	5377	2808	4060	6371
内蒙古	6490	119	716	2819	2836	1997	2017	2476
辽 宁	19485	1019	2996	9628	5842	5477	5208	8800
吉 林	11874	690	1336	6333	3515	3848	2906	5120
黑龙江	11896	272	1705	6753	3166	4192	3363	4341
上 海	34470	2859	6259	15852	9500	8245	8796	17429
江 苏	29763	1519	5069	12299	10876	7712	8240	13811
浙 江	11177	646	2240	5121	3170	2950	3235	4992
安 徽	10663	539	1406	5188	3530	2334	2992	5337
福 建	5869	394	1043	2659	1773	1845	1788	2236
江 西	7232	76	784	3408	2964	1890	2164	3178
山 东	17354	1232	2843	8696	4583	5464	5026	6864
河 南	16521	377	2934	6529	6681	3674	4771	8076
湖 北	21607	1012	3870	9868	6857	5653	6241	9713
湖 南	9640	224	1184	4160	4072	2613	2696	4331
广 东	17613	1334	3148	7862	5269	4037	4556	9020
广 西	6983	148	979	3141	2715	1544	2247	3192
海 南	2606	135	414	1017	1040	438	541	1627
重 庆	6172	98	862	2412	2800	2011	1615	2546
四 川	36014	1382	6305	15873	12454	7828	9683	18503
贵 州	4499	185	471	2374	1469	965	1239	2295
云 南	9143	399	1218	4530	2996	2069	2352	4722
西 藏	917	8	73	376	460	186	223	508
陕 西	37714	523	5790	15694	15707	8342	9906	19466
甘 肃	9463	649	1142	4412	3260	2375	2702	4386
青 海	1015	68	98	555	294	305	258	452
宁 夏	753	16	172	375	190	282	214	257
新 疆	6163	210	790	3303	1860	1864	2005	2294

1-5 续表 1

单位：人

项 目	科技活动人员	学 历				职 称		
		博士	硕士	大学	其他	高级	中级	其他
按机构学科领域分								
自然科学领域	73899	11056	9509	38423	14911	22410	14688	36801
数学	1275	242	97	826	110	330	193	752
信息科学与系统科学	2591	344	389	1282	576	609	690	1292
力学	1271	265	104	659	243	403	172	696
物理学	15229	2271	1964	8128	2866	4662	2860	7707
化学	8980	1307	965	4981	1727	2598	1688	4694
天文学	2125	344	262	838	681	772	384	969
地球科学	23291	3490	3319	11075	5407	8446	5127	9718
生物学	18720	2691	2388	10384	3257	4496	3506	10718
心理学	417	102	21	250	44	94	68	255
农业科学领域	77518	3889	10538	33025	30066	21967	22260	33291
农学	54592	2572	7418	22848	21754	15539	15421	23632
林学	10589	580	1221	4725	4063	3029	3241	4319
畜牧、兽医科学	7217	472	1125	3132	2488	1950	2137	3130
水产学	5120	265	774	2320	1761	1449	1461	2210
医学科学领域	36467	2991	5346	17004	11126	9737	10444	16286
基础医学	4479	497	695	2341	946	1008	1124	2347
临床医学	11150	1190	1626	5103	3231	2657	3483	5010
预防医学与公共卫生学	7747	361	1152	3368	2866	2274	2252	3221
军事医学与特种医学	234	6	35	107	86	62	50	122
药学	3620	393	548	1916	763	993	940	1687
中医学与中药学	9237	544	1290	4169	3234	2743	2595	3899
工程科学与技术领域	285870	10516	54018	126074	95262	66825	81164	137881
工程与技术科学基础学科	23947	623	3776	11418	8130	5414	7037	11496
信息与系统科学相关工程与技术	37		4	25	8	8	14	15
自然科学相关工程与技术	478	36	69	245	128	110	133	235
测绘科学技术	1753	76	397	802	478	392	614	747
材料科学	7643	646	1225	3706	2066	2009	2056	3578
矿山工程技术	761	11	70	228	452	120	171	470
冶金工程技术	359	6	35	185	133	133	118	108
机械工程	4456	63	461	2422	1510	1249	1462	1745
动力与电气工程	3199	226	466	1390	1117	805	766	1628
能源科学技术	3175	304	388	1450	1033	1077	803	1295
核科学技术	20544	1100	3352	10139	5953	5003	5282	10259
电子与通信技术	61159	1599	10541	26770	22249	10987	17405	32767
计算机科学技术	9345	455	2085	5039	1766	1886	2683	4776
化学工程	3334	339	310	1737	948	1034	786	1514
产品应用相关工程技术	794	5	22	127	640	608	59	127
纺织科学技术	533	2	22	238	271	130	189	214
食品科学技术	2028	122	303	980	623	585	596	847
土木建筑工程	5370	103	711	3006	1550	1750	1760	1860
水利工程	7962	594	1591	3620	2157	3132	2457	2373
交通运输工程	26330	653	6040	12072	7565	7423	7614	11293
航空、航天科学技术	86966	2273	18757	33048	32888	18370	24405	44191
环境科学技术及资源科学技术	10098	926	2233	4856	2083	2927	2922	4249
安全科学技术	4196	185	815	2014	1182	1212	1454	1530
管理学	1403	169	345	557	332	461	378	564

1-5 续表 2

单位：人

项　目	科技活动人员	学　历				职　称		
		博士	硕士	大学	其他	高级	中级	其他
社会、人文科学领域	32897	3379	6248	15115	8155	11154	9916	11827
马克思主义	794	134	262	260	138	288	283	223
哲学	1308	135	288	712	173	392	277	639
宗教学	124	53	19	45	7	48	27	49
语言学	105	36	21	31	17	45	26	34
文学	424	143	76	175	30	183	77	164
艺术学	1712	147	268	642	655	578	601	533
历史学	820	242	152	330	96	321	187	312
考古学	1731	108	233	644	746	486	443	802
经济学	4755	926	990	2062	777	1922	1294	1539
政治学	752	220	120	301	111	298	200	254
法学	1381	161	176	838	206	438	367	576
军事学								
社会学	4902	490	1501	1977	934	1975	1475	1452
民族学与文化学	484	76	110	233	65	188	139	157
新闻学与传播学	230	27	64	103	36	63	71	96
图书馆、情报与文献学	10064	244	1250	5082	3488	2482	3469	4113
教育学	2278	175	500	1181	422	1137	658	483
体育科学	969	52	206	461	250	280	302	387
统计学	64	10	12	38	4	30	20	14
按机构服务的国民经济行业分								
农、林、牧、渔业	74856	3954	10490	31701	28711	21016	21297	32543
农业	43387	2044	6253	18060	17030	12421	12104	18862
林业	8578	487	962	3754	3375	2425	2645	3508
畜牧业	4597	293	706	1910	1688	1215	1277	2105
渔业	3667	231	590	1720	1126	1021	1019	1627
农、林、牧、渔服务业	14627	899	1979	6257	5492	3934	4252	6441
采矿业	917	45	149	403	320	345	402	170
煤炭开采和洗选业	264	2	12	112	138	100	83	81
石油和天然气开采业	231	18	56	103	54	80	86	65
有色金属矿采选业	413	25	81	185	122	159	232	22
其他采矿业	9			3	6	6	1	2
制造业	22238	1034	2679	10933	7592	6141	6790	9307
农副食品加工业	1532	56	189	703	584	465	442	625
食品制造业	433	17	51	227	138	125	139	169
饮料制造业	68	2	11	29	26	18	22	28
烟草制品业	25		6	17	2	11	14	
纺织业	413		17	161	235	131	129	153
纺织服装、鞋、帽制造业	71	2	4	31	34	10	31	30
皮革、毛皮、羽毛(绒)及其制品业	28		1	9	18	9	9	10
木材加工及木、竹、藤、棕、草制品业	308	22	29	156	101	92	74	142
家具制造业	20			9	11	9	2	9
造纸及纸制品业	71		7	36	28	31	16	24
印刷业和记录媒介的复制	79			37	42	20	24	35
石油加工、炼焦及核燃料加工业	30		3	15	12	8	10	12
化学原料及化学制品制造业	2625	151	174	1324	976	766	736	1123
医药制造业	5755	465	983	2829	1478	1379	1506	2870
化学纤维制造业	102		5	46	51	38	26	38
橡胶制品业	35			9	26	11	20	4
塑料制品业	188	5	20	105	58	51	57	80
非金属矿物制品业	896	2	48	359	487	234	291	371
黑色金属冶炼及压延加工业	115	1	7	52	55	49	39	27
有色金属冶炼及压延加工业	286	5	34	148	99	107	94	85
金属制品业	75	3	8	37	27	26	26	23
通用设备制造业	1804	26	212	892	674	607	654	543
专用设备制造业	4219	97	476	2258	1388	1246	1415	1558
交通运输设备制造业	217	1	7	118	91	51	91	75
电气机械及器材制造业	300	13	30	130	127	103	110	87
通信设备、计算机及其他电子设备制造业	1427	129	182	713	403	305	411	711
仪器仪表及文化、办公用机械制造业	943	37	170	433	303	206	328	409
工艺品及其他制造业	173		5	50	118	33	74	66

1-5　续表 3

单位：人

项　　目	科技活动人员	学　历				职　称		
		博士	硕士	大学	其他	高级	中级	其他
电力、燃气及水的生产和供应业	1912	338	424	742	408	688	482	742
电力、热力的生产和供应业	1763	337	406	666	354	647	435	681
燃气生产和供应业	106	1	15	54	36	26	29	51
水的生产和供应业	43		3	22	18	15	18	10
建筑业	4553	113	562	2534	1344	1490	1431	1632
房屋和土木工程建筑业	4436	108	546	2471	1311	1460	1394	1582
建筑安装业	8			7	1	1	2	5
建筑装饰业	31			14	17	10	13	8
其他建筑业	78	5	16	42	15	19	22	37
交通运输、仓储和邮政业	3014	218	872	1287	637	1279	965	770
铁路运输业	342	7	33	220	82	148	133	61
道路运输业	1544	125	422	622	375	660	471	413
城市公共交通业	371	9	111	152	99	149	101	121
水上运输业	391	20	173	158	40	180	144	67
航空运输业	195	49	80	54	12	66	76	53
装卸搬运和其他运输服务业	171	8	53	81	29	76	40	55
信息传输、计算机服务和软件业	4477	346	873	2379	879	1182	1142	2153
电信和其他信息传输服务业	1711	95	502	731	383	496	497	718
计算机服务业	2007	229	220	1273	285	466	371	1170
软件业	759	22	151	375	211	220	274	265
批发和零售业	34	1		12	21	3	12	19
批发业	34	1		12	21	3	12	19
金融业	38	1	14	15	8	11	20	7
其他金融活动	38	1	14	15	8	11	20	7
房地产业	20	2	5	5	8	1	8	11
房地产业	20	2	5	5	8	1	8	11
租赁和商务服务业	269	5	26	144	94	75	97	97
商务服务业	269	5	26	144	94	75	97	97
科学研究、技术服务和地质勘查业	339356	21659	60030	154033	103634	82953	89176	167227
研究与试验发展	296525	19011	53333	134191	89990	70217	76745	149563
专业技术服务业	28035	1824	4653	13255	8303	7775	8334	11926
科技交流和推广服务业	7056	376	951	3273	2456	2249	2001	2806
地质勘查业	7740	448	1093	3314	2885	2712	2096	2932
水利、环境和公共设施管理业	16722	1110	3359	8100	4153	5386	5020	6316
水利管理业	6847	272	1198	3301	2076	2503	2112	2232
环境管理业	9534	812	2114	4611	1997	2821	2805	3908
公共设施管理业	341	26	47	188	80	62	103	176
居民服务和其他服务业	76	3	15	34	24	18	28	30
居民服务业	44	3	12	23	6	7	14	23
其他服务业	32		3	11	18	11	14	7
教育	2048	150	447	1054	397	1019	589	440
教育	2048	150	447	1054	397	1019	589	440
卫生、社会保障和社会福利业	26643	2064	3867	12007	8705	7473	8071	11099
卫生	26643	2064	3867	12007	8705	7473	8071	11099
文化、体育和娱乐业	4057	155	608	1913	1381	1114	1410	1533
新闻出版业	189	9	42	96	42	34	85	70
广播、电视、电影和音像业	46	2	11	19	14	12	22	12
文化艺术业	2748	80	325	1285	1058	731	971	1046
体育	957	52	205	451	249	279	300	378
娱乐业	117	12	25	62	18	58	32	27
公共管理和社会组织	5421	633	1239	2345	1204	1899	1532	1990
中国共产党机关	31	2	2	15	12	21	5	5
国家机构	5390	631	1237	2330	1192	1878	1527	1985

1-6 科技经费筹集额按来源分

单位：万元

项目	科技经费筹集额	政府资金	企业资金	金融机构贷款	国外资金	其他
全　国	**15369623**	**12585968**	**544116**	**40638**	**56495**	**2142408**
按机构类型分						
自然科学和技术领域	14704238	12018778	534564	40392	53852	2056651
社会与人文科学领域	384778	341337	4313	15	2606	36507
科技信息与文献机构	280608	225852	5238	231	37	49250
按隶属关系分						
地方部门属	2947680	2301815	151700	4209	2755	487201
省级部门属	2294080	1751669	134440	3335	2675	401962
副省级城市属	163419	121955	4737		21	36705
地市级部门属	490181	428191	12523	874	58	48535
中央部门属	12421943	10284153	392416	36428	53740	1655207
中国科学院	2328688	1959237	84323	31928	23140	230060
中国社会科学院	48415	45927	229		334	1926
按地区分						
东部地区	9257539	7402526	371614	15047	50944	1417408
中部地区	2482874	1963941	109283	22145	2685	384819
西部地区	3629210	3219500	63219	3445	2866	340180
北　京	4516900	3671009	145403	1000	35838	663649
天　津	316552	240006	11559	15	63	64910
河　北	319740	296214	1423			22104
山　西	168207	129690	16580	261	710	20966
内蒙古	104129	87853	3703		46	12527
辽　宁	455371	364254	13537	432	3774	73374
吉　林	281410	234742	2943	21587	999	21140
黑龙江	303918	272781	15756			15381
上　海	1233935	941868	40279	7000	9401	235386
江　苏	1038509	816812	39489	3100	136	178972
浙　江	300318	223790	40464		661	35402
安　徽	345424	226122	3299	76	374	115553
福　建	131331	102311	5312		37	23672
江　西	119971	103806	1993	20		14152
山　东	422701	341642	31541	2000	738	46780
河　南	349750	281296	21072	8		47374
湖　北	740882	594665	20453	42	578	125144
湖　南	173312	120840	27188	152	25	25108
广　东	458673	348553	42308	1500	217	66095
广　西	130287	105081	3592	15	335	21264
海　南	63510	56067	300		78	7065
重　庆	120856	97395	11118		34	12309
四　川	1492204	1330157	14998	592	360	146097
贵　州	63182	49977	2192		159	10855
云　南	184385	152247	9237	288	1542	21071
西　藏	36292	34019			15	2259
陕　西	1181982	1093129	11931	2250		74671
甘　肃	187288	159264	2841		262	24921
青　海	16358	13432	832		15	2079
宁　夏	11486	11295	32			160
新　疆	100761	85651	2743	300	98	11968

1-6 续表 1

单位：万元

项　目	科技经费					
	筹集额	政府资金	企业资金	金融机构贷款	国外资金	其他
按机构学科领域分						
自然科学领域	2221784	1897664	74444	30504	14338	204834
数学	15629	14876	27			726
信息科学与系统科学	76541	65289	1415		114	9724
力学	34494	26184	5279		109	2922
物理学	527952	456035	5275	23367	1532	41744
化学	241966	196927	24181	8	3998	16851
天文学	78785	70418	67		75	8225
地球科学	827342	711747	27814		2974	84807
生物学	411382	351317	10387	7130	5536	37012
心理学	7694	4870				2824
农业科学领域	1611882	1418849	50014	1214	7279	134527
农学	1124253	989148	34984	1176	6193	92754
林学	188212	170132	626		934	16519
畜牧、兽医科学	171485	143118	12354	15	127	15872
水产学	127931	116451	2050	23	25	9382
医学科学领域	649553	521930	30285	2285	24961	70092
基础医学	130029	105911	3380	2000	2048	16690
临床医学	154083	124652	8169		1606	19657
预防医学与公共卫生学	170757	131587	5267		15943	17959
军事医学与特种医学	9226	6285				2941
药学	82758	63749	10411		5315	3284
中医学与中药学	102699	89745	3057	285	50	9562
工程科学与技术领域	10243150	8191223	379590	6439	7355	1658543
工程与技术科学基础学科	757846	582704	39227			135915
信息与系统科学相关工程与技术	379	369				10
自然科学相关工程与技术	12333	11071		140		1122
测绘科学技术	45735	39368	484			5883
材料科学	211868	151194	11639	1832	1047	46155
矿山工程技术	7051	6528	524			
冶金工程技术	4952	3161				1791
机械工程	82720	52441	8389			21890
动力与电气工程	196051	185566	8463		725	1297
能源科学技术	71552	52616	5611	100	1035	12191
核科学技术	934113	867290	2120		50	64653
电子与通信技术	2295778	1831974	68292	137	264	395111
计算机科学技术	162249	107089	3986		434	50740
化学工程	69630	56236	7246	1130	283	4735
产品应用相关工程技术	13979	13941	38			
纺织科学技术	5462	5169	177			116
食品科学技术	49080	38915	3954		35	6176
土木建筑工程	133835	28385	22974		3	82472
水利工程	247362	129184	19864	3100	2781	92433
交通运输工程	1152547	820526	67481			264540
航空、航天科学技术	3273552	2901802	42186			329564
环境科学技术及资源科学技术	322890	203512	43531		570	75277
安全科学技术	161618	76514	21573			63531
管理学	30573	25670	1832		129	2942

1-6 续表 2

单位：万元

项　目	科技经费筹集额	政府资金	企业资金	金融机构贷款	国外资金	其他
社会、人文科学领域	643255	556301	9783	196	2563	74412
马克思主义	12606	12606				
哲学	15322	14827	104			391
宗教学	1866	1852				14
语言学	1224	1061				163
文学	3784	3568				216
艺术学	40675	39439				1236
历史学	10389	9708	2		72	607
考古学	42738	28191				14547
经济学	94919	66827	3398	15	2129	22550
政治学	10606	9861	24		192	528
法学	15630	11173			90	4367
军事学						
社会学	98641	95164	348		61	3069
民族学与文化学	5958	5955				3
新闻学与传播学	4163	2900				1263
图书馆、情报与文献学	207138	180783	5097	181	20	21058
教育学	56285	51724	588			3973
体育科学	19792	19142	222			428
统计学	1521	1521				
按机构服务的国民经济行业分						
农、林、牧、渔业	1542910	1365779	37156	1214	7137	131624
农业	909992	816676	16406	1176	5852	69882
林业	143715	128186	504		821	14205
畜牧业	91934	84780	733		104	6317
渔业	97960	89404	2839		25	5692
农、林、牧、渔服务业	299309	246733	16674	38	336	35529
采矿业	21454	6552	3787	1500		9616
煤炭开采和洗选业	3509	2374	1035	100		
石油和天然气开采业	9840	234				9606
有色金属矿采选业	7924	3763	2752	1400		10
其他采矿业	181	181				
制造业	437806	309468	63175	563	1077	63523
农副食品加工业	35048	27604	2362		31	5052
食品制造业	6033	3894	1092			1047
饮料制造业	2622	2187	434			
烟草制品业	1270	880	300			90
纺织业	2852	2669	142			42
纺织服装、鞋、帽制造业	748	748				
皮革、毛皮、羽毛(绒)及其制品业	272	258	11			3
木材加工及木、竹、藤、棕、草制品业	6604	5261				1343
家具制造业	100	78				23
造纸及纸制品业	447	93	354			
印刷业和记录媒介的复制	987	986				
石油加工、炼焦及核燃料加工业	451	340				111
化学原料及化学制品制造业	46484	32278	9683	138	51	4334
医药制造业	112811	97167	10897	285	995	3466
化学纤维制造业	2109	2046	6			58
橡胶制品业	223	223				
塑料制品业	1727	1617	54			56
非金属矿物制品业	9648	4694	3361			1593
黑色金属冶炼及压延加工业	1169	471	242			456
有色金属冶炼及压延加工业	4186	2653				1532
金属制品业	783	632				151
通用设备制造业	42099	24384	7350			10365
专用设备制造业	111581	60167	21674	140		29600
交通运输设备制造业	2088	1450	86			551
电气机械及器材制造业	4964	1864	2884			217
通信设备、计算机及其他电子设备制造业	21890	17606	2135			2149
仪器仪表及文化、办公用机械制造业	17217	15935	109			1173
工艺品及其他制造业	1394	1281				113

1-6 续表 3

单位：万元

项　　目	科技经费					
	筹 集 额	政府资金	企业资金	金融机构贷款	国外资金	其他
电力、燃气及水的生产和供应业	56378	36185	11345		2782	6066
电力、热力的生产和供应业	53356	34609	9907		2782	6058
燃气生产和供应业	2321	1237	1077			8
水的生产和供应业	701	340	361			
建筑业	111919	31231	25022		3	55662
房屋和土木工程建筑业	108786	29684	25002		3	54096
建筑安装业	193	193				
建筑装饰业	233	178	20			35
其他建筑业	2707	1176				1530
交通运输、仓储和邮政业	135437	54145	13813		14	67466
铁路运输业	3717	1994	1710		14	
道路运输业	98311	39355	1206			57751
城市公共交通业	7395	5523	88			1784
水上运输业	17332	6382	10809			141
航空运输业	1863	892				971
装卸搬运和其他运输服务业	6819					6819
信息传输、计算机服务和软件业	173235	91045	13392	137	373	68287
电信和其他信息传输服务业	114723	46584	9800	137		58202
计算机服务业	45664	37775	2746		373	4769
软件业	12848	6686	846			5316
批发和零售业	179	179				
批发业	179	179				
金融业	791	791				
其他金融活动	791	791				
房地产业	89		89			
房地产业	89		89			
租赁和商务服务业	6492	5514	606			372
商务服务业	6492	5514	606			372
科学研究、技术服务和地质勘查业	11691460	9834670	302291	32109	24704	1497685
研究与试验发展	10350516	8815503	238463	31928	24075	1240546
专业技术服务业	931163	665617	53856		630	211060
科技交流和推广服务业	179675	160409	5120	181		13965
地质勘查业	230107	193142	4852			32114
水利、环境和公共设施管理业	470032	275212	50600	3100	515	140605
水利管理业	188323	100309	11929	3100		72984
环境管理业	277266	170557	38671		515	67524
公共设施管理业	4443	4345				97
居民服务和其他服务业	2653	2565				88
居民服务业	2596	2537				59
其他服务业	57	28				29
教育	52910	48510	588			3812
教育	52910	48510	588			3812
卫生、社会保障和社会福利业	436348	346199	12530	2000	17824	57794
卫生	436348	346199	12530	2000	17824	57794
文化、体育和娱乐业	102087	88056	319			13712
新闻出版业	3365	2090	97			1178
广播、电视、电影和音像业	2123	1655				467
文化艺术业	75549	63911				11638
体育	19531	18881	222			428
娱乐业	1519	1519				
公共管理和社会组织	127447	89867	9403	15	2066	26096
中国共产党机关	395	395				
国家机构	127052	89472	9403	15	2066	26096

1-7 科技经费内部支出按费用类别分

单位：万元

项目	科技经费内部支出	日常性支出	劳务费	其他日常支出	资产性支出	仪器设备费	土建费	科技经费外部支出
全国	**14281666**	**10352582**	**2755502**	**7597080**	**3929084**	**2285914**	**1643170**	**365168**
按机构类型分								
自然科学和技术领域	13679032	9857841	2545269	7312572	3821191	2208246	1612945	352311
社会与人文科学领域	352009	304697	125888	178809	47312	22483	24829	3228
科技信息与文献机构	250625	190044	84346	105699	60580	55185	5395	9629
按隶属关系分								
地方部门属	2597747	2084847	883074	1201772	512900	347411	165489	39296
省级部门属	2021518	1605444	616881	988563	416074	284564	131510	34009
副省级城市属	137887	112912	55781	57132	24975	19534	5441	932
地市级部门属	438341	366491	210413	156078	71851	43313	28537	4355
中央部门属	11683919	8267735	1872428	6395307	3416184	1938503	1477681	325872
中国科学院	2069972	1368485	431500	936985	701487	522965	178522	26567
中国社会科学院	60611	54726	19454	35272	5886	5886		53
按地区分								
东部地区	8677282	6342419	1672663	4669756	2334863	1546428	788434	274778
中部地区	2229070	1584447	452225	1132222	644624	353979	290644	33372
西部地区	3375313	2425716	630614	1795102	949597	385506	564091	57018
北京	4280195	3151494	742637	2408857	1128702	799833	328869	209212
天津	287887	202024	50271	151753	85863	54160	31704	1949
河北	287467	250004	49268	200736	37463	14515	22948	412
山西	167026	116652	44531	72121	50373	35052	15321	3191
内蒙古	92526	62263	23318	38946	30262	21930	8333	315
辽宁	440911	334138	108981	225157	106773	76751	30023	7153
吉林	216365	170548	56034	114514	45817	35735	10081	71
黑龙江	278512	152262	49677	102585	126250	61572	64678	9322
上海	1145620	838392	237948	600445	307228	210331	96897	17434
江苏	998182	706347	167234	539114	291835	141049	150786	4459
浙江	259016	194083	62620	131463	64933	46851	18082	9275
安徽	275360	215453	44433	171020	59907	30286	29621	226
福建	117793	88319	36413	51906	29474	28801	674	639
江西	108990	74949	28651	46297	34042	4792	29250	3602
山东	384570	249702	99510	150192	134868	90407	44461	6093
河南	342556	231279	66179	165100	111277	69495	41782	11262
湖北	680579	497104	121592	375512	183475	99266	84209	3985
湖南	159684	126200	41128	85072	33484	17781	15703	1714
广东	411501	281330	103163	178167	130171	70981	59191	18153
广西	115683	97809	34685	63124	17874	12144	5730	2700
海南	64139	46588	14621	31967	17552	12751	4801	
重庆	124383	68915	21308	47607	55468	28538	26930	2329
四川	1321934	953185	238522	714663	368749	86692	282058	25752
贵州	61058	42237	18644	23592	18822	15619	3202	979
云南	176922	120000	43285	76714	56923	35440	21483	363
西藏	32280	9182	5155	4027	23098	4402	18695	121
陕西	1162726	860941	167478	693463	301785	127659	174126	23427
甘肃	180396	125419	41253	84166	54978	37441	17537	446
青海	14821	11640	5897	5743	3181	2603	579	7
宁夏	10096	8670	3152	5518	1426	1289	137	19
新疆	82489	65456	27917	37540	17033	11750	5283	562

1-7 续表 1

单位：万元

项　目	科技经费内部支出	日常性支出	劳务费	其他日常支出	资产性支出	仪器设备费	土建费	科技经费外部支出
按机构学科领域分								
自然科学领域	1976363	1393793	432253	961540	582570	481244	101327	70742
数学	14819	12677	5970	6707	2142	1893	249	1683
信息科学与系统科学	71741	59192	18447	40745	12549	11292	1257	867
力学	33987	25352	8491	16861	8635	3457	5178	
物理学	435862	293894	77498	216396	141969	111820	30149	678
化学	208465	131243	49933	81310	77222	60667	16555	6309
天文学	79485	51590	16749	34841	27896	26750	1145	9523
地球科学	747830	541976	154513	387463	205854	181754	24100	49153
生物学	375810	271157	97864	173293	104653	82941	21712	2461
心理学	8362	6711	2787	3924	1651	669	981	68
农业科学领域	1447182	1140812	403243	737569	306370	200724	105646	39166
农学	1012712	812478	290673	521805	200234	131541	68693	27528
林学	162230	130964	46831	84133	31266	17802	13464	8693
畜牧、兽医科学	149263	112169	33205	78965	37094	22762	14332	586
水产学	122977	85201	32535	52665	37776	28619	9158	2360
医学科学领域	598840	440368	185602	254766	158472	122774	35698	58120
基础医学	129248	75185	26560	48624	54064	32315	21749	1992
临床医学	142250	111709	53627	58082	30542	26327	4214	5991
预防医学与公共卫生学	113504	95444	39346	56097	18060	16326	1734	45845
军事医学与特种医学	9078	5881	1488	4394	3197	2501	696	
药学	84303	62525	24424	38102	21778	15403	6375	2585
中医学与中药学	120458	89625	40158	49468	30832	29902	930	1708
工程科学与技术领域	9672346	6898370	1530416	5367954	2773976	1402418	1371558	183561
工程与技术科学基础学科	706528	462859	129638	333221	243669	121287	122382	20859
信息与系统科学相关工程与技术	343	305	197	108	38	38		
自然科学相关工程与技术	11903	7701	2660	5041	4203	362	3841	
测绘科学技术	39382	33851	10418	23434	5530	5530		
材料科学	186328	103636	37414	66222	82692	62196	20496	1790
矿山工程技术	7696	4527	2280	2247	3169	2076	1093	50
冶金工程技术	3935	3306	1596	1710	629	435	194	
机械工程	81813	63989	25820	38169	17824	14233	3591	152
动力与电气工程	163402	57356	14557	42798	106047	47071	58976	10094
能源科学技术	66230	27895	13230	14665	38335	25643	12692	829
核科学技术	826993	608633	157968	450665	218360	76824	141536	7428
电子与通信技术	2135252	1608444	274859	1333585	526808	228973	297835	35670
计算机科学技术	159423	137599	40769	96830	21824	14227	7597	4559
化学工程	63751	43894	16653	27241	19858	13028	6830	27
产品应用相关工程技术	19719	2256	975	1282	17463	1039	16424	
纺织科学技术	3604	3547	2399	1148	58	58		80
食品科学技术	42513	26354	11678	14676	16159	11341	4818	986
土木建筑工程	111119	89357	42514	46843	21762	20184	1578	4503
水利工程	243998	175921	65271	110650	68078	37642	30436	6903
交通运输工程	1129582	771630	145937	625692	357952	197668	160285	27889
航空、航天科学技术	3262272	2361193	433961	1927232	901080	451246	449834	57927
环境科学技术及资源科学技术	249299	182173	57022	125151	67126	48990	18137	1583
安全科学技术	126001	96882	33145	63738	29119	18166	10953	505
管理学	31259	25064	9457	15607	6196	4164	2032	1726

1-7 续表 2

单位：万元

项目	科技经费内部支出	日常性支出			资产性支出			科技经费外部支出
			劳务费	其他日常支出		仪器设备费	土建费	
社会、人文科学领域	586935	479239	203988	275251	107696	78755	28941	13579
马克思主义	13301	12686	6661	6025	615	581	35	
哲学	12592	12376	8775	3601	216	216		
宗教学	2286	2235	457	1779	51	51		
语言学	1325	1063	370	693	263	263		
文学	4769	4471	1928	2543	298	298		
艺术学	35831	28773	10814	17959	7058	3314	3745	
历史学	12492	10471	3860	6611	2021	1459	562	148
考古学	44840	38025	11219	26806	6814	5270	1544	2287
经济学	80535	76597	27981	48617	3938	3938		704
政治学	13031	11028	4252	6776	2003	2003		
法学	17694	15240	6482	8758	2454	2454		469
军事学								
社会学	91457	68250	30084	38166	23207	5022	18186	125
民族学与文化学	6167	5814	2066	3747	353	242	112	
新闻学与传播学	2547	2028	930	1098	519	519		
图书馆、情报与文献学	183320	135595	61834	73761	47726	44081	3645	8999
教育学	41582	38344	20019	18325	3237	2123	1114	145
体育科学	21676	14977	5647	9330	6699	6699		702
统计学	1491	1267	610	657	224	224		
按机构服务的国民经济行业分								
农、林、牧、渔业	1382663	1084548	383251	701297	298116	197412	100703	41120
农业	814884	643876	229004	414871	171008	110023	60986	23154
林业	122915	101675	37599	64076	21241	13439	7802	8139
畜牧业	79486	61682	19167	42515	17804	12050	5754	442
渔业	93116	61521	21818	39703	31596	23971	7625	1327
农、林、牧、渔服务业	272262	215795	75662	140133	56467	37930	18538	8059
采矿业	20217	16718	7857	8862	3499	2567	932	389
煤炭开采和洗选业	4637	3247	1426	1821	1390	458	932	131
石油和天然气开采业	7586	6932	3465	3467	654	654		36
有色金属矿采选业	7925	6492	2955	3537	1433	1433		222
其他采矿业	69	48	11	37	21	21		
制造业	415319	298935	121054	177882	116384	73641	42743	4479
农副食品加工业	29932	16438	6902	9536	13494	8541	4953	120
食品制造业	5343	4209	1956	2253	1134	1124	10	
饮料制造业	870	746	273	472	124	65	59	
烟草制品业	990	180	120	60	810	810		410
纺织业	3571	3502	2424	1078	70	70		
纺织服装、鞋、帽制造业	205	205	180	25				
皮革、毛皮、羽毛(绒)及其制品业	344	341	200	142	3	3		
木材加工及木、竹、藤、棕、草制品业	6729	5153	946	4208	1575	1204	372	
家具制造业	95	20	19	1	75	75		
造纸及纸制品业	532	532	270	262				
印刷业和记录媒介的复制	938	697	361	336	240	240		
石油加工、炼焦及核燃料加工业	273	239	153	85	34	34		
化学原料及化学制品制造业	43479	31586	15757	15829	11893	6317	5576	2
医药制造业	119711	74864	28045	46819	44847	25128	19719	3220
化学纤维制造业	566	552	312	240	14	14		
橡胶制品业	270	234	223	11	36	36		
塑料制品业	1521	1167	606	561	354	354		77
非金属矿物制品业	8814	6684	3716	2968	2130	1182	948	103
黑色金属冶炼及压延加工业	1331	1178	747	430	154	135	19	
有色金属冶炼及压延加工业	3106	2660	1225	1435	446	270	176	
金属制品业	732	634	374	260	98	98		
通用设备制造业	37749	31764	14790	16974	5985	4817	1167	25
专用设备制造业	102000	80810	29726	51084	21190	12637	8553	332
交通运输设备制造业	2087	2029	1198	831	58	54	4	
电气机械及器材制造业	5191	4589	1469	3120	602	516	86	
通信设备、计算机及其他电子设备制造业	18213	13072	5041	8032	5141	4720	421	1
仪器仪表及文化、办公用机械制造业	19542	13816	3479	10336	5726	5046	680	189
工艺品及其他制造业	1189	1037	542	495	153	153		

1-7 续表 3

单位：万元

项　目	科技经费内部支出	日常性支出	劳务费	其他日常支出	资产性支出	仪器设备费	土建费	科技经费外部支出
电力、燃气及水的生产和供应业	65794	37163	28966	8197	28631	11932	16699	3104
电力、热力的生产和供应业	63669	35531	28325	7205	28138	11482	16656	3104
燃气生产和供应业	1407	994	511	483	412	370	42	
水的生产和供应业	718	638	130	508	80	80		
建筑业	88794	78669	28414	50255	10125	8051	2074	1024
房屋和土木工程建筑业	86285	76256	27503	48752	10029	7956	2073	1020
建筑安装业	71	64	22	42	6	6		
建筑装饰业	285	237	194	44	48	47	1	4
其他建筑业	2154	2112	695	1417	42	42		
交通运输、仓储和邮政业	134268	101724	28904	72820	32543	19839	12705	10672
铁路运输业	5290	5101	2839	2262	189	186	3	
道路运输业	99596	70928	15187	55741	28668	17072	11595	7259
城市公共交通业	7800	5962	1478	4484	1838	738	1100	628
水上运输业	12415	10745	4074	6671	1670	1664	6	2786
航空运输业	1729	1729	1368	361				
装卸搬运和其他运输服务业	7438	7258	3958	3301	179	179		
信息传输、计算机服务和软件业	133842	94766	33510	61256	39076	34342	4734	96
电信和其他信息传输服务业	85433	54727	17836	36891	30706	27538	3169	
计算机服务业	37319	29846	11636	18210	7473	5907	1566	96
软件业	11090	10193	4038	6155	897	897		
批发和零售业	227	227	209	18				
批发业	227	227	209	18				
金融业	709	650	303	347	59	59		
其他金融活动	709	650	303	347	59	59		
房地产业	118	98	85	13	20	20		
房地产业	118	98	85	13	20	20		
租赁和商务服务业	4133	3732	1411	2321	401	401		
商务服务业	4133	3732	1411	2321	401	401		
科学研究、技术服务和地质勘查业	11005867	7832247	1812791	6019456	3173619	1755950	1417669	239830
研究与试验发展	9819514	7008021	1523335	5484687	2811493	1499073	1312420	200718
专业技术服务业	814656	561331	204200	357130	253326	209040	44286	23422
科技交流和推广服务业	171707	91240	37058	54181	80467	28658	51809	382
地质勘查业	199989	171656	48198	123457	28334	19180	9154	15308
水利、环境和公共设施管理业	384285	298647	90476	208171	85638	56947	28691	6323
水利管理业	175498	127811	34275	93536	47688	27256	20432	3966
环境管理业	204169	166315	54043	112272	37855	29595	8259	2357
公共设施管理业	4618	4522	2158	2364	96	96		
居民服务和其他服务业	2214	1190	279	912	1024	941	83	
居民服务业	2158	1140	260	880	1018	935	83	
其他服务业	57	50	18	32	6	6		
教育	36563	34497	18003	16495	2066	2066		145
教育	36563	34497	18003	16495	2066	2066		145
卫生、社会保障和社会福利业	397583	316226	137474	178752	81357	74823	6534	52794
卫生	397583	316226	137474	178752	81357	74823	6534	52794
文化、体育和娱乐业	92419	61671	25407	36265	30747	28441	2307	2989
新闻出版业	2005	1344	855	489	662	520	142	
广播、电视、电影和音像业	3377	1955	475	1480	1422	1415	8	
文化艺术业	62529	41600	17805	23796	20929	19885	1044	2287
体育	21410	14843	5556	9287	6567	6567		702
娱乐业	3097	1929	716	1213	1168	54	1114	
公共管理和社会组织	116652	90873	37112	53762	25778	18481	7297	2205
中国共产党机关	316	307	146	161	9	9		
国家机构	116336	90566	36966	53601	25769	18472	7297	2205

1-8 科研仪器设备

单位：万元

项　目	科研仪器设备原价	#进口
全　国	**7583226**	**2792032**
按机构类型分		
自然科学和技术领域	7341729	2788982
社会与人文科学领域	53869	1729
科技信息与文献机构	187628	1320
按隶属关系分		
地方部门属	1390984	437479
省级部门属	1155876	385144
副省级城市属	71638	23503
地市级部门属	163470	28831
中央部门属	6192242	2354553
中国科学院	1753181	823172
中国社会科学院	12414	
按地区分		
东部地区	5048873	1940769
中部地区	1071475	312887
西部地区	1462878	538376
北　京	2431286	956214
天　津	177578	81811
河　北	109623	20897
山　西	116613	44904
内蒙古	39998	9191
辽　宁	344996	111993
吉　林	115883	56320
黑龙江	112474	19736
上　海	774927	309432
江　苏	538816	179223
浙　江	136142	60353
安　徽	174380	33991
福　建	81207	15513
江　西	33336	7693
山　东	207338	95350
河　南	212256	70910
湖　北	245300	72530
湖　南	61233	6804
广　东	229373	101791
广　西	47266	15053
海　南	17589	8193
重　庆	88090	61851
四　川	192371	57370
贵　州	50560	3863
云　南	111861	54355
西　藏	7032	497
陕　西	721487	266946
甘　肃	149609	48552
青　海	10421	4962
宁　夏	2700	896
新　疆	41482	14840
按机构学科领域分		
自然科学领域	1677451	726563
数学	11304	693
信息科学与系统科学	88897	53398
力学	24150	8630
物理学	471056	192686
化学	221065	109868
天文学	99085	17441
地球科学	446378	183752
生物学	312601	158647
心理学	2917	1448
农业科学领域	534830	171525
农学	363259	109622
林学	66378	19872
畜牧、兽医科学	55338	25943
水产学	49855	16088
医学科学领域	581219	344998
基础医学	105580	55054
临床医学	210261	139338
预防医学与公共卫生学	91719	47822
军事医学与特种医学	8295	4313
药学	94333	69835
中医学与中药学	71032	28636
工程科学与技术领域	4506895	1508649
工程与技术科学基础学科	581981	197079
信息与系统科学相关工程与技术	284	
自然科学相关工程与技术	3573	2297
测绘科学技术	16330	2806
材料科学	150121	73723
矿山工程技术	4437	1096
冶金工程技术	3925	682
机械工程	74589	20312
动力与电气工程	49228	22012
能源科学技术	30778	10549
核科学技术	172767	41188
电子与通信技术	1041761	355194
计算机科学技术	52032	7767
化学工程	41100	15671
产品应用相关工程技术	352	48
纺织科学技术	2495	1556
食品科学技术	35718	24098
土木建筑工程	29281	4736
水利工程	164729	72812
交通运输工程	339235	83027
航空、航天科学技术	1505959	474652
环境科学技术及资源科学技术	140432	80854
安全科学技术	59350	14976
管理学	6441	1512

1-8 续表

单位：万元

项 目	科研仪器设备原价	#进口
社会、人文科学领域	282832	40297
马克思主义	2294	
哲学	38	
宗教学		
语言学	263	
文学	599	
艺术学	7223	818
历史学	4044	
考古学	10804	3962
经济学	14307	14
政治学	1531	
法学	22635	13865
军事学		
社会学	14118	928
民族学与文化学	1705	51
新闻学与传播学	663	211
图书馆、情报与文献学	161652	1159
教育学	4289	253
体育科学	36391	19037
统计学	277	
按机构服务的国民经济行业分		
农、林、牧、渔业	514502	169474
农业	284679	93953
林业	50975	17275
畜牧业	31147	14164
渔业	37515	12101
农、林、牧、渔服务业	110187	31981
采矿业	9814	1830
煤炭开采和洗选业	1482	253
石油和天然气开采业	198	
有色金属矿采选业	8090	1577
其他采矿业	44	
制造业	294676	125050
农副食品加工业	12327	5452
食品制造业	4623	3046
饮料制造业	623	264
烟草制品业	738	
纺织业	714	106
纺织服装、鞋、帽制造业	128	18
皮革、毛皮、羽毛(绒)及其制品业	88	19
木材加工及木、竹、藤、棕、草制品业	9686	421
家具制造业	20	
造纸及纸制品业	507	247
印刷业和记录媒介的复制	562	
石油加工、炼焦及核燃料加工业	106	
化学原料及化学制品制造业	26898	16588
医药制造业	97935	59552
化学纤维制造业	90	
橡胶制品业	252	
塑料制品业	724	144
非金属矿物制品业	2939	154
黑色金属冶炼及压延加工业	3718	
有色金属冶炼及压延加工业	1872	681
金属制品业	167	
通用设备制造业	21663	5292
专用设备制造业	52433	8265
交通运输设备制造业	1778	500
电气机械及器材制造业	2264	848
通信设备、计算机及其他电子设备制造业	43277	22644
仪器仪表及文化、办公用机械制造业	8469	812
工艺品及其他制造业	76	
电力、燃气及水的生产和供应业	110240	60797
电力、热力的生产和供应业	109414	60614
燃气生产和供应业	648	183
水的生产和供应业	178	
建筑业	36671	8629
房屋和土木工程建筑业	35965	8599
建筑安装业	37	
建筑装饰业	146	
其他建筑业	525	30
交通运输、仓储和邮政业	56129	10092
铁路运输业	1789	
道路运输业	39958	9861
城市公共交通业	6423	
水上运输业	3181	7
航空运输业	3537	
装卸搬运和其他运输服务业	1241	224
信息传输、计算机服务和软件业	114407	13447
电信和其他信息传输服务业	93063	8429
计算机服务业	14969	4136
软件业	6375	882
批发和零售业	11	
批发业	11	
金融业	166	
其他金融活动	166	
房地产业	20	
房地产业	20	
租赁和商务服务业	258	
商务服务业	258	
科学研究、技术服务和地质勘查业	5682919	2071212
研究与试验发展	4945557	1774401
专业技术服务业	574491	235088
科技交流和推广服务业	59253	26381
地质勘查业	103618	35341
水利、环境和公共设施管理业	145810	57981
水利管理业	51795	10217
环境管理业	92365	47746
公共设施管理业	1650	18
居民服务和其他服务业	2091	898
居民服务业	2076	898
其他服务业	15	
教育	4281	253
教育	4281	253
卫生、社会保障和社会福利业	400127	225268
卫生	400127	225268
文化、体育和娱乐业	159721	24058
新闻出版业	966	185
广播、电视、电影和音像业	497	
文化艺术业	122170	5048
体育	36089	18825
娱乐业		
公共管理和社会组织	51385	23045
中国共产党机关	15	
国家机构	51370	23045

1-9 课题人员与经费

项目	课题数合计(个)	课题经费内部支出(万元)	#政府资金	投入人员(人年)	#研究人员
全国	**86030**	**7229946**	**6033711**	**297426**	**169303**
按机构类型分					
自然科学和技术领域	77518	7063620	5899154	281207	157691
社会与人文科学领域	6553	109129	99007	10681	8538
科技信息与文献机构	1959	57197	35551	5538	3073
按隶属关系分					
地方部门属	37045	777482	587021	83755	45007
省级部门属	29523	640772	482593	60986	34028
副省级城市属	1317	28365	19107	3834	2007
地市级部门属	6205	108345	85321	18935	8973
中央部门属	48985	6452464	5446690	213671	124296
中国科学院	22825	1162550	1045966	44906	16458
中国社会科学院	2561	43676	42861	2732	2264
按地区分					
东部地区	56639	4367153	3576552	167008	92939
中部地区	13201	1133668	883162	59724	33904
西部地区	16190	1729125	1573998	70694	42460
北京	24859	2138659	1769472	73990	40776
天津	1311	142331	129762	6961	4303
河北	1035	210511	200434	6957	5738
山西	1738	68386	60274	6019	3393
内蒙古	865	33719	30794	3320	2164
辽宁	1938	229178	200831	12686	6746
吉林	2087	109007	103469	6537	2791
黑龙江	2080	53868	46050	7118	3971
上海	6454	538937	429616	19496	9320
江苏	5297	654429	518668	17347	10569
浙江	3190	127274	94445	6183	3181
安徽	1156	168331	100619	6151	3553
福建	2745	44320	36829	3447	1382
江西	885	43629	39127	4479	2683
山东	3804	110251	87144	9334	5659
河南	1108	181547	154730	8861	5858
湖北	2904	423460	328958	14199	8151
湖南	1243	85442	49934	6359	3503
广东	5258	144341	84477	9158	4651
广西	1815	35294	27499	3752	1745
海南	748	26920	24873	1450	614
重庆	1517	48386	37484	3377	1920
四川	2698	739478	671678	18218	12786
贵州	1543	26468	17877	2894	1425
云南	1860	70436	59691	5166	2517
西藏	130	7721	7691	412	187
陕西	1872	656862	623493	23529	14701
甘肃	1877	72428	65825	5806	2846
青海	271	5172	4858	525	215
宁夏	242	3099	3086	390	263
新疆	1500	30061	24023	3306	1690

1-9 续表 1

项 目	课题数合计(个)	课题经费内部支出(万元)	#政府资金	投入人员(人年)	#研究人员
按课题活动类型分					
基础研究	15329	634626	574988	34653	17604
应用研究	24622	2153145	1876256	89821	53517
试验发展	21184	3010401	2545059	112517	65691
R&D成果应用	10679	764186	619857	30093	16171
科技服务	14216	667587	417551	30342	16319
按课题来源分					
中央政府部门下达课题	39175	5195804	4618436	187753	108944
地方政府部门下达课题	26777	525144	426147	56906	30393
企业委托课题	6224	404578	102303	14229	7199
自选课题	8040	264071	183878	17229	9621
国际合作课题	1232	84298	35246	2531	1232
其它课题	4582	756051	667701	18778	11914
按课题合作形式分					
与境外机构合作	1155	59158	44856	2933	1445
与国内高校合作	3954	236279	198766	12590	6063
与国内独立研究机构合作	8197	708376	614941	28313	15238
与境内注册的外商独资企业合作	50	1533	1037	117	57
与境内注册的其他企业合作	3210	210493	152054	9463	4931
独立研究	66194	5614579	4699407	227897	132043
其他	3270	399528	322650	16114	9526
按课题学科分					
自然科学领域	20148	908796	817597	39333	16801
数学	315	6840	6655	465	176
信息科学与系统科学	474	28484	20625	1488	770
力学	372	17780	12645	734	324
物理学	2402	174570	168744	6010	2329
化学	2254	96999	81256	5394	2333
天文学	622	36421	36324	930	403
地球科学	7475	324754	288637	12426	5884
生物学	6093	219269	200148	11520	4471
心理学	141	3679	2563	367	111
农业科学领域	24166	563509	476078	50200	24763
农学	16142	377137	312242	32675	16121
林学	3421	71976	64839	7654	3827
畜牧、兽医科学	2780	72055	62312	6194	2948
水产学	1823	42341	36685	3678	1867
医学科学领域	6441	191443	139735	18029	9047
基础医学	781	21639	16872	1988	1004
临床医学	1784	53528	36237	5577	2785
预防医学与公共卫生学	1115	42740	34074	4106	2214
军事医学与特种医学	30	470	415	136	43
药学	920	41979	27752	2242	827
中医学与中药学	1811	31088	24386	3980	2174

1-9 续表 2

项　目	课题数合 计(个)	课题经费内部支出(万元)	#政府资金	投入人员(人年)	#研究人员
工程科学与技术领域	27374	5414498	4470623	175009	107845
工程与技术科学基础学科	2379	437315	353113	14976	10291
信息与系统科学相关工程与技术	289	16504	7738	950	431
自然科学相关工程与技术	540	32131	18229	1682	830
测绘科学技术	535	46412	38824	1516	728
材料科学	1903	130848	97006	6637	3883
矿山工程技术	195	7253	2908	458	263
冶金工程技术	119	3971	1710	341	192
机械工程	490	36641	25774	2801	1641
动力与电气工程	504	135939	81962	3541	1319
能源科学技术	697	32436	21315	1369	707
核科学技术	464	419000	412516	9202	7279
电子与通信技术	3908	1656134	1350883	43437	28915
计算机科学技术	1389	116358	87379	6074	2776
化学工程	516	23815	13254	1428	704
产品应用相关工程技术	160	15173	12543	443	211
纺织科学技术	56	1075	509	122	59
食品科学技术	540	9069	6990	1113	508
土木建筑工程	466	15766	7853	1182	667
水利工程	2600	101508	50651	3607	1896
交通运输工程	1332	178549	143885	5432	3401
航空、航天科学技术	2026	1807496	1598613	56591	34510
环境科学技术及资源科学技术	4087	140556	101291	8137	4001
安全科学技术	1156	24947	13705	2097	1399
管理学	1023	25604	21971	1874	1234
社会、人文科学领域	7901	151699	129679	14856	10847
马克思主义	179	2985	2871	215	194
哲学	147	2651	2635	222	174
宗教学	178	2600	2590	229	161
语言学	122	1471	1328	165	142
文学	259	3222	3166	347	299
艺术学	145	3002	2848	461	312
历史学	548	9782	9562	834	668
考古学	260	9280	7407	627	356
经济学	2588	50009	40183	4618	3593
政治学	439	7118	6998	639	524
法学	386	6084	5853	590	434
军事学	7	96	96	11	4
社会学	750	10435	9507	1330	1061
民族学与文化学	229	3155	3135	378	290
新闻学与传播学	123	3795	3696	315	178
图书馆、情报与文献学	657	22561	16503	2339	1472
教育学	647	9877	7870	1001	700
体育科学	187	2518	2403	447	246
统计学	50	1060	1030	90	37
按课题服务的国民经济行业分					
农、林、牧、渔业	23547	552076	465735	49660	24553
农业	13107	292679	246964	27528	13485
林业	2334	49905	44911	5322	2584
畜牧业	1550	38177	33107	3516	1765
渔业	1543	35622	31304	3020	1579
农、林、牧、渔服务业	5013	135693	109449	10274	5140

1-9 续表 3

项 目	课题数 合 计 (个)	课题经费 内部支出 (万元)	#政府资金	投入人员 (人年)	#研究人员
采矿业	458	21478	8986	1247	645
煤炭开采和洗选业	40	1741	638	117	46
石油和天然气开采业	180	11550	3174	455	300
黑色金属矿采选业	23	702	344	63	30
有色金属矿采选业	138	3906	1972	328	201
非金属矿采选业	70	2717	2450	260	59
其他采矿业	7	862	409	24	10
制造业	6701	350576	259517	18271	7949
农副食品加工业	418	11235	9042	852	426
食品制造业	160	2794	2004	405	205
饮料制造业	101	2159	874	194	76
烟草制品业	14	377	269	41	24
纺织业	48	2672	1026	185	101
纺织服装、鞋、帽制造业	39	368	152	82	30
皮革、毛皮、羽毛(绒)及其制品业	11	121	58	45	12
木材加工及木、竹、藤、棕、草制品业	196	4048	3803	383	215
家具制造业	6	208	104	24	14
造纸及纸制品业	20	662	458	60	32
印刷业和记录媒介的复制	6	337	300	14	7
文教体育用品制造业	3	13	10	12	4
石油加工、炼焦及核燃料加工业	77	5671	2549	237	114
化学原料及化学制品制造业	814	33777	22921	2111	1013
医药制造业	1382	55598	36309	3255	1231
化学纤维制造业	20	1002	854	70	14
橡胶制品业	26	714	667	102	61
塑料制品业	43	684	460	127	46
非金属矿物制品业	173	5777	4557	501	188
黑色金属冶炼及压延加工业	54	1928	777	117	63
有色金属冶炼及压延加工业	60	3050	2094	122	76
金属制品业	106	4168	2816	252	168
通用设备制造业	259	13667	7241	788	306
专用设备制造业	768	30835	12093	2021	949
交通运输设备制造业	352	46056	41628	1464	588
电气机械及器材制造业	206	10788	5196	641	215
通信设备、计算机及其他电子设备制造业	725	53272	46333	1735	736
仪器仪表及文化、办公用机械制造业	519	55430	52865	2194	924
工艺品及其他制造业	48	2049	1176	140	71
废弃资源和废旧材料回收加工业	47	1117	881	100	40
电力、燃气及水的生产和供应业	759	33605	17553	1369	611
电力、热力的生产和供应业	624	29665	15488	1124	493
燃气生产和供应业	46	1331	1029	86	41
水的生产和供应业	89	2609	1036	159	78
建筑业	464	12095	5922	1016	547
房屋和土木工程建筑业	346	8207	3144	838	450
建筑安装业	16	299	234	51	30
建筑装饰业	4	48	8	13	6
其他建筑业	98	3542	2536	114	60
交通运输、仓储和邮政业	1099	47681	26728	2010	1196
铁路运输业	67	1085	464	168	109
道路运输业	453	20404	16055	851	524
城市公共交通业	90	4029	2383	247	108
水上运输业	395	17938	5386	397	293
航空运输业	40	1939	1692	197	72
管道运输业	6	69	18	14	9
装卸搬运和其他运输服务业	13	1369	96	33	23
仓储业	31	790	605	102	55
邮政业	4	59	29	2	2
信息传输、计算机服务和软件业	944	90366	69053	2955	1353
电信和其他信息传输服务业	495	60962	43054	1673	885
计算机服务业	318	25060	22880	889	330
软件业	131	4343	3119	392	139

1-9 续表 4

项 目	课题数 合 计 (个)	课题经费 内部支出 (万元)	#政府资金	投入人员 (人年)	#研究人员
批发和零售业	28	1222	635	69	44
批发业	12	857	372	28	12
零售业	16	365	264	42	31
住宿和餐饮业	1	136	136	5	2
住宿业	1	136	136	5	2
金融业	64	1707	1040	129	76
银行业	37	703	575	60	48
证券业	5	117	117	7	6
保险业	3	435	142	21	3
其他金融活动	19	453	206	41	19
房地产业	14	164	132	19	12
房地产业	14	164	132	19	12
租赁和商务服务业	118	4040	2361	249	151
商务服务业	118	4040	2361	249	151
科学研究、技术服务和地质勘查业	39073	5721734	4907860	191421	116118
研究与试验发展	30661	5354564	4612422	174014	107082
专业技术服务业	5714	259959	202221	11294	5577
科技交流和推广服务业	1744	43211	36351	3418	2009
地质勘查业	954	64000	56865	2695	1451
水利、环境和公共设施管理业	5580	193667	123624	10296	5120
水利管理业	1886	76458	38184	2966	1504
环境管理业	3537	115070	83836	6820	3356
公共设施管理业	157	2139	1603	510	260
居民服务和其他服务业	45	1949	1544	91	45
居民服务业	20	1309	1106	49	23
其他服务业	25	640	437	42	22
教育	611	13070	11166	994	611
教育	611	13070	11166	994	611
卫生、社会保障和社会福利业	3770	105406	74230	11856	6388
卫生	3719	104076	73108	11750	6314
社会保障业	47	1202	994	92	69
社会福利业	4	128	128	15	5
文化、体育和娱乐业	769	19892	15166	2077	1164
新闻出版业	56	2866	2026	229	92
广播、电视、电影和音像业	24	779	580	67	40
文化艺术业	464	11696	9155	1148	690
体育	186	2595	2476	440	247
娱乐业	39	1957	930	193	96
公共管理和社会组织	1979	58796	42059	3676	2715
中国共产党机关	38	322	311	66	40
国家机构	1916	58205	41520	3527	2613
人民政协和民主党派	3	38	29	4	2
群众团体、社会团体和宗教组织	18	185	158	69	50
基层群众自治组织	4	46	42	10	9
国际组织	6	286	266	18	4
国际组织	6	286	266	18	4
按课题社会经济目标分					
环境保护、生态建设及污染防治	7414	267360	206428	14351	6828
能源生产、分配和合理利用	2926	179844	117920	8328	4418
卫生事业的发展	6654	212579	154929	18620	9106
教育事业发展	779	15096	12579	1255	782
基础设施以及城市和农村规划	2724	131584	75555	6130	3431
社会发展和社会服务	7864	196147	155110	16175	9863
地球和大气层的探索与利用	4979	210676	182195	7629	3926
民用空间的探测及开发	810	65017	57761	1751	761
促进农林牧渔业发展	26066	622756	514239	54436	26880
工商业发展	6053	259108	193587	14250	7081
其他	19761	5069780	4363409	154500	96227

1-10 各类R&D人员数

单位：人

项目	R&D人员	#全时人员	#女性	学历			
				博士	硕士	大学	其他
全国	**323034**	**250027**	**102903**	**35393**	**80511**	**136015**	**71115**
按机构类型分							
自然科学和技术领域	310836	240312	98034	32978	77155	131248	69455
社会与人文科学领域	10860	8849	4320	2321	3082	3977	1480
科技信息与文献机构	1338	866	549	94	274	790	180
按隶属关系分							
地方部门属	69666	46900	25708	4938	15334	33198	16196
省级部门属	56113	37676	21380	4605	13504	26322	11682
副省级城市属	2238	1628	810	126	562	1149	401
地市级部门属	11315	7596	3518	207	1268	5727	4113
中央部门属	253368	203127	77195	30455	65177	102817	54919
中国科学院	69633	41841	23268	19278	20750	20147	9458
中国社会科学院	3077	2648	1265	1333	733	602	409
按地区分							
东部地区	180358	138591	60553	26507	50431	69530	33890
中部地区	64006	50027	18268	4505	13578	29271	16652
西部地区	78670	61409	24082	4381	16502	37214	20573
北京	83251	65157	30712	16092	25592	28500	13067
天津	6635	5651	2476	277	1357	2996	2005
河北	6127	5635	1436	179	1552	3492	904
山西	6023	4444	1943	238	903	3406	1476
内蒙古	3923	2425	1443	113	622	1988	1200
辽宁	12671	9991	3710	1446	2719	5440	3066
吉林	7898	5311	2584	1442	1733	3283	1440
黑龙江	7543	6706	2481	268	1556	4088	1631
上海	24912	19855	8134	3184	6609	9203	5916
江苏	18813	14251	4943	1736	4667	8030	4380
浙江	4935	3383	1493	606	1455	2129	745
安徽	6572	5143	1231	519	1647	3070	1336
福建	3266	1901	941	407	825	1354	680
江西	4405	3421	1216	83	735	2431	1156
山东	9822	6608	3526	1176	2613	4483	1550
河南	11479	7972	3381	315	2435	4715	4014
湖北	13469	11265	3530	1414	3487	5273	3295
湖南	6617	5765	1902	226	1082	3005	2304
广东	8936	5662	2951	1261	2627	3567	1481
广西	3392	2104	1196	167	730	1568	927
海南	990	497	231	143	415	336	96
重庆	3114	2186	1021	88	691	1613	722
四川	22142	16847	5105	1341	5246	10967	4588
贵州	2525	1877	806	332	371	1263	559
云南	6157	4026	2702	575	1363	2775	1444
西藏	486	380	159	14	63	209	200
陕西	26763	23927	8501	587	5075	12024	9077
甘肃	5849	4798	1588	772	1197	2702	1178
青海	770	442	247	106	182	364	118
宁夏	386	303	141	12	120	185	69
新疆	3163	2094	1173	274	842	1556	491

1-10 续表 1

单位：人

项目	R&D人员	#全时人员	#女性	学历			
				博士	硕士	大学	其他
按机构学科领域分							
自然科学领域	59491	37224	20072	16015	17488	18321	7667
数学	945	567	279	260	277	329	79
信息科学与系统科学	1361	612	435	305	417	509	130
力学	1033	685	326	405	356	194	78
物理学	14415	9073	3720	3406	4441	4870	1698
化学	7880	4669	3040	2775	1953	2452	700
天文学	1895	1178	392	402	372	739	382
地球科学	15729	10512	4692	4109	4694	4932	1994
生物学	15863	9601	6960	4100	4926	4279	2558
心理学	370	327	228	253	52	17	48
农业科学领域	42843	30735	14164	3698	8973	19055	11117
农学	30814	22054	10381	2520	6564	13741	7989
林学	5127	3654	1760	464	906	2475	1282
畜牧、兽医科学	4363	3363	1348	478	967	1619	1299
水产学	2539	1664	675	236	536	1220	547
医学科学领域	21813	14082	11081	2692	4844	9813	4464
基础医学	3242	2520	1664	461	803	1450	528
临床医学	6164	3915	3118	941	1363	2713	1147
预防医学与公共卫生学	4538	2863	2221	334	954	2027	1223
军事医学与特种医学	132	110	41	5	31	56	40
药学	2611	1876	1316	403	656	1264	288
中医学与中药学	5126	2798	2721	548	1037	2303	1238
工程科学与技术领域	186325	158084	52605	10507	45719	83937	46162
工程与技术科学基础学科	12287	10417	3840	391	2613	6994	2289
信息与系统科学相关工程与技术	28	10	8		3	20	5
自然科学相关工程与技术	190	171	66	39	65	67	19
测绘科学技术	410	380	54	66	155	183	6
材料科学	6588	4311	1889	814	1456	2778	1540
矿山工程技术	174	111	48	8	31	76	59
冶金工程技术	173	151	49	4	32	110	27
机械工程	1865	1599	506	71	308	1119	367
动力与电气工程	2476	2246	629	332	635	967	542
能源科学技术	2037	1279	661	382	479	756	420
核科学技术	15460	11426	3575	1152	3003	8293	3012
电子与通信技术	40331	34325	10810	1519	9461	19261	10090
计算机科学技术	5848	4666	1929	466	2093	2756	533
化学工程	1946	1105	649	517	393	516	520
产品应用相关工程技术	59	56	17	7	33	19	
纺织科学技术	147	107	68		8	74	65
食品科学技术	899	709	372	109	236	440	114
土木建筑工程	877	495	220	55	225	491	106
水利工程	2658	1681	645	430	867	976	385
交通运输工程	18157	16223	4330	564	5015	9237	3341
航空、航天科学技术	68132	62905	20310	2195	16715	26911	22311
环境科学技术及资源科学技术	3734	2690	1415	1130	1232	1078	294
安全科学技术	1351	632	329	144	475	648	84
管理学	498	389	186	112	186	167	33

1-10 续表 2

单位：人

项目	R&D人员	#全时人员	#女性	学历			
				博士	硕士	大学	其他
社会、人文科学领域	12562	9902	4981	2481	3487	4889	1705
马克思主义	524	372	208	125	219	149	31
哲学	890	623	378	123	221	443	103
宗教学	89	78	33	53	19	11	6
语言学	80	80	31	36	21	7	16
文学	290	277	128	139	74	51	26
艺术学	544	391	199	35	116	255	138
历史学	653	520	261	241	174	144	94
考古学	1012	833	292	92	165	440	315
经济学	2416	1994	934	689	617	811	299
政治学	541	512	232	220	136	120	65
法学	463	366	169	121	111	198	33
军事学							
社会学	2714	2196	1111	328	965	1119	302
民族学与文化学	417	354	158	76	108	186	47
新闻学与传播学	106	90	53	25	53	21	7
图书馆、情报与文献学	915	496	367	66	217	509	123
教育学	659	526	319	79	184	319	77
体育科学	241	186	104	32	83	103	23
统计学	8	8	4	1	4	3	
按机构服务的国民经济行业分							
农、林、牧、渔业	41847	30113	13894	3606	8952	18444	10845
农业	25623	18343	8778	1878	5535	11435	6775
林业	4487	3090	1476	424	812	2035	1216
畜牧业	2911	2126	916	281	607	1200	823
渔业	1921	1288	473	209	411	904	397
农、林、牧、渔服务业	6905	5266	2251	814	1587	2870	1634
采矿业	402	362	136	25	87	255	35
煤炭开采和洗选业	82	48	10		9	51	22
石油和天然气开采业							
有色金属矿采选业	311	308	123	25	78	201	7
其他采矿业	9	6	3			3	6
制造业	10182	6173	3863	1008	2492	4878	1804
农副食品加工业	678	540	220	45	129	355	149
食品制造业	142	99	66	17	41	62	22
饮料制造业	15	1	5	2	8	4	1
烟草制品业							
纺织业	59	45	32		9	30	20
纺织服装、鞋、帽制造业	22	19			1	15	6
皮革、毛皮、羽毛(绒)及其制品业	7	6	3		1	6	
木材加工及木、竹、藤、棕、草制品业	200	170	81	22	29	94	55
家具制造业	12	9	3			9	3
造纸及纸制品业	34	27	11		2	25	7
印刷业和记录媒介的复制	8	7	2			6	2
石油加工、炼焦及核燃料加工业	7	7	3			3	4
化学原料及化学制品制造业	1463	936	549	169	431	652	211
医药制造业	4062	2128	2049	474	1044	1765	779
化学纤维制造业	74	71	33		4	31	39
橡胶制品业							
塑料制品业	67	61	8	4	8	43	12
非金属矿物制品业	46	28	15	1	7	37	1
黑色金属冶炼及压延加工业	30	30	6			17	13
有色金属冶炼及压延加工业	143	121	43	4	32	93	14
金属制品业	34	32	8	3	8	20	3
通用设备制造业	168	54	14	27	63	70	8
专用设备制造业	1844	1038	433	83	348	1182	231
交通运输设备制造业	100	60	32	1	4	67	28
电气机械及器材制造业	55	48	11	13	27	11	4
通信设备、计算机及其他电子设备制造业	539	338	165	112	163	130	134
仪器仪表及文化、办公用机械制造业	354	284	62	31	132	147	44
工艺品及其他制造业	19	14	9		1	4	14

1-10 续表 3

单位：人

项目	R&D人员	#全时人员	#女性	学历			
				博士	硕士	大学	其他
电力、燃气及水的生产和供应业	986	559	352	265	338	285	98
电力、热力的生产和供应业	948	531	336	264	330	268	86
燃气生产和供应业	20	11	9	1	5	7	7
水的生产和供应业	18	17	7		3	10	5
建筑业	1095	622	269	97	360	557	81
房屋和土木工程建筑业	1046	586	257	93	350	533	70
建筑安装业	5	5				4	1
建筑装饰业	14	7	2			5	9
其他建筑业	30	24	10	4	10	15	1
交通运输、仓储和邮政业	1185	870	341	145	461	474	105
铁路运输业	84	78	11	1	13	56	14
道路运输业	669	527	206	86	248	271	64
城市公共交通业	224	90	45	18	113	81	12
水上运输业	88	65	26	10	38	33	7
航空运输业	120	110	53	30	49	33	8
装卸搬运和其他运输服务业							
信息传输、计算机服务和软件业	2604	1591	831	301	913	1164	226
电信和其他信息传输服务业	644	482	233	47	200	318	79
计算机服务业	1725	939	538	243	629	732	121
软件业	235	170	60	11	84	114	26
批发和零售业							
批发业							
金融业	38	38	14	1	14	15	8
其他金融活动	38	38	14	1	14	15	8
房地产业							
房地产业							
租赁和商务服务业	23	16	10		3	13	7
商务服务业	23	16	10		3	13	7
科学研究、技术服务和地质勘查业	239976	193062	72054	26411	60857	99441	53267
研究与试验发展	225668	183660	67646	24021	56489	93888	51270
专业技术服务业	9954	6003	3180	1575	3145	3953	1281
科技交流和推广服务业	2192	1570	559	504	690	694	304
地质勘查业	2162	1829	669	311	533	906	412
水利、环境和公共设施管理业	6276	4504	2101	1318	1899	2179	880
水利管理业	2296	1514	531	203	634	976	483
环境管理业	3914	2938	1550	1105	1261	1179	369
公共设施管理业	66	52	20	10	4	24	28
居民服务和其他服务业	12	5	4	3	4	3	2
居民服务业	12	5	4	3	4	3	2
其他服务业							
教育	458	376	223	54	131	212	61
教育	458	376	223	54	131	212	61
卫生、社会保障和社会福利业	14807	9525	7674	1713	3104	6716	3274
卫生	14807	9525	7674	1713	3104	6716	3274
文化、体育和娱乐业	1264	871	469	102	289	590	283
新闻出版业	64	46	30	9	36	17	2
广播、电视、电影和音像业	18	15	5	4	9	4	1
文化艺术业	853	540	296	45	136	424	248
体育	241	186	104	32	83	103	23
娱乐业	88	84	34	12	25	42	9
公共管理和社会组织	1879	1340	668	344	607	789	139
中国共产党机关	12	12	3	2	2	5	3
国家机构	1867	1328	665	342	605	784	136

1-11 各类R&D人员折合全时工作量

单位：人年

项目	R&D人员折合全时工作量	#研究人员	基础研究人员	应用研究人员	试验发展人员
全 国	**277183**	**172525**	**40754**	**102900**	**133529**
按机构类型分					
自然科学和技术领域	266414	164245	37104	97874	131436
社会与人文科学领域	9679	7657	3622	4581	1476
科技信息与文献机构	1090	623	28	445	617
按隶属关系分					
地方部门属	57357	33534	4632	16477	36248
省级部门属	46043	27542	4480	14824	26739
副省级城市属	1921	1013	44	641	1236
地市级部门属	9393	4979	108	1012	8273
中央部门属	219826	138991	36122	86423	97281
中国科学院	50455	31200	20693	25906	3856
中国社会科学院	2828	2369	1725	1102	1
按地区分					
东部地区	154372	97989	26394	59141	68837
中部地区	55514	33600	5721	19779	30014
西部地区	67297	40936	8639	23980	34678
北 京	71729	45111	16001	25915	29813
天 津	6138	3865	492	2905	2741
河 北	5763	4974	487	3714	1562
山 西	4888	2872	330	1950	2608
内蒙古	3045	2040	225	1113	1707
辽 宁	11049	6472	1015	3641	6393
吉 林	6065	3156	760	2526	2779
黑龙江	7148	4267	628	2150	4370
上 海	21980	12460	3700	9127	9153
江 苏	15605	11104	990	5779	8836
浙 江	4048	2643	198	1036	2814
安 徽	5793	3451	1308	2521	1964
福 建	2496	1116	580	936	980
江 西	3881	2464	145	1921	1815
山 东	8133	5438	1413	2913	3807
河 南	9102	5325	98	2391	6613
湖 北	12349	8208	1795	4693	5861
湖 南	6288	3857	657	1627	4004
广 东	6735	4440	1341	3023	2371
广 西	2789	1446	133	1161	1495
海 南	696	366	177	152	367
重 庆	2470	1571	601	1297	572
四 川	18287	11501	2907	7649	7731
贵 州	2164	1186	374	250	1540
云 南	4624	2648	1042	1172	2410
西 藏	403	197	84	121	198
陕 西	24748	15042	1201	8165	15382
甘 肃	5313	3111	1439	1581	2293
青 海	550	340	205	188	157
宁 夏	357	237	60	199	98
新 疆	2547	1617	368	1084	1095

1-11　续表 1

单位：人年

项　目	R&D人员折合全时工作量	#研究人员	基础研究人员	应用研究人员	试验发展人员
按机构学科领域分					
自然科学领域	44693	28076	19474	19287	5932
数学	643	583	339	238	66
信息科学与系统科学	804	392	101	668	35
力学	809	497	232	502	75
物理学	10842	6238	3827	5867	1148
化学	5559	3858	2354	2379	826
天文学	1387	939	624	726	37
地球科学	12163	7722	5159	4600	2404
生物学	12154	7534	6600	4213	1341
心理学	332	313	238	94	
农业科学领域	36459	20357	1976	7562	26921
农学	26042	14525	1242	5151	19649
林学	4432	2471	174	617	3641
畜牧、兽医科学	3895	2078	333	1103	2459
水产学	2090	1283	227	691	1172
医学科学领域	17887	9237	2997	7854	7036
基础医学	2800	1304	812	1149	839
临床医学	5149	2853	985	2651	1513
预防医学与公共卫生学	3650	2065	254	1473	1923
军事医学与特种医学	129	58		91	38
药学	2308	856	488	894	926
中医学与中药学	3851	2101	458	1596	1797
工程科学与技术领域	167122	106379	12559	63313	91250
工程与技术科学基础学科	10799	7904	1107	3699	5993
信息与系统科学相关工程与技术	12	3			12
自然科学相关工程与技术	183	77	21	63	99
测绘科学技术	392	214		224	168
材料科学	5004	3541	622	1704	2678
矿山工程技术	141	80	4	50	87
冶金工程技术	162	81			162
机械工程	1648	1166		473	1175
动力与电气工程	2320	1155	122	1636	562
能源科学技术	1535	922	115	835	585
核科学技术	12884	8986	3490	6739	2655
电子与通信技术	35952	24322	2572	16539	16841
计算机科学技术	4788	3376	454	2488	1846
化学工程	1402	912	248	691	463
产品应用相关工程技术	59	35		6	53
纺织科学技术	119	60		4	115
食品科学技术	815	402	13	126	676
土木建筑工程	646	410	4	27	615
水利工程	2134	1484	108	747	1279
交通运输工程	16987	12158	1017	9272	6698
航空、航天科学技术	64638	36444	2221	16464	45953
环境科学技术及资源科学技术	3160	1882	430	1144	1586
安全科学技术	923	436		104	819
管理学	419	329	11	278	130

1-11 续表 2

单位：人年

项 目	R&D人员折合全时工作量	#研究人员	基础研究人员	应用研究人员	试验发展人员
社会、人文科学领域	11022	8476	3748	4884	2390
马克思主义	424	389	141	140	143
哲学	725	537	278	387	60
宗教学	82	72	45	37	
语言学	80	74	80		
文学	281	246	234	47	
艺术学	468	339	292	99	77
历史学	567	467	539	28	
考古学	911	501	643	187	81
经济学	2162	1661	363	1408	391
政治学	527	444	254	273	
法学	419	291	67	115	237
军事学					
社会学	2410	2076	565	1344	501
民族学与文化学	376	314	191	165	20
新闻学与传播学	94	75	29	44	21
图书馆、情报与文献学	695	420	25	219	451
教育学	586	436	2	316	268
体育科学	207	130		67	140
统计学	8	4		8	
按机构服务的国民经济行业分					
农、林、牧、渔业	35676	19887	2132	7502	26042
农业	21782	11924	1227	4458	16097
林业	3757	2072	132	507	3118
畜牧业	2539	1428	139	642	1758
渔业	1604	1060	202	603	799
农、林、牧、渔服务业	5994	3403	432	1292	4270
采矿业	385	295		12	373
煤炭开采和洗选业	65	44		3	62
石油和天然气开采业					
有色金属矿采选业	311	247		4	307
其他采矿业	9	4		5	4
制造业	7778	3926	1026	2152	4600
农副食品加工业	601	300	14	105	482
食品制造业	131	94	40	50	41
饮料制造业	6	3		1	5
烟草制品业					
纺织业	53	30			53
纺织服装、鞋、帽制造业	19	10			19
皮革、毛皮、羽毛(绒)及其制品业	6	6			6
木材加工及木、竹、藤、棕、草制品业	199	105	3	22	174
家具制造业	12	8			12
造纸及纸制品业	32	11			32
印刷业和记录媒介的复制	7	4		5	2
石油加工、炼焦及核燃料加工业	7	4		7	
化学原料及化学制品制造业	1059	739	440	371	248
医药制造业	2885	1226	424	1008	1453
化学纤维制造业	72	38			72
橡胶制品业					
塑料制品业	65	30	12	4	49
非金属矿物制品业	40	27		2	38
黑色金属冶炼及压延加工业	30	12			30
有色金属冶炼及压延加工业	132	69			132
金属制品业	34	25			34
通用设备制造业	72	43			72
专用设备制造业	1350	648		96	1254
交通运输设备制造业	79	48		4	75
电气机械及器材制造业	51	42	10	24	17
通信设备、计算机及其他电子设备制造业	485	222	81	356	48
仪器仪表及文化、办公用机械制造业	334	175	2	97	235
工艺品及其他制造业	17	7			17

1-11 续表 3

单位：人年

项　目	R&D人员折合全时工作量	#研究人员	基础研究人员	应用研究人员	试验发展人员
电力、燃气及水的生产和供应业	743	457	100	246	397
电力、热力的生产和供应业	710	439	100	242	368
燃气生产和供应业	15	10		4	11
水的生产和供应业	18	8			18
建筑业	770	452	6	185	579
房屋和土木工程建筑业	729	420	6	185	538
建筑安装业	5	1			5
建筑装饰业	9	5			9
其他建筑业	27	26			27
交通运输、仓储和邮政业	1022	749	1	76	945
铁路运输业	79	63			79
道路运输业	600	497	1	51	548
城市公共交通业	152	83			152
水上运输业	76	63		5	71
航空运输业	115	43		20	95
装卸搬运和其他运输服务业					
信息传输、计算机服务和软件业	1773	1193	285	728	760
电信和其他信息传输服务业	562	290		34	528
计算机服务业	1003	794	284	621	98
软件业	208	109	1	73	134
批发和零售业					
批发业					
金融业	38	34		38	
其他金融活动	38	34		38	
房地产业					
房地产业					
租赁和商务服务业	21	7		15	6
商务服务业	21	7		15	6
科学研究、技术服务和地质勘查业	208440	133455	34260	83459	90721
研究与试验发展	197075	126454	32366	79195	85514
专业技术服务业	7567	4705	1432	2288	3847
科技交流和推广服务业	1831	922	324	1079	428
地质勘查业	1967	1374	138	897	932
水利、环境和公共设施管理业	5270	3287	549	1890	2831
水利管理业	1837	1276	100	643	1094
环境管理业	3374	1989	449	1241	1684
公共设施管理业	59	22		6	53
居民服务和其他服务业	6	2			6
居民服务业	6	2			6
其他服务业					
教育	416	275	2	216	198
教育	416	275	2	216	198
卫生、社会保障和社会福利业	12288	6780	1897	5610	4781
卫生	12288	6780	1897	5610	4781
文化、体育和娱乐业	1039	678	408	309	322
新闻出版业	52	27	12		40
广播、电视、电影和音像业	16	12			16
文化艺术业	678	428	396	182	100
体育	207	130		67	140
娱乐业	86	81		60	26
公共管理和社会组织	1518	1048	88	462	968
中国共产党机关	12	12		12	
国家机构	1506	1036	88	450	968

1-12 R&D经费内部支出按来源分布

单位：万元

项　目	R&D经费内部支出	政府资金	企业资金	国外资金	其他资金
全　国	**9959481**	**8495281**	**298323**	**41624**	**1124253**
按机构类型分					
自然科学和技术领域	9776458	8335403	296510	40413	1104132
社会与人文科学领域	157895	140862	1773	1194	14066
科技信息与文献机构	25129	19016	41	17	6055
按隶属关系分					
地方部门属	885297	691569	32361	5229	156138
省级部门属	766420	597477	26981	5193	136769
副省级城市属	21122	15101	1226	21	4774
地市级部门属	97754	78991	4154	15	14595
中央部门属	9074184	7803711	265963	36396	968115
中国科学院	1932876	1599163	103592	26958	203164
中国社会科学院	52697	51204	542	461	491
按地区分					
东部地区	6065837	5065856	244644	34678	720659
中部地区	1465108	1221891	28756	2522	211940
西部地区	2428536	2207533	24923	4425	191655
北　京	3216954	2719862	71442	19759	405890
天　津	181372	151345	338	105	29584
河　北	232431	222755	76		9600
山　西	94114	76150	5685	319	11959
内蒙古	53106	45572	759	44	6731
辽　宁	311939	265904	27400	3129	15506
吉　林	165533	148037	2367	998	14132
黑龙江	205980	189884	2726		13370
上　海	869512	728677	28650	6707	105478
江　苏	642306	475493	93539	3534	69741
浙　江	128517	109843	5690	212	12773
安　徽	207382	131213	3779	80	72310
福　建	61060	50468	1260	45	9287
江　西	74580	71161	339	53	3027
山　东	221383	181645	7839	155	31744
河　南	202798	180295	1786		20718
湖　北	399892	347465	9148	1029	42250
湖　南	114830	77687	2926	43	34175
广　东	175980	137629	8406	725	29219
广　西	53183	40874	2298	468	9543
海　南	24384	22237	4	307	1836
重　庆	67547	56918	583	46	10000
四　川	909969	872673	9219	692	27386
贵　州	36906	17748	2068	144	16946
云　南	128819	112961	4077	2082	9700
西　藏	5442	5297			145
陕　西	998988	909137	1474		88378
甘　肃	120788	98804	3310	540	18133
青　海	10442	8939	723	1	779
宁　夏	4854	4823			31
新　疆	38491	33786	414	408	3884

1-12 续表 1

单位：万元

项　目	R&D经费				
	内部支出	政府资金	企业资金	国外资金	其他资金
按机构学科领域分					
自然科学领域	1618532	1364537	65657	18748	169590
数学	13542	12006	39		1497
信息科学与系统科学	53475	46193	381	190	6710
力学	30210	21365	2726	154	5966
物理学	418065	371722	13792	2835	29716
化学	184303	134968	27414	3411	18510
天文学	74669	49866	1070	1559	22175
地球科学	492453	434891	12740	3606	41216
生物学	344093	287551	7103	6880	42559
心理学	7722	5975	393	115	1240
农业科学领域	714762	607205	17138	4200	86219
农学	512597	430236	12533	2897	66931
林学	68592	60313	142	944	7193
畜牧、兽医科学	81302	72901	1855	37	6510
水产学	52271	43755	2608	322	5585
医学科学领域	378182	275787	12336	4622	85437
基础医学	93218	75112	347	1540	16219
临床医学	89775	58670	535	1431	29138
预防医学与公共卫生学	64159	47716	3047	1127	12270
军事医学与特种医学	4677	4677			
药学	66970	44264	6100	439	16168
中医学与中药学	59383	45348	2308	85	11642
工程科学与技术领域	7055757	6079471	201307	12746	762234
工程与技术科学基础学科	406677	352642	2022	550	51463
信息与系统科学相关工程与技术	126	50	76		
自然科学相关工程与技术	8888	8806			82
测绘科学技术	14017	8208	705		5105
材料科学	171287	143259	6157	3075	18797
矿山工程技术	1970	1725			245
冶金工程技术	2162	1656	199		307
机械工程	28232	21237	736		6260
动力与电气工程	154393	148063	4345	464	1522
能源科学技术	48444	31558	5377	380	11129
核科学技术	633993	621138	3541		9314
电子与通信技术	1573587	1298266	69290	964	205067
计算机科学技术	125948	85822	2194	817	37115
化学工程	48803	37941	7923	330	2608
产品应用相关工程技术	144	144			
纺织科学技术	741	369			372
食品科学技术	23031	22695	36		301
土木建筑工程	18029	8912	3503	1566	4048
水利工程	77414	52070	13148	595	11602
交通运输工程	735930	611102	49911		74917
航空、航天科学技术	2846529	2517235	29803	3229	296264
环境科学技术及资源科学技术	91132	79637	1728	650	9117
安全科学技术	32524	15760	249	76	16440
管理学	11757	11178	365	52	163

1-12 续表 2

单位：万元

项目	R&D经费内部支出	政府资金	企业资金	国外资金	其他资金
社会、人文科学领域	192249	168281	1886	1308	20774
马克思主义	7662	7662			
哲学	7549	7192			357
宗教学	1944	1930			14
语言学	686	544			143
文学	4303	4193			110
艺术学	8326	8296			30
历史学	11239	10489	82	93	574
考古学	20384	13257	343	6	6778
经济学	37619	34561	680	696	1682
政治学	11482	11084	229	169	
法学	9654	9218	66	147	223
军事学					
社会学	32426	28955	418	18	3035
民族学与文化学	5172	5171			1
新闻学与传播学	1680	1570			110
图书馆、情报与文献学	18038	12869	31		5137
教育学	10412	8115	37	180	2081
体育科学	3466	2968			498
统计学	209	209			
按机构服务的国民经济行业分					
农、林、牧、渔业	701503	596999	16088	3874	84543
农业	434345	367456	7670	2027	57192
林业	54164	46327	141	778	6918
畜牧业	51733	46838	1661	37	3197
渔业	40733	35606	2511	25	2590
农、林、牧、渔服务业	120529	100771	4104	1008	14646
采矿业	7344	6367	978		
煤炭开采和洗选业	1853	1428	425		
石油和天然气开采业					
有色金属矿采选业	5435	4882	553		
其他采矿业	57	57			
制造业	189824	148398	6355	890	34181
农副食品加工业	11144	10416	129		599
食品制造业	2570	1777	365	42	386
饮料制造业	144	84			60
烟草制品业					
纺织业	188	188			
纺织服装、鞋、帽制造业	79	63			16
皮革、毛皮、羽毛(绒)及其制品业	40	10			30
木材加工及木、竹、藤、棕、草制品业	5143	4770		166	208
家具制造业	78				78
造纸及纸制品业	336	93	243		
印刷业和记录媒介的复制	67	52			15
石油加工、炼焦及核燃料加工业	83	70			14
化学原料及化学制品制造业	28833	25618	1507	41	1668
医药制造业	85712	66743	1876	406	16687
化学纤维制造业	478	163			315
橡胶制品业					
塑料制品业	427	329	2		96
非金属矿物制品业	677	424	14		239
黑色金属冶炼及压延加工业	307				307
有色金属冶炼及压延加工业	1855	1656	199		
金属制品业	159	159			
通用设备制造业	897	539	166		192
专用设备制造业	29396	18098	1649	29	9621
交通运输设备制造业	777	258	125		394
电气机械及器材制造业	1177	1000	20		157
通信设备、计算机及其他电子设备制造业	12257	9406	4	207	2640
仪器仪表及文化、办公用机械制造业	6855	6379	56		420
工艺品及其他制造业	147	106			41

1-12 续表 3

单位：万元

项　目	R&D经费内部支出	政府资金	企业资金	国外资金	其他资金
电力、燃气及水的生产和供应业	31102	21618	2090	365	7030
电力、热力的生产和供应业	30699	21413	2039	365	6882
燃气生产和供应业	222	80			142
水的生产和供应业	181	125	51		6
建筑业	16656	8403	4782	13	3459
房屋和土木工程建筑业	15699	7512	4762	13	3413
建筑安装业	16				16
建筑装饰业	50		20		30
其他建筑业	891	891			
交通运输、仓储和邮政业	46051	36992	1164		7895
铁路运输业	1106	349	757		
道路运输业	38544	31177	158		7209
城市公共交通业	1749	1316	15		418
水上运输业	3484	2981	234		268
航空运输业	1169	1169			
装卸搬运和其他运输服务业					
信息传输、计算机服务和软件业	68875	55815	1933	28	11099
电信和其他信息传输服务业	34365	26563	99		7702
计算机服务业	33233	28074	1826	28	3306
软件业	1277	1178	8		91
批发和零售业					
批发业					
金融业	709	709			
其他金融活动	709	709			
房地产业					
房地产业					
租赁和商务服务业	224	169			55
商务服务业	224	169			55
科学研究、技术服务和地质勘查业	8463971	7299916	248069	31422	884564
研究与试验发展	7964284	6857370	234491	24756	847668
专业技术服务业	333567	289349	9227	2254	32738
科技交流和推广服务业	98738	88283	3663	4407	2385
地质勘查业	67382	64915	688	5	1774
水利、环境和公共设施管理业	138270	108125	10966	1521	17658
水利管理业	57482	39854	8631	292	8706
环境管理业	79861	67787	2106	1230	8739
公共设施管理业	927	484	229		213
居民服务和其他服务业	211	160			51
居民服务业	211	160			51
其他服务业					
教育	8092	7062	37	180	814
教育	8092	7062	37	180	814
卫生、社会保障和社会福利业	219178	151752	5164	2766	59496
卫生	219178	151752	5164	2766	59496
文化、体育和娱乐业	22391	18383	270	6	3732
新闻出版业	832	832			
广播、电视、电影和音像业	945	749			195
文化艺术业	16267	13456	270	6	2536
体育	3466	2968			498
娱乐业	882	379			503
公共管理和社会组织	45080	34414	428	562	9677
中国共产党机关	270	270			
国家机构	44810	34144	428	562	9677

1-13 R&D经费内部支出按活动类型分

单位：万元

项目	R&D经费内部支出	基础研究	应用研究	试验发展
全　国	**9959481**	**1106276**	**3509107**	**5344098**
按机构类型分				
自然科学和技术领域	9776458	1042886	3424002	5309570
社会与人文科学领域	157895	62238	75358	20299
科技信息与文献机构	25129	1152	9747	14230
按隶属关系分				
地方部门属	885297	57981	255716	571600
省级部门属	766420	55933	236709	473779
副省级城市属	21122	583	7616	12923
地市级部门属	97754	1465	11391	84898
中央部门属	9074184	1048295	3253391	4772498
中国科学院	1932876	673232	1064487	195156
中国社会科学院	52697	30423	22268	6
按地区分				
东部地区	6065837	788936	2067534	3209368
中部地区	1465108	106687	610621	747799
西部地区	2428536	210653	830952	1386931
北　京	3216954	455376	940428	1821151
天　津	181372	11005	45603	124764
河　北	232431	17832	187057	27542
山　西	94114	2151	58316	33646
内蒙古	53106	4688	22748	25669
辽　宁	311939	25848	123299	162792
吉　林	165533	9928	69763	85842
黑龙江	205980	11122	130773	64085
上　海	869512	132676	348190	388647
江　苏	642306	30553	198447	413306
浙　江	128517	6362	37638	84518
安　徽	207382	43867	82908	80607
福　建	61060	17342	29841	13877
江　西	74580	1350	57188	16042
山　东	221383	43648	76395	101340
河　南	202798	1495	37276	164027
湖　北	399892	29165	146707	224021
湖　南	114830	7609	27691	79530
广　东	175980	40811	74369	60800
广　西	53183	2587	20900	29696
海　南	24384	7485	6267	10631
重　庆	67547	13224	43927	10396
四　川	909969	61949	440375	407646
贵　州	36906	18158	3524	15224
云　南	128819	28313	35419	65088
西　藏	5442	1119	1253	3070
陕　西	998988	28590	208303	762095
甘　肃	120788	43304	29812	47672
青　海	10442	3108	3160	4175
宁　夏	4854	662	2665	1527
新　疆	38491	4953	18865	14673

1-13 续表 1

单位：万元

项　目	R&D经费内部支出	基础研究	应用研究	试验发展
按机构学科领域分				
自然科学领域	1618532	634374	731714	252444
数学	13542	7976	4748	818
信息科学与系统科学	53475	7920	45127	429
力学	30210	8301	19653	2257
物理学	418065	111294	221923	84847
化学	184303	63166	94891	26246
天文学	74669	34787	38739	1144
地球科学	492453	190954	195196	106304
生物学	344093	205401	108298	30394
心理学	7722	4576	3141	6
农业科学领域	714762	37133	172415	505214
农学	512597	22680	122515	367402
林学	68592	2206	8429	57958
畜牧、兽医科学	81302	6402	21413	53487
水产学	52271	5846	20057	26367
医学科学领域	378182	57777	154525	165880
基础医学	93218	21273	36793	35151
临床医学	89775	16318	40886	32571
预防医学与公共卫生学	64159	2549	20038	41572
军事医学与特种医学	4677		3324	1352
药学	66970	9700	32661	24610
中医学与中药学	59383	7936	20823	30624
工程科学与技术领域	7055757	311143	2366517	4378097
工程与技术科学基础学科	406677	29953	99316	277410
信息与系统科学相关工程与技术	126			126
自然科学相关工程与技术	8888	696	2409	5783
测绘科学技术	14017		811	13206
材料科学	171287	17200	69334	84753
矿山工程技术	1970	31	377	1562
冶金工程技术	2162			2162
机械工程	28232		4291	23941
动力与电气工程	154393	1956	131341	21097
能源科学技术	48444	1675	29861	16907
核科学技术	633993	64653	318901	250439
电子与通信技术	1573587	83992	695631	793964
计算机科学技术	125948	8081	76073	41794
化学工程	48803	4096	37397	7310
产品应用相关工程技术	144			144
纺织科学技术	741		31	709
食品科学技术	23031	73	1351	21607
土木建筑工程	18029	202	266	17561
水利工程	77414	2640	25969	48806
交通运输工程	735930	15546	314134	406250
航空、航天科学技术	2846529	67440	511260	2267829
环境科学技术及资源科学技术	91132	12320	34582	44230
安全科学技术	32524		5566	26958
管理学	11757	590	7616	3552

1-13 续表 2

单位：万元

项　目	R&D经费内部支出	基础研究	应用研究	试验发展
社会、人文科学领域	192249	65848	83936	42464
马克思主义	7662	2239	3441	1983
哲学	7549	3455	3598	495
宗教学	1944	751	1193	
语言学	686	686		
文学	4303	3565	738	
艺术学	8326	5887	1142	1297
历史学	11239	10639	600	
考古学	20384	13496	5536	1352
经济学	37619	6361	24678	6581
政治学	11482	4531	6951	
法学	9654	1078	1923	6653
军事学				
社会学	32426	8634	18758	5035
民族学与文化学	5172	2852	2077	243
新闻学与传播学	1680	541	767	372
图书馆、情报与文献学	18038	1112	6840	10086
教育学	10412	21	4880	5511
体育科学	3466		608	2858
统计学	209		209	
按机构服务的国民经济行业分				
农、林、牧、渔业	701503	40144	169057	492303
农业	434345	23729	110061	300555
林业	54164	1978	6322	45864
畜牧业	51733	2475	10841	38417
渔业	40733	5229	17684	17820
农、林、牧、渔服务业	120529	6734	24149	89647
采矿业	7344		98	7246
煤炭开采和洗选业	1853		42	1811
石油和天然气开采业				
有色金属矿采选业	5435		36	5399
其他采矿业	57		20	36
制造业	189824	36257	56219	97348
农副食品加工业	11144	129	1196	9819
食品制造业	2570	689	1492	389
饮料制造业	144		4	140
烟草制品业				
纺织业	188			188
纺织服装、鞋、帽制造业	79			79
皮革、毛皮、羽毛(绒)及其制品业	40			40
木材加工及木、竹、藤、棕、草制品业	5143	50	695	4399
家具制造业	78			78
造纸及纸制品业	336			336
印刷业和记录媒介的复制	67		60	7
石油加工、炼焦及核燃料加工业	83		83	
化学原料及化学制品制造业	28833	14452	11725	2656
医药制造业	85712	16792	24926	43993
化学纤维制造业	478			478
橡胶制品业				
塑料制品业	427	15	18	394
非金属矿物制品业	677		144	533
黑色金属冶炼及压延加工业	307			307
有色金属冶炼及压延加工业	1855			1855
金属制品业	159			159
通用设备制造业	897			897
专用设备制造业	29396		4295	25102
交通运输设备制造业	777		36	741
电气机械及器材制造业	1177	149	747	281
通信设备、计算机及其他电子设备制造业	12257	3960	8073	224
仪器仪表及文化、办公用机械制造业	6855	20	2726	4108
工艺品及其他制造业	147			147

1-13 续表 3

单位：万元

项　目	R&D经费内部支出	基础研究	应用研究	试验发展
电力、燃气及水的生产和供应业	31102	1821	10425	18856
电力、热力的生产和供应业	30699	1821	10365	18513
燃气生产和供应业	222		60	162
水的生产和供应业	181			181
建筑业	16656	40	3849	12767
房屋和土木工程建筑业	15699	40	3849	11810
建筑安装业	16			16
建筑装饰业	50			50
其他建筑业	891			891
交通运输、仓储和邮政业	46051	218	2182	43651
铁路运输业	1106			1106
道路运输业	38544	218	1951	36375
城市公共交通业	1749			1749
水上运输业	3484		32	3451
航空运输业	1169		199	971
装卸搬运和其他运输服务业				
信息传输、计算机服务和软件业	68875	4998	27627	36250
电信和其他信息传输服务业	34365		2262	32103
计算机服务业	33233	4993	24957	3284
软件业	1277	6	408	864
批发和零售业				
批发业				
金融业	709		709	
其他金融活动	709		709	
房地产业				
房地产业				
租赁和商务服务业	224		200	24
商务服务业	224		200	24
科学研究、技术服务和地质勘查业	8463971	973818	3075421	4414732
研究与试验发展	7964284	891169	2887790	4185326
专业技术服务业	333567	64553	85136	183878
科技交流和推广服务业	98738	13741	70867	14129
地质勘查业	67382	4355	31628	31399
水利、环境和公共设施管理业	138270	9206	50273	78791
水利管理业	57482	2187	19774	35522
环境管理业	79861	7020	30221	42621
公共设施管理业	927		279	648
居民服务和其他服务业	211			211
居民服务业	211			211
其他服务业				
教育	8092	21	3494	4577
教育	8092	21	3494	4577
卫生、社会保障和社会福利业	219178	28135	90332	100711
卫生	219178	28135	90332	100711
文化、体育和娱乐业	22391	8470	5545	8376
新闻出版业	832	248		583
广播、电视、电影和音像业	945			945
文化艺术业	16267	8221	4510	3536
体育	3466		608	2858
娱乐业	882		427	454
公共管理和社会组织	45080	3149	13675	28257
中国共产党机关	270		270	
国家机构	44810	3149	13405	28257

1-14　R&D经费内部支出按费用类别分

单位：万元

项　目	R&D经费内部支出	日常性支出	劳务费	其他日常支出	资产性支出	仪器设备费	土建费
全　国	**9959481**	**6979483**	**1805816**	**5173667**	**2979998**	**1697888**	**1282110**
按机构类型分							
自然科学和技术领域	9776458	6819171	1732808	5086363	2957287	1677043	1280244
社会与人文科学领域	157895	142870	65529	77341	15025	13760	1265
科技信息与文献机构	25129	17443	7479	9964	7686	7084	602
按隶属关系分							
地方部门属	885297	710693	348150	362544	174603	126949	47654
省级部门属	766420	613670	285744	327926	152750	111137	41614
副省级城市属	21122	17188	11087	6101	3935	3227	707
地市级部门属	97754	79836	51319	28517	17919	12585	5333
中央部门属	9074184	6268790	1457666	4811124	2805394	1570938	1234456
中国科学院	1932876	1291638	407583	884055	641238	484763	156475
中国社会科学院	52697	47517	18217	29300	5180	5180	
按地区分							
东部地区	6065837	4277639	1123990	3153649	1788198	1137740	650458
中部地区	1465108	951659	272649	679010	513449	259697	253753
西部地区	2428536	1750186	409178	1341008	678350	300451	377899
北　京	3216954	2322403	525402	1797002	894551	606458	288092
天　津	181372	120294	26044	94250	61078	36394	24684
河　北	232431	200223	34180	166043	32208	10624	21584
山　西	94114	52937	17847	35090	41177	26221	14956
内蒙古	53106	32114	11247	20867	20992	16080	4912
辽　宁	311939	236923	67492	169431	75016	52515	22500
吉　林	165533	127988	35714	92274	37545	28639	8907
黑龙江	205980	90389	33550	56839	115591	52121	63471
上　海	869512	612161	175876	436285	257351	169092	88258
江　苏	642306	392788	128124	264664	249518	106941	142578
浙　江	128517	90574	26699	63875	37944	25388	12556
安　徽	207382	169813	30507	139306	37569	16404	21166
福　建	61060	39293	22049	17243	21767	21139	628
江　西	74580	44314	17590	26724	30265	2073	28193
山　东	221383	126542	55789	70753	94841	67704	27138
河　南	202798	120700	42708	77992	82098	48101	33997
湖　北	399892	255368	66869	188499	144524	74371	70153
湖　南	114830	90151	27864	62287	24679	11768	12911
广　东	175980	118782	54339	64443	57198	35466	21732
广　西	53183	44979	15503	29476	8204	5930	2274
海　南	24384	17656	7996	9660	6728	6020	709
重　庆	67547	36340	10781	25559	31207	23259	7948
四　川	909969	689917	150991	538927	220052	54691	165361
贵　州	36906	23569	10067	13503	13337	13283	54
云　南	128819	82551	30009	52541	46269	29736	16533
西　藏	5442	4288	2512	1776	1155	953	202
陕　西	998988	719765	132427	587338	279223	116686	162538
甘　肃	120788	77507	26398	51109	43281	29565	13716
青　海	10442	7583	3666	3917	2859	2314	545
宁　夏	4854	4147	1302	2845	707	686	21
新　疆	38491	27427	14275	13153	11064	7268	3796

1-14 续表 1

单位：万元

项　目	R&D经费内部支出	日常性支出	劳务费	其他日常支出	资产性支出	仪器设备费	土建费
按机构学科领域分							
自然科学领域	1618532	1107007	357216	749791	511525	423863	87662
数学	13542	11741	5370	6370	1802	1585	217
信息科学与系统科学	53475	42205	12200	30005	11270	10055	1215
力学	30210	22426	7052	15375	7784	2636	5148
物理学	418065	282557	75250	207307	135508	107223	28285
化学	184303	114236	43758	70478	70067	54250	15817
天文学	74669	48058	15180	32879	26611	25741	870
地球科学	492453	334921	105877	229044	157532	143153	14380
生物学	344093	244666	89956	154710	99427	78602	20825
心理学	7722	6198	2574	3624	1524	618	906
农业科学领域	714762	553231	220926	332305	161531	107092	54439
农学	512597	405910	163562	242348	106687	70642	36046
林学	68592	53369	21447	31922	15223	9835	5387
畜牧、兽医科学	81302	57107	19650	37457	24195	14264	9931
水产学	52271	36844	16267	20577	15426	12352	3075
医学科学领域	378182	267036	124389	142646	111146	79338	31808
基础医学	93218	51907	19552	32355	41311	20048	21263
临床医学	89775	71876	36461	35415	17899	16633	1266
预防医学与公共卫生学	64159	52136	25696	26440	12024	10439	1584
军事医学与特种医学	4677	1680	1352	329	2996	2300	696
药学	66970	46927	18273	28654	20044	13691	6353
中医学与中药学	59383	42510	23055	19455	16873	16227	646
工程科学与技术领域	7055757	4884593	1027018	3857575	2171165	1065160	1106005
工程与技术科学基础学科	406677	248038	58743	189295	158639	71095	87545
信息与系统科学相关工程与技术	126	114	79	35	12	12	
自然科学相关工程与技术	8888	4819	1426	3393	4069	249	3820
测绘科学技术	14017	12564	2172	10392	1454	1454	
材料科学	171287	91785	32870	58915	79502	59763	19739
矿山工程技术	1970	675	472	202	1296	324	972
冶金工程技术	2162	1780	801	979	382	206	176
机械工程	28232	20066	6888	13178	8166	7934	233
动力与电气工程	154393	50801	12213	38588	103592	46224	57368
能源科学技术	48444	18397	9609	8788	30047	18344	11702
核科学技术	633993	466291	103728	362563	167702	65500	102202
电子与通信技术	1573587	1181387	212332	969055	392200	173036	219164
计算机科学技术	125948	108723	29709	79013	17225	12022	5204
化学工程	48803	31987	11101	20886	16816	11171	5645
产品应用相关工程技术	144	66	65	1	79	79	
纺织科学技术	741	723	451	272	18	18	
食品科学技术	23031	13829	5357	8472	9202	7706	1496
土木建筑工程	18029	14653	7689	6964	3377	3331	46
水利工程	77414	62768	19952	42817	14646	10123	4523
交通运输工程	735930	441298	90121	351177	294632	155031	139600
航空、航天科学技术	2846529	2024080	387065	1637015	822450	388312	434137
环境科学技术及资源科学技术	91132	59112	21022	38091	32019	25080	6939
安全科学技术	32524	23064	10628	12436	9460	5933	3527
管理学	11757	7576	2526	5050	4181	2215	1966

1-14 续表 2

单位：万元

项目	R&D经费内部支出	日常性支出	劳务费	其他日常支出	资产性支出	仪器设备费	土建费
社会、人文科学领域	192249	167618	76268	91350	24632	22435	2197
马克思主义	7662	7395	3513	3883	267	267	
哲学	7549	7420	5494	1926	128	128	
宗教学	1944	1901	427	1474	43	43	
语言学	686	424	370	54	263	263	
文学	4303	4054	1776	2278	249	249	
艺术学	8326	6327	2925	3402	1999	1396	604
历史学	11239	9327	3436	5891	1911	1361	550
考古学	20384	15622	7444	8178	4761	4215	547
经济学	37619	35380	13519	21861	2239	2239	
政治学	11482	9492	4101	5391	1990	1990	
法学	9654	7935	2888	5047	1719	1719	
军事学							
社会学	32426	30597	15154	15443	1830	1768	62
民族学与文化学	5172	4937	1645	3293	235	207	28
新闻学与传播学	1680	1277	474	803	402	402	
图书馆、情报与文献学	18038	13213	5712	7501	4824	4418	406
教育学	10412	9855	5826	4029	557	557	
体育科学	3466	2252	1502	750	1214	1214	
统计学	209	209	64	145			
按机构服务的国民经济行业分							
农、林、牧、渔业	701503	540609	214905	325704	160894	106770	54125
农业	434345	340115	136761	203354	94230	60506	33724
林业	54164	43459	18865	24594	10705	7412	3293
畜牧业	51733	39066	11836	27230	12667	8364	4304
渔业	40733	27382	11761	15621	13351	10641	2710
农、林、牧、渔服务业	120529	90588	35683	54905	29941	19847	10095
采矿业	7344	4786	2700	2086	2559	1627	932
煤炭开采和洗选业	1853	563	450	113	1290	358	932
石油和天然气开采业							
有色金属矿采选业	5435	4175	2239	1936	1259	1259	
其他采矿业	57	48	11	37	9	9	
制造业	189824	116564	52069	64496	73260	39769	33491
农副食品加工业	11144	6345	2834	3512	4799	3303	1496
食品制造业	2570	1726	577	1148	844	844	
饮料制造业	144	140	49	91	4	4	
烟草制品业							
纺织业	188	165	155	9	23	23	
纺织服装、鞋、帽制造业	79	79	69	10			
皮革、毛皮、羽毛(绒)及其制品业	40	40	30	10			
木材加工及木、竹、藤、棕、草制品业	5143	3942	797	3144	1202	927	275
家具制造业	78	15	14	1	63	63	
造纸及纸制品业	336	336	165	171			
印刷业和记录媒介的复制	67	66	50	16	1	1	
石油加工、炼焦及核燃料加工业	83	82	73	9	1	1	
化学原料及化学制品制造业	28833	18710	9897	8813	10123	4664	5459
医药制造业	85712	46366	17684	28682	39346	19847	19499
化学纤维制造业	478	464	253	211	14	14	
橡胶制品业							
塑料制品业	427	306	209	97	121	121	
非金属矿物制品业	677	436	370	66	241	241	
黑色金属冶炼及压延加工业	307	305	168	137	2	2	
有色金属冶炼及压延加工业	1855	1475	634	841	380	204	176
金属制品业	159	159	87	72			
通用设备制造业	897	748	518	229	149	149	
专用设备制造业	29396	19799	11730	8069	9597	3661	5936
交通运输设备制造业	777	738	460	277	39	39	
电气机械及器材制造业	1177	629	298	331	548	462	86
通信设备、计算机及其他电子设备制造业	12257	8499	2953	5546	3759	3355	404
仪器仪表及文化、办公用机械制造业	6855	4876	1959	2917	1979	1819	160
工艺品及其他制造业	147	120	37	83	27	27	

1-14 续表 3

单位：万元

项　　目	R&D经费内部支出	日常性支出	劳务费	其他日常支出	资产性支出	仪器设备费	土建费
电力、燃气及水的生产和供应业	31102	15331	11060	4272	15771	5543	10228
电力、热力的生产和供应业	30699	15048	10875	4174	15651	5429	10222
燃气生产和供应业	222	148	80	68	73	67	6
水的生产和供应业	181	135	105	29	47	47	
建筑业	16656	15013	6716	8296	1643	1613	30
房屋和土木工程建筑业	15699	14065	6327	7738	1634	1605	29
建筑安装业	16	14	14		2	2	
建筑装饰业	50	43	40	3	7	7	1
其他建筑业	891	891	336	555			
交通运输、仓储和邮政业	46051	29945	8618	21327	16106	11729	4377
铁路运输业	1106	949	490	459	156	153	3
道路运输业	38544	24099	5948	18151	14444	10976	3468
城市公共交通业	1749	640	123	518	1109	209	900
水上运输业	3484	3087	1194	1893	396	391	6
航空运输业	1169	1169	864	305			
装卸搬运和其他运输服务业							
信息传输、计算机服务和软件业	68875	50252	17553	32699	18623	17065	1557
电信和其他信息传输服务业	34365	22680	6608	16073	11684	11595	90
计算机服务业	33233	26437	10245	16193	6796	5328	1468
软件业	1277	1135	701	434	142	142	
批发和零售业							
批发业							
金融业	709	650	303	347	59	59	
其他金融活动	709	650	303	347	59	59	
房地产业							
房地产业							
租赁和商务服务业	224	216	81	135	8	8	
商务服务业	224	216	81	135	8	8	
科学研究、技术服务和地质勘查业	8463971	5863154	1348849	4514305	2600817	1432753	1168064
研究与试验发展	7964284	5564604	1251347	4313257	2399680	1286994	1112686
专业技术服务业	333567	201526	67565	133961	132042	115733	16309
科技交流和推广服务业	98738	41605	13157	28448	57132	23005	34127
地质勘查业	67382	55419	16780	38639	11963	7021	4942
水利、环境和公共设施管理业	138270	111449	32964	78485	26822	21423	5399
水利管理业	57482	49569	10897	38672	7913	6250	1663
环境管理业	79861	60962	21653	39309	18899	15164	3735
公共设施管理业	927	918	413	505	9	9	
居民服务和其他服务业	211	137	38	100	74	60	14
居民服务业	211	137	38	100	74	60	14
其他服务业							
教育	8092	7561	4116	3446	531	531	
教育	8092	7561	4116	3446	531	531	
卫生、社会保障和社会福利业	219178	176672	86716	89955	42506	40318	2188
卫生	219178	176672	86716	89955	42506	40318	2188
文化、体育和娱乐业	22391	17451	7853	9598	4940	4913	27
新闻出版业	832	456	239	217	376	352	24
广播、电视、电影和音像业	945	334	181	153	611	608	2
文化艺术业	16267	13553	5222	8331	2715	2715	
体育	3466	2252	1502	750	1214	1214	
娱乐业	882	857	710	147	24	24	
公共管理和社会组织	45080	29695	11277	18418	15386	13705	1681
中国共产党机关	270	261	110	151	9	9	
国家机构	44810	29434	11167	18267	15377	13696	1681

1-15 R&D经费外部支出按流向分

单位：万元

项　目	R&D经费外部支出	#流向国内研究机构	#流向国内高等学校	#流向国内企业	#流向境外机构
全　国	**213778**	**89038**	**24562**	**38301**	**2503**
按机构类型分					
自然科学和技术领域	213509	88856	24478	38301	2503
社会与人文科学领域	97	29	68		
科技信息与文献机构	172	153	16		
按隶属关系分					
地方部门属	15664	12314	1731	1242	32
省级部门属	15064	12123	1559	1003	32
副省级城市属	22		16	6	
地市级部门属	578	191	155	233	
中央部门属	198114	76724	22831	37059	2471
中国科学院	21779	17346	2936	1404	83
中国社会科学院	53	15	38		
按地区分					
东部地区	151549	73458	20478	23941	2327
中部地区	24978	2476	3516	10679	176
西部地区	37251	13104	568	3680	
北　京	101113	46966	13341	16399	2142
天　津	1460	524	106	373	
河　北	18	8	7	3	
山　西	1933	719	270	479	
内蒙古	315	132	35	148	
辽　宁	7048	2004	1477	1158	66
吉　林	71	3	56		12
黑龙江	9241			9223	
上　海	16979	11517	713	2315	
江　苏	3959	955	904	1462	
浙　江	7225	3258	2550	924	119
安　徽	37	37			
福　建	58	6	10	42	
江　西	2954	212	2540	153	20
山　东	4138	1970	903	1265	
河　南	7737	212	46	151	
湖　北	1924	666	410	415	144
湖　南	1081	628	195	258	
广　东	9550	6249	467		
广　西	1609	1507	10	70	
海　南					
重　庆	180	70	110		
四　川	10309	8261	220	1091	
贵　州	801	461	87	4	
云　南	260			260	
西　藏	121	121			
陕　西	23425	2386	51	2100	
甘　肃	20	20			
青　海	5			5	
宁　夏	16	16			
新　疆	191	131	55	2	

1-15 续表 1

单位：万元

项　　目	R&D经费外部支出	#流向国内研究机构	#流向国内高等学校	#流向国内企业	#流向境外机构
按机构学科领域分					
自然科学领域	41196	30773	8278	1943	202
数学	1681	600	1081		
信息科学与系统科学	696	519	177		
力学					
物理学	657	423	234		
化学	907	804	103		
天文学	9523	9320	203		
地球科学	26583	18376	6277	1795	136
生物学	1082	664	203	148	66
心理学	68	68			
农业科学领域	22115	13573	6592	983	
农学	16925	10660	5206	939	
林学	4063	2272	1369	27	
畜牧、兽医科学	35	11	7	17	
水产学	1091	630	10		
医学科学领域	16403	14039	1625	449	
基础医学	1990	1800	185	5	
临床医学	5788	5424	60	14	
预防医学与公共卫生学	4745	4216	529		
军事医学与特种医学					
药学	2585	1526	665	393	
中医学与中药学	1296	1073	186	37	
工程科学与技术领域	133193	30163	7773	34839	2301
工程与技术科学基础学科	17801	2483	48	2447	
信息与系统科学相关工程与技术					
自然科学相关工程与技术					
测绘科学技术					
材料科学	1683	651	458	574	
矿山工程技术	50		50		
冶金工程技术					
机械工程	119	3	116		
动力与电气工程	10094	676	195	9223	
能源科学技术	661		30	629	
核科学技术	3258	300	40		144
电子与通信技术	26941	6059	651	2535	
计算机科学技术	3204	2358		2454	2125
化学工程	25	25			
产品应用相关工程技术					
纺织科学技术	80	69	11		
食品科学技术	867	797	50	20	
土木建筑工程	932	408	20	504	
水利工程	163	113	39		12
交通运输工程	14251	6704	342	1873	20
航空、航天科学技术	52339	9485	5107	14504	
环境科学技术及资源科学技术	537	12	518	7	
安全科学技术	118	20	98		
管理学	70			70	

1-15 续表 2

单位：万元

项 目	R&D经费外部支出	#流向国内研究机构	#流向国内高等学校	#流向国内企业	#流向境外机构
社会、人文科学领域	872	491	294	86	
马克思主义					
哲学					
宗教学					
语言学					
文学					
艺术学					
历史学	145	47	16	81	
考古学	521	276	240	5	
经济学	53	15	38		
政治学					
法学					
军事学					
社会学					
民族学与文化学					
新闻学与传播学					
图书馆、情报与文献学	153	153			
教育学					
体育科学					
统计学					
按机构服务的国民经济行业分					
农、林、牧、渔业	23120	14226	6784	1131	12
农业	17689	11085	5396	1087	
林业	4063	2272	1369	27	
畜牧业	2			2	
渔业	59		7		
农、林、牧、渔服务业	1306	869	12	15	12
采矿业	222	158	64		
煤炭开采和洗选业					
石油和天然气开采业					
有色金属矿采选业	222	158	64		
其他采矿业					
制造业	3333	2127	795	410	
农副食品加工业					
食品制造业					
饮料制造业					
烟草制品业					
纺织业					
纺织服装、鞋、帽制造业					
皮革、毛皮、羽毛(绒)及其制品业					
木材加工及木、竹、藤、棕、草制品业					
家具制造业					
造纸及纸制品业					
印刷业和记录媒介的复制					
石油加工、炼焦及核燃料加工业					
化学原料及化学制品制造业					
医药制造业	3215	2107	697	410	
化学纤维制造业					
橡胶制品业					
塑料制品业					
非金属矿物制品业	20		20		
黑色金属冶炼及压延加工业					
有色金属冶炼及压延加工业					
金属制品业					
通用设备制造业					
专用设备制造业	98	20	78		
交通运输设备制造业					
电气机械及器材制造业					
通信设备、计算机及其他电子设备制造业					
仪器仪表及文化、办公用机械制造业					
工艺品及其他制造业					

1-15 续表 3

单位：万元

项目	R&D经费外部支出	#流向国内研究机构	#流向国内高等学校	#流向国内企业	#流向境外机构
电力、燃气及水的生产和供应业	180		30	150	
电力、热力的生产和供应业	180		30	150	
燃气生产和供应业					
水的生产和供应业					
建筑业	987	408	75	504	
房屋和土木工程建筑业	987	408	75	504	
建筑安装业					
建筑装饰业					
其他建筑业					
交通运输、仓储和邮政业	704	120	139	426	20
铁路运输业					
道路运输业	526	115	139	273	
城市公共交通业	178	5		153	20
水上运输业					
航空运输业					
装卸搬运和其他运输服务业					
信息传输、计算机服务和软件业	96			96	
电信和其他信息传输服务业					
计算机服务业	96			96	
软件业					
批发和零售业					
批发业					
金融业					
其他金融活动					
房地产业					
房地产业					
租赁和商务服务业					
商务服务业					
科学研究、技术服务和地质勘查业	172431	61344	14959	35539	2471
研究与试验发展	149568	45038	9570	34493	2352
专业技术服务业	9533	5324	3041	1047	119
科技交流和推广服务业					
地质勘查业	13330	10982	2349		
水利、环境和公共设施管理业	668	113	549	6	
水利管理业	152	113	39		
环境管理业	516		510	6	
公共设施管理业					
居民服务和其他服务业					
居民服务业					
其他服务业					
教育					
教育					
卫生、社会保障和社会福利业	11471	10220	927	34	
卫生	11471	10220	927	34	
文化、体育和娱乐业	521	276	240	5	
新闻出版业					
广播、电视、电影和音像业					
文化艺术业	521	276	240	5	
体育					
娱乐业					
公共管理和社会组织	46	46			
中国共产党机关					
国家机构	46	46			

1-16 R&D课题人员和经费

项　目	课题数合　计(个)	课题经费内部支出(万元)	#政府资金	投入人员(人年)	#研究人员
全　国	**61135**	**5798172**	**4996303**	**236991**	**142392**
按机构类型分					
自然科学和技术领域	55856	5705773	4910766	227867	135089
社会与人文科学领域	4928	82424	77828	8217	6779
科技信息与文献机构	351	9976	7709	908	524
按隶属关系分					
地方部门属	21172	437952	342334	48036	27567
省级部门属	18174	378699	297646	38598	22744
副省级城市属	522	9475	6843	1631	877
地市级部门属	2476	49778	37846	7807	3947
中央部门属	39963	5360220	4653969	188955	114825
中国科学院	21818	1114341	1015365	42828	19646
中国社会科学院	2561	43676	42861	2732	2295
按地区分					
东部地区	40766	3489599	2956525	133771	79233
中部地区	9530	856928	680399	48402	28485
西部地区	10839	1451646	1359379	54819	34674
北　京	19204	1821276	1543605	61083	36009
天　津	900	116292	107396	5791	3643
河　北	490	191167	184716	5460	4762
山　西	940	55414	49848	4219	2510
内蒙古	673	25909	23356	2644	1835
辽　宁	1406	202537	183824	10339	5666
吉　林	1727	98352	93671	5505	2488
黑龙江	1784	48068	42120	6166	3427
上　海	5673	460574	399673	17760	9094
江　苏	3205	409427	295162	14074	9106
浙　江	1543	76244	63652	3851	1994
安　徽	816	163355	96536	5158	3080
福　建	1831	30932	28998	2144	909
江　西	589	39404	37269	3642	2342
山　东	2922	85072	74420	6910	4447
河　南	609	133641	116933	7081	4803
湖　北	2013	239918	197758	10969	6563
湖　南	1052	78776	46263	5660	3272
广　东	3177	77561	57630	5705	3314
广　西	1305	23708	18588	2578	1289
海　南	415	18517	17449	653	288
重　庆	553	33576	27724	2322	1397
四　川	1544	562807	532178	12744	9593
贵　州	913	20687	12974	1943	957
云　南	1389	63232	53705	3897	2058
西　藏	68	2972	2957	278	126
陕　西	1507	627281	605628	21283	13578
甘　肃	1452	64623	59486	4307	2208
青　海	219	4259	3957	407	188
宁　夏	168	1919	1912	248	170
新　疆	1048	20674	16914	2169	1277

1-16 续表 1

项　　目	课题数 合　计 (个)	课题经费 内部支出 (万元)	#政府资金	投入人员 (人年)	#研究人员
按课题来源分					
中央政府部门下达课题	32810	4518231	4065264	165583	100075
地方政府部门下达课题	16012	317300	254322	33775	19161
企业委托课题	2314	213529	52015	7963	4416
自选课题	6216	217136	157963	13394	7993
国际合作课题	898	68790	30119	1815	985
其它课题	2885	463187	436621	14462	9763
按课题合作形式分					
与境外机构合作	909	50556	40178	2365	1310
与国内高校合作	3064	202152	169719	10083	5293
与国内独立研究机构合作	6196	631750	549525	23232	13446
与境内注册的外商独资企业合作	33	1292	860	78	49
与境内注册的其他企业合作	1746	165253	129430	6345	3809
独立研究	47386	4463369	3847051	183558	111669
其他	1801	283800	259541	11330	6816
按课题学科分					
自然科学领域	18287	813943	756605	34487	17032
数学	307	6665	6510	450	211
信息科学与系统科学	258	19933	17310	714	366
力学	299	14128	12496	620	324
物理学	2308	171134	165547	5786	2704
化学	2136	93348	78619	5045	2352
天文学	558	34677	34580	874	494
地球科学	6643	264192	247847	10200	5787
生物学	5652	206725	191403	10448	4671
心理学	126	3140	2293	350	123
农业科学领域	14723	363756	306415	30069	15583
农学	9779	249531	206017	19625	10168
林学	1989	43479	39801	4113	2168
畜牧、兽医科学	1892	47851	40330	4233	2164
水产学	1063	22896	20267	2097	1083
医学科学领域	5511	160688	116383	15370	7915
基础医学	735	20104	15505	1827	961
临床医学	1573	42885	27363	4844	2437
预防医学与公共卫生学	842	33353	27286	3284	1812
军事医学与特种医学	20	446	392	64	24
药学	813	37548	25380	1949	785
中医学与中药学	1528	26352	20456	3402	1896

1-16 续表 2

项 目	课题数合 计(个)	课题经费内部支出(万元)	#政府资金	投入人员(人年)	#研究人员
工程科学与技术领域	17203	4361069	3725707	147541	94363
工程与技术科学基础学科	1510	308542	271816	11837	8436
信息与系统科学相关工程与技术	146	7825	2860	460	264
自然科学相关工程与技术	288	18685	15102	1053	565
测绘科学技术	458	35631	29458	1114	605
材料科学	1680	120564	92875	6031	3944
矿山工程技术	89	3629	2798	197	119
冶金工程技术	62	2275	1452	133	89
机械工程	369	29420	24260	2333	1472
动力与电气工程	396	91859	80775	3220	1294
能源科学技术	478	22395	14721	909	512
核科学技术	433	413434	407698	8728	7026
电子与通信技术	2843	1248156	1001583	39206	26647
计算机科学技术	941	97707	77780	4652	2447
化学工程	391	19514	12143	1074	583
产品应用相关工程技术	133	14556	12134	361	207
纺织科学技术	17	708	422	44	28
食品科学技术	344	5855	4620	713	355
土木建筑工程	213	6640	3361	498	307
水利工程	943	42388	34328	1369	813
交通运输工程	893	137602	109190	4612	3097
航空、航天科学技术	1866	1638108	1447877	52659	31791
环境科学技术及资源科学技术	2009	75411	62956	4448	2384
安全科学技术	371	14276	9993	1382	1063
管理学	330	5887	5503	506	318
社会、人文科学领域	5398	95332	88570	9204	7308
马克思主义	170	2824	2824	210	190
哲学	146	2641	2625	222	179
宗教学	168	2403	2393	203	161
语言学	121	1469	1326	164	144
文学	258	3219	3163	346	298
艺术学	107	2047	1977	316	240
历史学	535	9656	9448	799	675
考古学	203	7608	6831	539	320
经济学	1561	28904	26758	2956	2350
政治学	421	7055	6943	622	533
法学	344	5212	5007	505	378
军事学	7	96	96	11	4
社会学	540	8343	7507	938	805
民族学与文化学	221	3093	3073	367	300
新闻学与传播学	77	1544	1521	114	78
图书馆、情报与文献学	168	6060	4651	577	376
教育学	282	5231	3854	474	377
体育科学	73	927	841	140	84
统计学	9	385	355	25	8
按课题服务的国民经济行业分					
农、林、牧、渔业	14123	352304	296352	29122	15016
农业	7924	187439	158978	16455	8336
林业	1299	29958	27250	2721	1374
畜牧业	919	21734	18200	2058	1132
渔业	976	20696	19214	1772	936
农、林、牧、渔服务业	3005	92476	72709	6116	3239

1-16 续表 3

项　目	课题数 合　计 (个)	课题经费 内部支出 (万元)	#政府资金	投入人员 (人年)	#研究人员
采矿业	254	11208	7927	696	303
煤炭开采和洗选业	27	1077	573	80	45
石油和天然气开采业	111	4721	3001	195	91
黑色金属矿采选业	9	440	330	34	16
有色金属矿采选业	54	1889	1637	138	94
非金属矿采选业	48	2440	2198	239	50
其他采矿业	5	642	189	12	7
制造业	5044	287797	229767	13613	6763
农副食品加工业	290	8121	6901	594	319
食品制造业	110	2118	1604	279	150
饮料制造业	66	1384	544	130	59
烟草制品业	6	68	28	12	8
纺织业	18	805	421	74	45
纺织服装、鞋、帽制造业	9	89	74	22	12
皮革、毛皮、羽毛(绒)及其制品业	4	46	10	7	6
木材加工及木、竹、藤、棕、草制品业	154	2809	2703	293	183
家具制造业	4	190	101	21	15
造纸及纸制品业	13	607	437	49	27
印刷业和记录媒介的复制	6	337	300	14	7
文教体育用品制造业	3	13	10	12	4
石油加工、炼焦及核燃料加工业	58	5046	2208	178	100
化学原料及化学制品制造业	678	29247	20679	1734	909
医药制造业	1132	48228	33332	2619	1067
化学纤维制造业	16	968	830	59	26
橡胶制品业	17	369	324	59	41
塑料制品业	25	336	248	60	32
非金属矿物制品业	98	3834	3152	233	108
黑色金属冶炼及压延加工业	24	798	435	62	36
有色金属冶炼及压延加工业	46	2532	2016	97	68
金属制品业	85	3605	2741	207	150
通用设备制造业	160	8380	6362	436	209
专用设备制造业	430	16963	9446	1123	601
交通运输设备制造业	296	40688	37840	1236	652
电气机械及器材制造业	159	8374	4650	439	201
通信设备、计算机及其他电子设备制造	644	47296	40679	1467	744
仪器仪表及文化、办公用机械制造业	432	52149	50169	1966	911
工艺品及其他制造业	29	1580	791	80	45
废弃资源和废旧材料回收加工业	32	819	734	54	27
电力、燃气及水的生产和供应业	370	19227	12618	817	383
电力、热力的生产和供应业	288	17033	11071	669	308
燃气生产和供应业	31	1126	952	64	32
水的生产和供应业	51	1068	595	85	43
建筑业	246	6072	3038	579	335
房屋和土木工程建筑业	193	4460	2076	511	287
建筑安装业	7	140	107	22	15
建筑装饰业					
其他建筑业	46	1472	854	47	33
交通运输、仓储和邮政业	516	27666	18624	1038	746
铁路运输业	30	516	143	77	59
道路运输业	243	13310	11017	482	393
城市公共交通业	36	2259	1858	118	67
水上运输业	161	9763	3863	160	128
航空运输业	25	1116	1100	123	48
管道运输业	2	32	18	4	3
装卸搬运和其他运输服务业	3	96	96	11	11
仓储业	15	576	530	61	36
邮政业	1	1	1	1	1
信息传输、计算机服务和软件业	455	53425	45643	1442	677
电信和其他信息传输服务业	203	30611	23776	739	377
计算机服务业	186	20480	20064	520	224
软件业	66	2334	1802	184	75

1-16 续表 4

项　　目	课题数合计（个）	课题经费内部支出（万元）	#政府资金	投入人员（人年）	#研究人员
批发和零售业	16	641	509	35	21
批发业	7	363	314	16	8
零售业	9	278	195	19	14
住宿和餐饮业	1	136	136	5	3
住宿业	1	136	136	5	3
金融业	49	1348	953	99	69
银行业	35	656	575	59	47
证券业	5	117	117	7	6
保险业	3	435	142	21	5
其他金融活动	6	139	120	12	11
房地产业	6	28	28	7	6
房地产业	6	28	28	7	6
租赁和商务服务业	33	1159	1131	50	30
商务服务业	33	1159	1131	50	30
科学研究、技术服务和地质勘查业	33022	4809330	4206098	171424	107710
研究与试验发展	29335	4623850	4041402	163710	103126
专业技术服务业	2757	139308	122792	5729	3282
科技交流和推广服务业	285	8491	6294	532	338
地质勘查业	645	37682	35610	1454	964
水利、环境和公共设施管理业	2495	94391	80847	4983	2608
水利管理业	569	29729	24097	1118	655
环境管理业	1871	64093	56378	3646	1848
公共设施管理业	55	570	372	218	104
居民服务和其他服务业	17	423	354	33	20
居民服务业	5	170	118	12	6
其他服务业	12	253	236	22	14
教育	217	6008	5023	355	238
教育	217	6008	5023	355	238
卫生、社会保障和社会福利业	3051	83165	56912	9641	5293
卫生	3027	82714	56648	9613	5267
社会保障业	22	439	252	25	23
社会福利业	2	12	12	3	3
文化、体育和娱乐业	384	10873	8563	1084	711
新闻出版业	21	795	722	73	40
广播、电视、电影和音像业	9	420	316	32	18
文化艺术业	262	6910	5828	722	507
体育	75	985	899	149	88
娱乐业	17	1763	798	108	58
公共管理和社会组织	835	32760	21568	1951	1449
中国共产党机关	10	103	103	8	8
国家机构	808	32472	21317	1873	1388
人民政协和民主党派	3	38	29	4	2
群众团体、社会团体和宗教组织	12	132	110	61	46
基层群众自治组织	2	14	10	5	5
国际组织	1	211	211	16	11
国际组织	1	211	211	16	11
按课题社会经济目标分					
环境保护、生态建设及污染防治	4360	165707	150348	8738	4465
能源生产、分配和合理利用	1905	120389	91268	5979	3373
卫生事业的发展	5732	183891	134303	16096	8125
教育事业发展	394	7659	6088	668	454
基础设施以及城市和农村规划	1392	83940	52353	3174	1967
社会发展和社会服务	4682	115365	97567	9831	6660
地球和大气层的探索与利用	4230	168462	159592	6198	3635
民用空间的探测及开发	695	60925	54612	1557	801
促进农林牧渔业发展	16133	398999	335199	32911	17114
工商业发展	3310	151312	124157	7879	4559
其他	18302	4341523	3790816	143961	91240

1-17 R&D课题经费按活动类型分类

单位：万元

项目	R&D课题经费内部支出	基础研究	应用研究	试验发展
全国	**5798172**	**634626**	**2153145**	**3010401**
按机构类型分				
自然科学和技术领域	5705773	598096	2112503	2995174
社会与人文科学领域	82424	36225	36450	9748
科技信息与文献机构	9976	305	4192	5479
按隶属关系分				
地方部门属	437952	25719	129487	282746
省级部门属	378699	24721	122074	231903
副省级城市属	9475	278	2294	6903
地市级部门属	49778	720	5119	43939
中央部门属	5360220	608907	2023658	2727655
中国科学院	1114341	380119	625374	108848
中国社会科学院	43676	25665	18004	6
按地区分				
东部地区	3489599	457442	1301118	1731038
中部地区	856928	67284	336689	452955
西部地区	1451646	109900	515339	826407
北京	1821276	274857	586659	959760
天津	116292	6292	28071	81929
河北	191167	15077	160528	15562
山西	55414	1418	34021	19975
内蒙古	25909	2525	10545	12839
辽宁	202537	12324	75074	115139
吉林	98352	7062	46608	44682
黑龙江	48068	2584	25519	19965
上海	460574	75049	211636	173889
江苏	409427	23314	135857	250256
浙江	76244	3898	24706	47641
安徽	163355	30352	66033	66970
福建	30932	6728	14290	9914
江西	39404	941	30983	7481
山东	85072	16094	28827	40151
河南	133641	455	26358	106828
湖北	239918	19127	88411	132380
湖南	78776	5345	18757	54675
广东	77561	17837	31422	28302
广西	23708	995	10865	11848
海南	18517	5973	4049	8495
重庆	33576	5992	20883	6701
四川	562807	25563	287070	250174
贵州	20687	8077	1524	11085
云南	63232	13995	17221	32017
西藏	2972	415	554	2004
陕西	627281	17644	136950	472688
甘肃	64623	30829	16995	16799
青海	4259	1229	1189	1841
宁夏	1919	230	1260	429
新疆	20674	2407	10283	7984

1-17 续表 1

单位：万元

项　　目	R&D课题经费内部支出	基础研究	应用研究	试验发展
按课题来源分				
中央政府部门下达课题	4518231	508028	1587763	2422440
地方政府部门下达课题	317300	29236	118222	169842
企业委托课题	213529	4770	78307	130451
自选课题	217136	69635	80708	66794
国际合作课题	68790	5591	20543	42656
其它课题	463187	17367	267603	178218
按课题合作形式分				
与境外机构合作	50556	12611	23003	14941
与国内高校合作	202152	34693	94278	73181
与国内独立研究机构合作	631750	55511	181707	394532
与境内注册的外商独资企业合作	1292	267	752	272
与境内注册的其他企业合作	165253	2214	77857	85183
独立研究	4463369	513374	1718192	2231803
其他	283800	15956	57357	210487
按课题学科分				
自然科学领域	813943	324625	357035	132283
数学	6665	4179	2371	116
信息科学与系统科学	19933	3608	12764	3561
力学	14128	4252	9531	345
物理学	171134	41448	104649	25037
化学	93348	32342	44273	16733
天文学	34677	17039	17189	450
地球科学	264192	102615	106840	54738
生物学	206725	117410	58121	31194
心理学	3140	1732	1297	111
农业科学领域	363756	22106	98604	243047
农学	249531	11255	69231	169045
林学	43479	6037	7729	29713
畜牧、兽医科学	47851	2557	13313	31980
水产学	22896	2257	8330	12309
医学科学领域	160688	25056	66969	68663
基础医学	20104	5742	7836	6527
临床医学	42885	8169	20762	13954
预防医学与公共卫生学	33353	1222	11047	21084
军事医学与特种医学	446		364	82
药学	37548	5988	17568	13992
中医学与中药学	26352	3934	9392	13025

1-17 续表 2

单位：万元

项　目	R&D课题经费 内部支出	基础研究	应用研究	试验发展
工程科学与技术领域	4361069	224987	1588166	2547915
工程与技术科学基础学科	308542	29970	96258	182314
信息与系统科学相关工程与技术	7825	71	2353	5401
自然科学相关工程与技术	18685	858	8063	9765
测绘科学技术	35631	2040	11281	22310
材料科学	120564	17420	55618	47526
矿山工程技术	3629	6	640	2982
冶金工程技术	2275	72	336	1868
机械工程	29420	1076	8155	20189
动力与电气工程	91859	1041	81193	9625
能源科学技术	22395	3668	10941	7785
核科学技术	413434	53740	202346	157348
电子与通信技术	1248156	58503	577354	612299
计算机科学技术	97707	6532	66207	24969
化学工程	19514	476	9778	9261
产品应用相关工程技术	14556	1116	11754	1686
纺织科学技术	708		403	305
食品科学技术	5855	124	1065	4666
土木建筑工程	6640	198	1491	4951
水利工程	42388	1302	15081	26005
交通运输工程	137602	2409	42202	92991
航空、航天科学技术	1638108	31456	343793	1262859
环境科学技术及资源科学技术	75411	12019	35231	28161
安全科学技术	14276	421	2917	10937
管理学	5887	468	3705	1714
社会、人文科学领域	98717	37852	42372	18493
马克思主义	2824	1811	816	197
哲学	2641	2278	353	10
宗教学	2403	903	1285	216
语言学	1469	1369	99	
文学	3219	2785	403	31
艺术学	2047	1320	231	496
历史学	9656	9075	582	
考古学	7608	5494	1547	567
经济学	28904	4129	18546	6229
政治学	7055	3428	3589	39
法学	5212	872	1991	2349
军事学	96	12	84	
社会学	8343	1592	4845	1906
民族学与文化学	3093	1514	1389	189
新闻学与传播学	1544	546	613	384
图书馆、情报与文献学	6060	615	4057	1388
教育学	5231	52	1723	3456
体育科学	927		160	767
统计学	385	58	58	269
按课题服务的国民经济行业分				
农、林、牧、渔业	352304	26759	99995	225550
农业	187439	9168	40027	138244
林业	29958	5127	5041	19790
畜牧业	21734	1651	6276	13807
渔业	20696	3910	7983	8803
农、林、牧、渔服务业	92476	6903	40667	44905

1-17 续表 3

单位：万元

项　　目	R&D课题经费 内部支出	基础研究	应用研究	试验发展
采矿业	11208	3043	3231	4934
煤炭开采和洗选业	1077	88	202	788
石油和天然气开采业	4721	799	2240	1681
黑色金属矿采选业	440		209	231
有色金属矿采选业	1889	27	325	1536
非金属矿采选业	2440	2045	152	242
其他采矿业	642	84	103	455
制造业	287797	26438	152400	108959
农副食品加工业	8121	124	1760	6237
食品制造业	2118	29	780	1309
饮料制造业	1384	17	181	1186
烟草制品业	68		23	45
纺织业	805		31	775
纺织服装、鞋、帽制造业	89		7	82
皮革、毛皮、羽毛(绒)及其制品业	46		10	36
木材加工及木、竹、藤、棕、草制品业	2809	33	316	2460
家具制造业	190		96	94
造纸及纸制品业	607		44	563
印刷业和记录媒介的复制	337	127	204	7
文教体育用品制造业	13		2	10
石油加工、炼焦及核燃料加工业	5046	191	3814	1042
化学原料及化学制品制造业	29247	5952	12962	10332
医药制造业	48228	9603	16507	22118
化学纤维制造业	968		679	289
橡胶制品业	369	76	102	192
塑料制品业	336	5	160	171
非金属矿物制品业	3834	150	2488	1196
黑色金属冶炼及压延加工业	798		397	400
有色金属冶炼及压延加工业	2532	4	1523	1006
金属制品业	3605		887	2718
通用设备制造业	8380	254	4125	4001
专用设备制造业	16963	577	5735	10651
交通运输设备制造业	40688	448	22120	18119
电气机械及器材制造业	8374	689	5679	2007
通信设备、计算机及其他电子设备制造业	47296	6839	35249	5208
仪器仪表及文化、办公用机械制造业	52149	1302	34817	16030
工艺品及其他制造业	1580	20	1304	256
废弃资源和废旧材料回收加工业	819		397	421
电力、燃气及水的生产和供应业	19227	760	10352	8115
电力、热力的生产和供应业	17033	661	9627	6745
燃气生产和供应业	1126	69	468	589
水的生产和供应业	1068	30	257	781
建筑业	6072	74	905	5093
房屋和土木工程建筑业	4460	63	699	3698
建筑安装业	140			140
建筑装饰业				
其他建筑业	1472	11	206	1255
交通运输、仓储和邮政业	27666	141	5158	22367
铁路运输业	516		61	455
道路运输业	13310	60	667	12582
城市公共交通业	2259		1510	749
水上运输业	9763	81	2691	6990
航空运输业	1116		203	913
管道运输业	32			32
装卸搬运和其他运输服务业	96		24	72
仓储业	576		3	573
邮政业	1			1

1-17 续表 4

单位：万元

项　目	R&D课题经费内部支出	基础研究	应用研究	试验发展
信息传输、计算机服务和软件业	53425	3349	24027	26049
电信和其他信息传输服务业	30611	1824	4756	24031
计算机服务业	20480	1474	17850	1156
软件业	2334	51	1421	862
批发和零售业	641	101	399	141
批发业	363	6	227	130
零售业	278	95	172	11
住宿和餐饮业	136			136
住宿业	136			136
金融业	1348	191	708	448
银行业	656	142	471	43
证券业	117	49	68	
保险业	435		30	405
其他金融活动	139		139	
房地产业	28		8	20
房地产业	28		8	20
租赁和商务服务业	1159	634	388	138
商务服务业	1159	634	388	138
科学研究、技术服务和地质勘查业	4809330	548261	1770271	2490798
研究与试验发展	4623850	529096	1685881	2408874
专业技术服务业	139308	15011	60260	64037
科技交流和推广服务业	8491	326	2619	5546
地质勘查业	37682	3829	21511	12341
水利、环境和公共设施管理业	94391	9138	38343	46911
水利管理业	29729	1261	12192	16276
环境管理业	64093	7857	25829	30406
公共设施管理业	570	20	322	229
居民服务和其他服务业	423	6	106	311
居民服务业	170			170
其他服务业	253	6	106	142
教育	6008	2032	1775	2201
教育	6008	2032	1775	2201
卫生、社会保障和社会福利业	83165	9455	33862	39849
卫生	82714	9431	33794	39489
社会保障业	439	24	60	355
社会福利业	12		8	4
文化、体育和娱乐业	10873	3106	3544	4224
新闻出版业	795	226	159	410
广播、电视、电影和音像业	420		132	288
文化艺术业	6910	2879	2671	1360
体育	985		212	773
娱乐业	1763		369	1394
公共管理和社会组织	32760	1137	7463	24159
中国共产党机关	103	15	85	4
国家机构	32472	1062	7347	24063
人民政协和民主党派	38	15	23	
群众团体、社会团体和宗教组织	132	46	8	78
基层群众自治组织	14			14
国际组织	211		211	
国际组织	211		211	

1-18 R&D课题投入人员按活动类型分

单位：人年

项目	投入人员合计	基础研究	应用研究	试验发展	投入研究人员	基础研究	应用研究	试验发展
全国	**236991**	**34653**	**89821**	**112517**	**142392**	**19401**	**56085**	**66906**
按机构类型分								
自然科学和技术领域	227867	31520	85646	110701	135089	16842	52674	65574
社会与人文科学领域	8217	3105	3805	1307	6779	2536	3223	1020
科技信息与文献机构	908	28	371	509	524	23	189	312
按隶属关系分								
地方部门属	48036	3902	13864	30269	27567	2522	8440	16606
省级部门属	38598	3766	12452	22381	22744	2436	7661	12647
副省级城市属	1631	43	574	1015	877	20	345	511
地市级部门属	7807	93	839	6875	3947	65	435	3448
中央部门属	188955	30752	75956	82247	114825	16880	47645	50300
中国科学院	42828	17407	22083	3337	19646	7725	10215	1707
中国社会科学院	2732	1672	1059	1	2295	1413	881	1
按地区分								
东部地区	133771	23254	52183	58336	79233	12904	31690	34639
中部地区	48402	5034	17952	25415	28485	2630	11269	14586
西部地区	54819	6366	19687	28767	34674	3867	13126	17682
北京	61083	14377	22241	24466	36009	7631	12676	15701
天津	5791	482	2798	2511	3643	451	1788	1405
河北	5460	484	3632	1345	4762	428	3429	905
山西	4219	312	1860	2048	2510	253	1108	1149
内蒙古	2644	199	992	1454	1835	138	682	1015
辽宁	10339	945	3368	6027	5666	496	1966	3204
吉林	5505	724	2384	2397	2488	322	1056	1111
黑龙江	6166	549	1870	3747	3427	251	1098	2078
上海	17760	2977	8055	6730	9094	1553	4183	3359
江苏	14074	814	4974	8285	9106	512	3417	5176
浙江	3851	179	1016	2655	1994	134	540	1319
安徽	5158	1100	2200	1859	3080	633	1453	994
福建	2144	486	773	885	909	180	333	395
江西	3642	133	1876	1633	2342	76	1318	948
山东	6910	1256	2612	3042	4447	862	1791	1794
河南	7081	68	1992	5022	4803	45	1574	3185
湖北	10969	1524	4282	5163	6563	641	2762	3160
湖南	5660	624	1488	3548	3272	409	901	1961
广东	5705	1087	2577	2041	3314	596	1503	1215
广西	2578	126	1093	1360	1289	71	637	581
海南	653	167	137	349	288	60	62	165
重庆	2322	575	1218	529	1397	292	772	334
四川	12744	1551	5093	6100	9593	1102	4268	4222
贵州	1943	333	202	1408	957	152	124	681
云南	3897	838	917	2142	2058	387	561	1110
西藏	278	38	85	155	126	23	31	72
陕西	21283	1076	7470	12737	13578	804	4667	8107
甘肃	4307	1126	1397	1785	2208	599	635	974
青海	407	152	125	130	188	62	66	60
宁夏	248	34	143	71	170	31	96	43
新疆	2169	317	953	899	1277	206	589	483

1-18 续表 1

单位：人年

项目	投入人员合计	基础研究	应用研究	试验发展	投入研究人员	基础研究	应用研究	试验发展
按课题来源分								
中央政府部门下达课题	165583	26727	63648	75208	100075	14683	39638	45754
地方政府部门下达课题	33775	2952	11212	19610	19161	1721	6577	10862
企业委托课题	7963	242	2666	5055	4416	142	1690	2584
自选课题	13394	3248	5054	5092	7993	1986	3024	2983
国际合作课题	1815	307	828	680	985	193	430	361
其它课题	14462	1177	6413	6872	9763	675	4727	4361
按课题合作形式分								
与境外机构合作	2365	594	947	825	1310	402	460	449
与国内高校合作	10083	1928	4214	3940	5293	969	2326	1999
与国内独立研究机构合作	23232	2440	7139	13653	13446	1307	4205	7934
与境内注册的外商独资企业合作	78	17	38	23	49	11	27	11
与境内注册的其他企业合作	6345	146	2111	4088	3809	84	1340	2385
独立研究	183558	28792	72849	81918	111669	16225	46356	49088
其他	11330	737	2523	8071	6816	403	1372	5041
按课题学科分								
自然科学领域	34487	15458	13764	5264	17032	7215	6943	2873
数学	450	282	159	9	211	132	75	5
信息科学与系统科学	714	142	354	218	366	58	182	126
力学	620	207	405	8	324	125	194	5
物理学	5786	2027	3296	464	2704	916	1521	267
化学	5045	2168	1904	974	2352	870	988	495
天文学	874	506	354	15	494	291	190	13
地球科学	10200	4524	3768	1908	5787	2495	2125	1167
生物学	10448	5375	3410	1662	4671	2262	1619	790
心理学	350	229	114	8	123	67	50	5
农业科学领域	30069	1963	6484	21621	15583	917	3365	11301
农学	19625	1019	3921	14685	10168	458	2056	7654
林学	4113	327	655	3131	2168	133	346	1690
畜牧、兽医科学	4233	399	1232	2603	2164	220	606	1339
水产学	2097	218	677	1202	1083	107	358	618
医学科学领域	15370	2533	6925	5911	7915	1283	3554	3077
基础医学	1827	665	679	482	961	388	321	252
临床医学	4844	766	2611	1466	2437	339	1342	756
预防医学与公共卫生学	3284	298	1305	1681	1812	164	722	927
军事医学与特种医学	64	4	41	19	24		12	12
药学	1949	323	810	815	785	104	346	335
中医学与中药学	3402	476	1479	1447	1896	288	811	797

1-18 续表 2

单位：人年

项　目	投入人员合计	基础研究	应用研究	试验发展	投入研究人员	基础研究	应用研究	试验发展
工程科学与技术领域	147541	11527	58292	77722	94363	7413	38744	48207
工程与技术科学基础学科	11837	1321	4825	5691	8436	872	3558	4006
信息与系统科学相关工程与技术	460	11	99	350	264	6	61	197
自然科学相关工程与技术	1053	37	264	752	565	15	145	404
测绘科学技术	1114	156	452	507	605	97	224	285
材料科学	6031	928	2522	2582	3944	449	1507	1988
矿山工程技术	197	2	25	170	119	1	12	106
冶金工程技术	133	3	23	107	89	1	12	76
机械工程	2333	225	615	1492	1472	166	446	860
动力与电气工程	3220	162	2611	447	1294	70	1070	154
能源科学技术	909	154	457	298	512	74	253	184
核科学技术	8728	2435	4400	1893	7026	1725	3650	1651
电子与通信技术	39206	2978	18882	17347	26647	2039	13559	11049
计算机科学技术	4652	480	2702	1470	2447	200	1313	935
化学工程	1074	50	363	661	583	30	201	352
产品应用相关工程技术	361	49	205	108	207	32	102	73
纺织科学技术	44		6	38	28		5	23
食品科学技术	713	30	158	526	355	9	76	269
土木建筑工程	498	12	100	386	307	7	60	240
水利工程	1369	67	475	828	813	36	285	492
交通运输工程	4612	133	1946	2532	3097	93	1210	1793
航空、航天科学技术	52659	1587	14391	36681	31791	1143	9338	21310
环境科学技术及资源科学技术	4448	622	2080	1747	2384	286	1155	943
安全科学技术	1382	54	377	951	1063	42	306	715
管理学	506	34	315	158	318	21	195	102
社会、人文科学领域	9527	3172	4356	1999	7500	2573	3480	1447
马克思主义	210	153	48	8	190	136	47	8
哲学	222	185	36	1	179	156	21	1
宗教学	203	87	70	46	161	78	60	23
语言学	164	144	21		144	125	19	
文学	346	283	37	26	298	246	33	20
艺术学	316	184	73	59	240	145	64	31
历史学	799	746	54		675	631	44	
考古学	539	385	107	47	320	246	50	25
经济学	2956	296	1899	761	2350	235	1548	568
政治学	622	236	375	11	533	196	327	10
法学	505	81	172	251	378	71	152	155
军事学	11	1	10		4	1	3	
社会学	938	148	555	235	805	120	463	222
民族学与文化学	367	143	174	50	300	110	149	41
新闻学与传播学	114	33	42	39	78	26	34	19
图书馆、情报与文献学	577	57	403	117	376	50	239	88
教育学	474	3	237	233	377	2	202	174
体育科学	140		37	103	84		21	63
统计学	25	5	8	12	8	2	4	3
按课题服务的国民经济行业分								
农、林、牧、渔业	29122	2159	6579	20384	15016	977	3393	10647
农业	16455	847	3150	12458	8336	361	1595	6380
林业	2721	194	395	2133	1374	85	191	1098
畜牧业	2058	178	615	1266	1132	99	316	717
渔业	1772	302	591	878	936	130	331	475
农、林、牧、渔服务业	6116	639	1829	3649	3239	302	959	1978

1-18 续表 3

单位：人年

项目	投入人员合计	基础研究	应用研究	试验发展	投入研究人员	基础研究	应用研究	试验发展
采矿业	696	291	172	232	303	75	80	148
煤炭开采和洗选业	80	12	14	54	45	7	7	31
石油和天然气开采业	195	44	111	39	91	19	49	23
黑色金属矿采选业	34		12	22	16		6	10
有色金属矿采选业	138	6	20	112	94	4	10	80
非金属矿采选业	239	226	12	1	50	44	5	1
其他采矿业	12	4	3	5	7	2	2	3
制造业	13613	1413	5909	6291	6763	552	2828	3384
农副食品加工业	594	17	124	452	319	6	70	243
食品制造业	279	19	81	179	150	7	40	103
饮料制造业	130	5	25	101	59	2	15	41
烟草制品业	12		5	7	8		3	4
纺织业	74		4	70	45		3	42
纺织服装、鞋、帽制造业	22		1	21	12			12
皮革、毛皮、羽毛(绒)及其制品业	7		1	6	6			6
木材加工及木、竹、藤、棕、草制品业	293	5	40	249	183	3	27	153
家具制造业	21		7	15	15		6	10
造纸及纸制品业	49		10	39	27		8	20
印刷业和记录媒介的复制	14	1	11	2	7	1	5	1
文教体育用品制造业	12			11	4			4
石油加工、炼焦及核燃料加工业	178	6	82	90	100	3	41	56
化学原料及化学制品制造业	1734	354	683	696	909	162	372	376
医药制造业	2619	475	897	1247	1067	167	390	511
化学纤维制造业	59		45	14	26		19	7
橡胶制品业	59	9	15	35	41	7	11	23
塑料制品业	60	12	14	34	32	7	8	17
非金属矿物制品业	233	21	136	76	108	5	62	41
黑色金属冶炼及压延加工业	62		18	45	36		10	26
有色金属冶炼及压延加工业	97		29	67	68		15	53
金属制品业	207		38	169	150		22	129
通用设备制造业	436	19	182	235	209	7	78	125
专用设备制造业	1123	28	281	814	601	17	154	430
交通运输设备制造业	1236	36	617	584	652	19	280	353
电气机械及器材制造业	439	50	262	127	201	14	122	65
通信设备、计算机及其他电子设备制造业	1467	171	1083	214	744	73	576	95
仪器仪表及文化、办公用机械制造业	1966	183	1162	621	911	50	459	402
工艺品及其他制造业	80	2	36	42	45	2	20	23
废弃资源和废旧材料回收加工业	54		23	31	27		12	16
电力、燃气及水的生产和供应业	817	73	396	348	383	24	177	182
电力、热力的生产和供应业	669	62	352	256	308	20	156	133
燃气生产和供应业	64	6	33	24	32	2	17	12
水的生产和供应业	85	5	11	68	43	2	5	37
建筑业	579	10	127	442	335	2	71	262
房屋和土木工程建筑业	511	9	121	381	287	2	66	220
建筑安装业	22			22	15			15
建筑装饰业								
其他建筑业	47	1	7	40	33		5	27
交通运输、仓储和邮政业	1038	4	173	861	746	2	116	628
铁路运输业	77		5	72	59		2	57
道路运输业	482	1	55	426	393		46	347
城市公共交通业	118		42	76	67		21	46
水上运输业	160	2	42	116	128	2	30	96
航空运输业	123		24	99	48		12	36
管道运输业	4			4	3			3
装卸搬运和其他运输服务业	11		4	7	11		4	7
仓储业	61		1	60	36		1	35
邮政业	1			1	1			1

1-18 续表 4

单位：人年

项目	投入人员合计	基础研究	应用研究	试验发展	投入研究人员	基础研究	应用研究	试验发展
信息传输、计算机服务和软件业	1442	133	615	694	677	67	265	345
电信和其他信息传输服务业	739	43	221	476	377	24	101	253
计算机服务业	520	87	310	123	224	41	130	53
软件业	184	4	84	96	75	2	34	39
批发和零售业	35	6	23	7	21	1	15	5
批发业	16	2	9	5	8		3	4
零售业	19	4	13	2	14	1	12	1
住宿和餐饮业	5			5	3			3
住宿业	5			5	3			3
金融业	99	12	59	28	69	11	46	13
银行业	59	9	39	11	47	8	29	9
证券业	7	3	4		6	3	3	
保险业	21		4	17	5		2	4
其他金融活动	12		12		11		11	
房地产业	7		4	4	6		3	3
房地产业	7		4	4	6		3	3
租赁和商务服务业	50	5	31	13	30	2	19	9
商务服务业	50	5	31	13	30	2	19	9
科学研究、技术服务和地质勘查业	171424	27976	68213	75234	107710	16241	44702	46767
研究与试验发展	163710	27011	64890	71808	103126	15650	42766	44709
专业技术服务业	5729	740	2343	2646	3282	450	1330	1503
科技交流和推广服务业	532	33	176	323	338	13	100	225
地质勘查业	1454	193	805	457	964	129	506	330
水利、环境和公共设施管理业	4983	583	1902	2499	2608	264	933	1411
水利管理业	1118	76	440	602	655	41	262	352
环境管理业	3646	503	1292	1851	1848	222	597	1030
公共设施管理业	218	3	169	46	104	1	74	29
居民服务和其他服务业	33	1	10	23	20	1	9	11
居民服务业	12			12	6			6
其他服务业	22	1	10	12	14	1	9	5
教育	355	52	160	144	238	31	107	100
教育	355	52	160	144	238	31	107	100
卫生、社会保障和社会福利业	9641	1460	4320	3861	5293	816	2388	2089
卫生	9613	1458	4311	3844	5267	814	2379	2074
社会保障业	25	3	7	15	23	2	7	14
社会福利业	3		2	1	3		2	1
文化、体育和娱乐业	1084	372	303	409	711	262	210	239
新闻出版业	73	19	11	44	40	14	6	21
广播、电视、电影和音像业	32		4	28	18		2	17
文化艺术业	722	353	239	129	507	248	175	84
体育	149		44	104	88		24	63
娱乐业	108		5	104	58		4	54
公共管理和社会组织	1951	103	809	1039	1449	72	714	662
中国共产党机关	8	1	7	1	8	1	6	1
国家机构	1873	85	792	997	1388	58	701	629
人民政协和民主党派	4	1	3		2	1	1	
群众团体、社会团体和宗教组织	61	17	8	37	46	13	6	27
基层群众自治组织	5			5	5			5
国际组织	16		16		11		11	
国际组织	16		16		11		11	

1-19 专利及专利所有权转让

项目	专利申请受理数(件)	#发明专利	专利申请授权数(件)	#发明专利	#国外授权	有效发明专利总数(件)	专利所有权转让及许可数(件)	专利所有权转让及许可收入(万元)
全　国	**15773**	**12361**	**6391**	**4077**	**52**	**17677**	**509**	**120824**
按机构类型分								
自然科学和技术领域	15737	12349	6381	4072	52	17668	509	120824
社会与人文科学领域	16	3	4	4		4		
科技信息与文献机构	20	9	6	1		5		
按隶属关系分								
地方部门属	2594	1611	1191	595	13	2556	168	81822
省级部门属	2236	1456	974	506	13	2280	133	80900
副省级城市属	71	42	39	18		50		
地市级部门属	287	113	178	71		226	35	922
中央部门属	13179	10750	5200	3482	39	15121	341	39002
中国科学院	5970	5455	2948	2449	30	11205	270	32079
中国社会科学院								
按地区分								
东部地区	11064	8972	4494	2962	40	12900	380	114204
中部地区	2631	1867	1118	669	6	2817	55	3289
西部地区	2078	1522	779	446	6	1960	74	3331
北　京	5194	4438	2052	1542	17	5130	153	18764
天　津	369	214	121	44	1	283	2	22
河　北	228	146	94	39		170	2	
山　西	238	159	144	85	1	475	6	2652
内蒙古	55	52	24	15		42	1	7
辽　宁	892	733	426	285	4	2258	38	7044
吉　林	574	512	251	228	5	893	12	163
黑龙江	243	147	104	39		158	1	
上　海	1692	1391	772	497	8	2457	54	1359
江　苏	828	668	233	131		422	11	85
浙　江	368	270	110	69	1	442	9	131
安　徽	415	260	209	138		380	13	279
福　建	212	171	54	34	1	131	5	17
江　西	67	35	19	6		15		3
山　东	563	403	327	181	8	764	74	80260
河　南	371	288	104	52		179	5	15
湖　北	584	387	214	91		551	14	174
湖　南	139	79	73	30		166	4	3
广　东	639	492	277	123		809	32	6522
广　西	43	14	14	5		10		
海　南	79	46	28	17		34		
重　庆	84	48	34	18	1	58	1	10
四　川	432	317	205	140	1	701	34	1568
贵　州	48	31	10	9	1	20	1	144
云　南	171	128	66	47		273	12	949
西　藏								
陕　西	713	544	226	122		354	5	8
甘　肃	309	238	119	54	3	257	14	620
青　海	45	43	10	10		33		
宁　夏	19	7	15	4		5		
新　疆	159	100	56	22		207	6	26

1-19 续表 1

项　目	专利申请受理数(件)	#发明专利	专利申请授权数(件)	#发明专利	#国外授权	有效发明专利总数(件)	专利所有权转让及许可数(件)	专利所有权转让及许可收入(万元)
按机构学科领域分								
自然科学领域	3727	3420	1878	1524	20	7988	184	19814
数学	9	9	4	4		6		
信息科学与系统科学	301	299	174	173	1	505	2	14
力学	105	77	64	40		252	25	1284
物理学	1075	952	745	577	1	2644	44	517
化学	1118	1085	402	376	13	2374	69	8001
天文学	47	38	25	18		54		
地球科学	377	315	204	124		612	9	33
生物学	695	645	257	209	5	1533	35	9965
心理学			3	3		8		
农业科学领域	2198	1459	966	501	3	1819	94	1454
农学	1407	907	668	362	1	1387	78	1393
林学	186	117	104	57		169	6	3
畜牧、兽医科学	214	175	74	38	1	130	7	54
水产学	391	260	120	44	1	133	3	5
医学科学领域	600	493	232	158	15	897	72	83580
基础医学	138	130	32	27	1	117	1	15
临床医学	143	70	84	29	9	245	6	240
预防医学与公共卫生学	31	23	12	7		71	1	13
军事医学与特种医学	6	1	1	1		1		
药学	177	176	64	59	5	332	58	83182
中医学与中药学	105	93	39	35		131	6	131
工程科学与技术领域	9214	6978	3298	1887	14	6961	159	15975
工程与技术科学基础学科	566	425	181	80	2	327	12	3780
信息与系统科学相关工程与技术	3	1				9		
自然科学相关工程与技术	33	20	18	9		26		
测绘科学技术			5	4		4		
材料科学	683	596	287	224		854	10	145
矿山工程技术	3	1	2					
冶金工程技术						4		
机械工程	172	84	48	18		53		
动力与电气工程	211	162	170	109	1	243	6	148
能源科学技术	206	161	108	74		617	12	5651
核科学技术	314	198	145	63		430	12	600
电子与通信技术	2067	1523	757	438	1	1767	17	440
计算机科学技术	290	242	197	170	3	205	30	1400
化学工程	292	269	166	147	3	570	26	504
产品应用相关工程技术			1	1		1		
纺织科学技术	5	2	2	1		1		
食品科学技术	152	116	33	24	1	62		
土木建筑工程	24	7	20	4		37	5	6
水利工程	138	49	101	38		171		
交通运输工程	872	594	278	104		415	3	3005
航空、航天科学技术	2813	2259	663	322	3	938	12	58
环境科学技术及资源科学技术	269	210	71	49		187	11	158
安全科学技术	96	54	45	8		40	3	80
管理学	5	5						

1-19 续表 2

项目	专利申请受理数(件)	#发明专利	专利申请授权数(件)	#发明专利	#国外授权	有效发明专利总数(件)	专利所有权转让及许可数(件)	专利所有权转让及许可收入(万元)
社会、人文科学领域	34	11	17	7		12		
马克思主义								
哲学								
宗教学								
语言学								
文学								
艺术学						3		
历史学								
考古学	11	6	8	4		4		
经济学	1							
政治学								
法学								
军事学								
社会学								
民族学与文化学								
新闻学与传播学			1	1		1		
图书馆、情报与文献学	9	4	4	1		2		
教育学	6	1						
体育科学	5		4	1		2		
统计学	2							
按机构服务的国民经济行业分								
农、林、牧、渔业	2124	1462	831	444	3	1572	90	1434
农业	994	668	403	227		749	66	1228
林业	112	82	45	31		65	4	
畜牧业	138	107	51	22	1	99	7	54
渔业	311	204	108	39	1	118	3	5
农、林、牧、渔服务业	569	401	224	125	1	541	10	148
采矿业	30	23	14	7		41	3	8
煤炭开采和洗选业	3	1	2					
石油和天然气开采业								
有色金属矿采选业	27	22	12	7		41	3	8
其他采矿业								
制造业	1235	935	457	295	2	1312	87	81856
农副食品加工业	51	29	20	12		39		
食品制造业	31	30	16	16		135	8	4
饮料制造业	2	2	1	1		5		
烟草制品业	1	1						
纺织业	20	14	7	5		5		
纺织服装、鞋、帽制造业								
皮革、毛皮、羽毛(绒)及其制品业								
木材加工及木、竹、藤、棕、草制品业	33	19	33	15		90	2	3
家具制造业	3	3	2	2		3		
造纸及纸制品业								
印刷业和记录媒介的复制								
石油加工、炼焦及核燃料加工业								
化学原料及化学制品制造业	81	74	40	39	1	337	6	254
医药制造业	218	208	73	62	1	365	60	81595
化学纤维制造业								
橡胶制品业								
塑料制品业	11	9	2	2		14		
非金属矿物制品业	11	6	2			6		
黑色金属冶炼及压延加工业								
有色金属冶炼及压延加工业						4		
金属制品业	2							
通用设备制造业	15	4	13	1		23		
专用设备制造业	184	83	103	39		148		
交通运输设备制造业	8	2	7	1		8		
电气机械及器材制造业	18	9	9	5		11		
通信设备、计算机及其他电子设备制造业	427	397	66	64		66		
仪器仪表及文化、办公用机械制造业	118	45	63	31		53	11	
工艺品及其他制造业	1							

1-19 续表 3

项　　目	专利申请受理数（件）	#发明专利	专利申请授权数（件）	#发明专利	#国外授权	有效发明专利总数（件）	专利所有权转让及许可数（件）	专利所有权转让及许可收入（万元）
电力、燃气及水的生产和供应业	119	68	70	31		308	8	3000
电力、热力的生产和供应业	116	68	65	31		307	8	3000
燃气生产和供应业	3		5			1		
水的生产和供应业								
建筑业	36	14	27	5		35	5	6
房屋和土木工程建筑业	36	14	27	5		35	5	6
建筑安装业								
建筑装饰业								
其他建筑业								
交通运输、仓储和邮政业	55	28	38	14		35		
铁路运输业						1		
道路运输业	46	23	34	12		32		
城市公共交通业	9	5	4	2		2		
水上运输业								
航空运输业								
装卸搬运和其他运输服务业								
信息传输、计算机服务和软件业	214	197	182	156	3	176	29	1400
电信和其他信息传输服务业	58	54	17	14		23		
计算机服务业	141	140	146	140	3	151	29	1400
软件业	15	3	19	2		2		
批发和零售业								
批发业								
金融业								
其他金融活动								
房地产业								
房地产业								
租赁和商务服务业								
商务服务业								
科学研究、技术服务和地质勘查业	11245	9187	4463	2982	34	13504	271	32701
研究与试验发展	10606	8722	4152	2825	32	12862	263	32291
专业技术服务业	484	355	249	131	2	508	8	130
科技交流和推广服务业	138	100	46	21		119		
地质勘查业	17	10	16	5		15		280
水利、环境和公共设施管理业	379	244	166	85		287	5	38
水利管理业	91	34	67	23		85		
环境管理业	270	205	86	62		191	5	38
公共设施管理业	18	5	13			11		
居民服务和其他服务业	6	3	1	1		1		
居民服务业	6	3	1	1		1		
其他服务业								
教育	6	1						
教育	6	1						
卫生、社会保障和社会福利业	256	159	123	53	10	365	11	381
卫生	256	159	123	53	10	365	11	381
文化、体育和娱乐业	10	5	8	1		7		
新闻出版业								
广播、电视、电影和音像业	1	1				5		
文化艺术业	4	4	4					
体育	5		4	1		2		
娱乐业								
公共管理和社会组织	58	35	11	3		34		
中国共产党机关								
国家机构	58	35	11	3		34		

1-20 论文、著作及其他科技成果

项 目	发表科技论文(篇)	#国外发表	出版科技著作(种)	形成国家或行业标准(件)	集成电路布图设计登记数(件)	植物新品种权授予(项)	软件著作权(件)	新药证书(件)
全 国	**138119**	**25882**	**4788**	**2458**	**22**	**813**	**1347**	**1340**
按机构类型分								
自然科学和技术领域	113816	25080	2849	2177	21	813	1250	1340
社会与人文科学领域	20982	627	1835	1				
科技信息与文献机构	3321	175	104	280	1		97	
按隶属关系分								
地方部门属	55936	2969	2266	982	2	517	352	52
省级部门属	45737	2467	1916	828	1	384	330	51
副省级城市属	2594	53	151	25		24	16	
地市级部门属	7605	449	199	129	1	109	6	1
中央部门属	82183	22913	2522	1476	20	296	995	1288
中国科学院	30862	16649	344	137	9	211	645	1284
中国社会科学院	6371	256	635					
按地区分								
东部地区	88444	20924	3315	1719	19	479	1192	1313
中部地区	24742	2566	750	460	2	171	79	23
西部地区	24933	2392	723	279	1	163	76	4
北 京	43959	12295	2007	1097	10	257	892	1277
天 津	2505	104	104	67		5	29	
河 北	2361	74	106	44	1	11	5	
山 西	2127	172	91	10		17	2	
内蒙古	652	34	14	2		6		
辽 宁	4562	1310	56	42	1	24	54	2
吉 林	4186	903	109	16		37	5	
黑龙江	3765	160	111	29		9	1	
上 海	7705	2765	267	84			43	20
江 苏	8227	1067	243	113	7	45	42	7
浙 江	3453	317	104	31		39	25	1
安 徽	2328	499	30	305		28	34	14
福 建	2821	692	58	83		15	2	
江 西	1468	58	53	21	1	6	4	
山 东	5929	923	206	74		58	41	3
河 南	3677	123	117	23		23	1	9
湖 北	5365	579	137	35		32	31	
湖 南	1826	72	102	21	1	19	1	
广 东	5851	1276	124	63		25	50	3
广 西	2452	87	61	1		10		
海 南	1071	101	40	21			9	
重 庆	1109	39	35	22		21	4	
四 川	4868	583	163	129		52	7	2
贵 州	1358	143	8	18		6		
云 南	3147	491	105	7		36	4	
西 藏	240		31			2		
陕 西	4017	189	79	51		1	37	
甘 肃	3673	652	76	16	1	3	6	
青 海	498	60	15			4		
宁 夏	420	1	33	13		7		
新 疆	2499	113	103	20		15	18	2

1-20 续表 1

项　目	发表科技论文(篇)	#国外发表	出版科技著作(种)	形成国家或行业标准(件)	集成电路布图设计登记数(件)	植物新品种权授予(项)	软件著作权(件)	新药证书(件)
按机构学科领域分								
自然科学领域	27663	12330	382	88	7	70	388	13
数学	725	440	18	8			2	
信息科学与系统科学	870	365	12		7		1	
力学	469	165	6	1			30	
物理学	5533	2793	11	8		3	108	10
化学	3694	2692	23	35			12	1
天文学	767	368	5				39	
地球科学	9392	2550	160	17		17	174	
生物学	5946	2822	128	16		42	22	2
心理学	267	135	19	3		8		
农业科学领域	30576	2046	888	585	1	544	361	37
农学	19686	1183	638	361	1	491	314	37
林学	3517	296	71	85		46	22	
畜牧、兽医科学	4160	322	112	57		5	10	
水产学	3213	245	67	82		2	15	
医学科学领域	16296	3785	745	265		29	12	20
基础医学	1674	416	36	9		22		
临床医学	6458	2519	401				1	
预防医学与公共卫生学	2714	259	95	5			3	8
军事医学与特种医学	117	10	5					
药学	1083	391	34	182			4	7
中医学与中药学	4250	190	174	69		7	4	5
工程科学与技术领域	39557	6931	837	1489	13	170	550	1270
工程与技术科学基础学科	3770	678	77	335			20	
信息与系统科学相关工程与技术	3							
自然科学相关工程与技术	88	22		1				
测绘科学技术	454	47	5	8			35	
材料科学	1817	1150	13	17			1	
矿山工程技术	49	2	2	3			4	
冶金工程技术	63	1						
机械工程	446	23	60	110			4	
动力与电气工程	792	269	9	86		166	4	1270
能源科学技术	758	228	9					
核科学技术	2669	483	34	162				
电子与通信技术	6383	1145	210	92	9		156	
计算机科学技术	1273	564	14	17			164	
化学工程	1022	548	24	5			6	
产品应用相关工程技术	19		2					
纺织科学技术	23		1	2				
食品科学技术	496	42	22	51		4	4	
土木建筑工程	1002	64	19	33				
水利工程	2780	264	70	21			22	
交通运输工程	4291	184	50	89	2		46	
航空、航天科学技术	6151	357	52	279	2		15	
环境科学技术及资源科学技术	3223	755	101	63			23	
安全科学技术	1001	44	21	105			46	
管理学	984	61	42	10				

1-20 续表 2

项　目	发表科技论文(篇)	#国外发表	出版科技著作(种)	形成国家或行业标准(件)	集成电路布图设计登记数(件)	植物新品种权授予(项)	软件著作权(件)	新药证书(件)
社会、人文科学领域	24027	790	1936	31	1		36	
马克思主义	1184	4	105					
哲学	1310	40	123					
宗教学	98		152					
语言学	64		5					
文学	909	3	55					
艺术学	421		36					
历史学	763	35	103					
考古学	772	6	64	2				
经济学	4908	351	333					
政治学	663	30	62					
法学	1808	142	113	17				
军事学								
社会学	6431	71	487	6				
民族学与文化学	502	2	49					
新闻学与传播学	130		5					
图书馆、情报与文献学	2537	84	68	6	1		36	
教育学	1304	22	166					
体育科学	202		7					
统计学	21		3					
按机构服务的国民经济行业分								
农、林、牧、渔业	30155	2073	915	547	2	537	343	37
农业	15969	981	543	267	1	455	145	10
林业	2932	231	58	45		46	22	
畜牧业	2643	188	66	44		4	8	
渔业	1864	135	35	70		2	5	
农、林、牧、渔服务业	6747	538	213	121	1	30	163	27
采矿业	260	88	7				4	
煤炭开采和洗选业	44		2				4	
石油和天然气开采业	80	80	5					
有色金属矿采选业	136	8						
其他采矿业								
制造业	5008	809	126	438	1	11	37	6
农副食品加工业	394	18	16	24		4		
食品制造业	149	16		8				
饮料制造业	31			2				
烟草制品业	10							
纺织业	63		12	2				
纺织服装、鞋、帽制造业	9		1					
皮革、毛皮、羽毛(绒)及其制品业	6			1				
木材加工及木、竹、藤、棕、草制品业	102	12	4	30				
家具制造业								
造纸及纸制品业	15							
印刷业和记录媒介的复制	6	1						
石油加工、炼焦及核燃料加工业	1							
化学原料及化学制品制造业	407	255	10	22			5	1
医药制造业	2123	329	69	250		7	2	5
化学纤维制造业	1							
橡胶制品业								
塑料制品业	111	59						
非金属矿物制品业	84	4	7	9				
黑色金属冶炼及压延加工业	3							
有色金属冶炼及压延加工业	60	1						
金属制品业	12			57				
通用设备制造业	208	4	2	5			1	
专用设备制造业	802	18	5	26			28	
交通运输设备制造业	14			2				
电气机械及器材制造业	37	6						
通信设备、计算机及其他电子设备制造业	205	75			1			
仪器仪表及文化、办公用机械制造业	150	11					1	
工艺品及其他制造业	5							

1-20　续表 3

项　　目	发表科技论文(篇)	#国外发表	出版科技著作(种)	形成国家或行业标准(件)	集成电路布图设计登记数(件)	植物新品种权授予(项)	软件著作权(件)	新药证书(件)
电力、燃气及水的生产和供应业	983	227	32	3			8	
电力、热力的生产和供应业	976	227	32	3			8	
燃气生产和供应业	6							
水的生产和供应业	1							
建筑业	1075	90	11	23				
房屋和土木工程建筑业	1021	89	11	20				
建筑安装业	2							
建筑装饰业	23							
其他建筑业	29	1		3				
交通运输、仓储和邮政业	1150	120	34	40			46	
铁路运输业	198	26	4					
道路运输业	735	81	24	39			43	
城市公共交通业	54	5	3				1	
水上运输业	115	2	3	1			2	
航空运输业	48	6						
装卸搬运和其他运输服务业								
信息传输、计算机服务和软件业	838	366	4	27			121	
电信和其他信息传输服务业	168	4	3	19			5	
计算机服务业	498	354		7			97	
软件业	172	8	1	1			19	
批发和零售业								
批发业								
金融业	33		1					
其他金融活动	33		1					
房地产业								
房地产业								
租赁和商务服务业	23	4						
商务服务业	23	4						
科学研究、技术服务和地质勘查业	74992	18139	2458	1243	19	243	710	1284
研究与试验发展	65776	16671	2245	741	19	227	544	1284
专业技术服务业	6604	1172	134	499		16	140	
科技交流和推广服务业	1132	158	32				19	
地质勘查业	1480	138	47	3			7	
水利、环境和公共设施管理业	5281	766	146	99			25	
水利管理业	1872	87	37	20			15	
环境管理业	3244	651	104	77			10	
公共设施管理业	165	28	5	2				
居民服务和其他服务业	39		4	4				
居民服务业	39		4	4				
其他服务业								
教育	1020	22	111					
教育	1020	22	111					
卫生、社会保障和社会福利业	13016	2999	618	8		22	4	13
卫生	13016	2999	618	8		22	4	13
文化、体育和娱乐业	1164	11	102	2				
新闻出版业								
广播、电视、电影和音像业	22	1						
文化艺术业	838	10	52	2				
体育	202		7					
娱乐业	102		43					
公共管理和社会组织	3082	168	219	24			49	
中国共产党机关	126		2					
国家机构	2956	168	217	24			49	

二、自然科学和技术领域研究机构

2-1 自然科学与技术领域机构从业人员和科技活动人员按性别和工作性质分

项目	机构数（个）	从业人员（人）	科技活动人员（人）	#女性	科技管理人员	课题活动人员	科技服务人员
全国	**3059**	**603280**	**473052**	**143595**	**60783**	**338137**	**74132**
按隶属关系分							
地方部门属	2454	188536	143995	52794	23614	87902	32479
省级部门属	1167	124453	98038	36573	15102	62837	20099
副省级城市属	143	10703	7996	2982	1157	4981	1858
地市级部门属	1144	53380	37961	13239	7355	20084	10522
中央部门属	605	414744	329057	90801	37169	250235	41653
中国科学院	97	46258	75663	12821	4707	64239	6717
按地区分							
东部地区	1326	307510	258759	76715	31322	193336	34101
中部地区	934	125255	96132	28724	12896	64460	18776
西部地区	799	170515	118161	38156	16565	80341	21255
北京	275	122889	109296	33161	12905	86830	9561
天津	62	11975	9383	3349	1176	6701	1506
河北	62	14509	9990	2762	1202	7328	1460
山西	139	14950	12185	4270	1720	8350	2115
内蒙古	74	7501	5784	2215	1115	3480	1189
辽宁	143	19453	18389	4906	2125	13352	2912
吉林	93	12302	11075	3137	1623	7449	2003
黑龙江	164	13564	11020	3927	1460	7341	2219
上海	101	37406	32062	8475	4111	23608	4343
江苏	130	37652	28922	8711	3288	20039	5595
浙江	86	14281	10623	2970	1403	7615	1605
安徽	88	14462	9818	2250	1166	6667	1985
福建	88	5751	5391	1555	758	3845	788
江西	99	11452	6764	2095	981	4723	1060
山东	193	19788	15845	5090	2064	10566	3215
河南	98	21968	15750	4998	2074	9316	4360
湖北	137	24074	20575	5352	2479	15119	2977
湖南	116	12483	8945	2695	1393	5495	2057
广东	159	19331	16492	5027	1919	11952	2621
广西	91	9504	6258	2141	1027	3842	1389
海南	27	4475	2366	709	371	1500	495
重庆	23	8849	5802	1655	751	3771	1280
四川	126	62089	34597	10068	4849	23693	6055
贵州	66	5411	4185	1357	746	2706	733
云南	87	9937	8535	2981	1129	5622	1784
西藏	17	1069	793	312	159	391	243
陕西	103	48781	37043	12569	4706	26519	5818
甘肃	89	10156	8345	2476	1048	5796	1501
青海	16	745	857	217	85	614	158
宁夏	12	450	434	167	106	300	28
新疆	95	6023	5528	1998	844	3607	1077

2-1 续表 1

项 目	机构数 (个)	从业人员 (人)	科技活动人员 (人)	#女性	科技管理人员	课题活动人员	科技服务人员
按机构学科领域分							
自然科学领域	259	52858	72936	14874	5922	59482	7532
数学	4	486	1178	131	72	1063	43
信息科学与系统科学	8	1525	1877	392	144	1589	144
力学	2	862	1271	157	73	1076	122
物理学	14	10395	15229	2282	968	12877	1384
化学	37	6116	8980	1902	686	7247	1047
天文学	5	1575	2125	358	171	1674	280
地球科学	102	19896	23139	5178	2410	18173	2556
生物学	86	11850	18720	4387	1373	15411	1936
心理学	1	153	417	87	25	372	20
农业科学领域	1284	102514	76884	25041	12145	50523	14216
农学	817	71892	53969	17664	8198	35529	10242
林学	246	14682	10589	3665	1987	6594	2008
畜牧、兽医科学	114	9581	7217	2321	1118	4846	1253
水产学	107	6359	5109	1391	842	3554	713
医学科学领域	309	49512	36179	17684	3906	24896	7377
基础医学	41	4245	4384	1747	393	3508	483
临床医学	99	20177	11124	5793	1072	7545	2507
预防医学与公共卫生学	59	8960	7747	3954	994	5108	1645
军事医学与特种医学	3	241	234	85	58	165	11
药学	26	3427	3620	1371	363	2788	469
中医学与中药学	81	12462	9070	4734	1026	5782	2262
工程科学与技术领域	1141	395718	284462	85005	38350	201563	44549
工程与技术科学基础学科	87	28937	23517	7662	3089	16395	4033
信息与系统科学相关工程与技术	1	42	37	12	8	22	7
自然科学相关工程与技术	12	553	478	146	100	277	101
测绘科学技术	17	2294	1753	536	181	1408	164
材料科学	31	8765	7625	1847	807	5480	1338
矿山工程技术	7	1304	761	277	153	547	61
冶金工程技术	8	457	359	107	49	193	117
机械工程	66	5374	4115	1235	543	2542	1030
动力与电气工程	10	3256	3199	710	313	2414	472
能源科学技术	30	2840	3175	700	467	2206	502
核科学技术	25	39053	20544	5692	2682	14346	3516
电子与通信技术	145	91796	60932	17634	6781	43586	10565
计算机科学技术	35	15615	9345	2466	1003	7401	941
化学工程	49	3484	3277	780	382	2351	544
产品应用相关工程技术	3	252	794	64	40	667	87
纺织科学技术	28	986	518	246	128	235	155
食品科学技术	51	2399	1999	743	299	1139	561
土木建筑工程	81	7596	5370	1784	1013	2695	1662
水利工程	77	10931	7962	2379	1602	5040	1320
交通运输工程	60	33240	26330	6780	3326	20177	2827
航空、航天科学技术	130	120524	86966	28189	13015	62288	11663
环境科学技术及资源科学技术	133	10105	10098	3589	1566	6913	1619
安全科学技术	37	4825	4187	1066	615	2443	1129
管理学	18	1090	1121	361	188	798	135

2-1 续表 2

项　　目	机构数 (个)	从业人员 (人)	科技活动人员 (人)	#女性	科技管理人员	课题活动人员	科技服务人员
社会、人文科学领域	66	2678	2591	991	460	1673	458
艺术学	16	279	233	77	73	105	55
历史学	1	88	129	29	12	106	11
考古学	1	137	142	60	28	114	
经济学	3	126	143	54	17	118	8
法学	6	788	749	232	127	433	189
社会学	6	199	186	112	28	121	37
新闻学与传播学	1	16	14	2	1	13	
图书馆、情报与文献学	2	69	65	38	16	46	3
教育学	1	85	83	33	13	53	17
体育科学	29	891	847	354	145	564	138
按机构服务的国民经济行业分							
农、林、牧、渔业	1212	96786	73349	23988	11263	48800	13286
农业	567	56362	42234	14007	6299	28203	7732
林业	201	11714	8578	2970	1482	5462	1634
畜牧业	60	6154	4597	1438	712	3126	759
渔业	66	4432	3667	967	562	2678	427
农、林、牧、渔服务业	318	18124	14273	4606	2208	9331	2734
采矿业	9	1377	686	245	52	542	92
煤炭开采和洗选业	6	540	264	82	36	158	70
有色金属矿采选业	2	828	413	160	13	378	22
其他采矿业	1	9	9	3	3	6	
制造业	396	26809	21415	7088	3316	13389	4710
农副食品加工业	40	1820	1524	522	225	880	419
食品制造业	11	400	307	133	50	215	42
饮料制造业	2	148	68	36	13	48	7
纺织业	16	600	398	157	92	194	112
纺织服装、鞋、帽制造业	5	145	71	40	15	32	24
皮革、毛皮、羽毛(绒)及其制品业	3	45	28	9	9	13	6
木材加工及木、竹、藤、棕、草制品业	2	233	308	92	22	180	106
家具制造业	1	21	20	6	4	14	2
造纸及纸制品业	2	107	71	24	13	34	24
印刷业和记录媒介的复制	5	97	71	29	15	8	48
石油加工、炼焦及核燃料加工业	2	45	30	8	7	16	7
化学原料及化学制品制造业	43	3198	2625	708	323	1798	504
医药制造业	55	6497	5695	2467	685	4044	966
化学纤维制造业	4	172	102	41	14	59	29
橡胶制品业	1	103	35	5	6	14	15
塑料制品业	6	224	188	56	30	126	32
非金属矿物制品业	21	1163	772	260	164	388	220
黑色金属冶炼及压延加工业	3	172	77	25	13	53	11
有色金属冶炼及压延加工业	3	292	286	89	37	151	98
金属制品业	3	90	75	18	15	54	6
通用设备制造业	27	1840	1430	384	305	589	536
专用设备制造业	81	5676	4219	1163	714	2687	818
交通运输设备制造业	5	343	217	80	48	131	38
电气机械及器材制造业	6	354	300	99	57	199	44
通信设备、计算机及其他电子设备制造业	22	1612	1409	345	175	874	360
仪器仪表及文化、办公用机械制造业	16	1197	943	241	224	521	198
工艺品及其他制造业	11	215	146	51	41	67	38

2-1 续表 3

项　目	机构数（个）	从业人员（人）	科技活动人员（人）	#女性	科技管理人员	课题活动人员	科技服务人员
电力、燃气及水的生产和供应业	13	2125	1912	555	231	1418	263
电力、热力的生产和供应业	10	1913	1763	500	204	1342	217
燃气生产和供应业	1	153	106	38	19	43	44
水的生产和供应业	2	59	43	17	8	33	2
建筑业	51	5977	4553	1294	833	2072	1648
房屋和土木工程建筑业	44	5784	4436	1257	804	1999	1633
建筑安装业	1	20	8	3	2	5	1
建筑装饰业	3	36	31	7	8	21	2
其他建筑业	3	137	78	27	19	47	12
交通运输、仓储和邮政业	22	3182	2953	835	403	2311	239
铁路运输业	3	337	281	46	53	214	14
道路运输业	8	1617	1544	440	200	1220	124
城市公共交通业	6	435	371	89	61	275	35
水上运输业	3	429	391	114	49	306	36
航空运输业	1	195	195	86	10	185	
装卸搬运和其他运输服务业	1	169	171	60	30	111	30
信息传输、计算机服务和软件业	40	3348	4271	1009	446	3568	257
电信和其他信息传输服务业	18	1528	1505	545	203	1197	105
计算机服务业	8	1020	2007	264	152	1784	71
软件业	14	800	759	200	91	587	81
批发和零售业	1	17	9	1	2	6	1
批发业	1	17	9	1	2	6	1
房地产业	1	19	10	5	4		6
房地产业	1	19	10	5	4		6
租赁和商务服务业	3	168	133	59	5	114	14
商务服务业	3	168	133	59	5	114	14
科学研究、技术服务和地质勘查业	801	399610	316853	87700	37734	234946	44173
研究与试验发展	471	357308	278776	76558	32234	210077	36465
专业技术服务业	225	28365	26255	7883	3872	16534	5849
科技交流和推广服务业	54	3271	4234	945	458	3293	483
地质勘查业	51	10666	7588	2314	1170	5042	1376
水利、环境和公共设施管理业	222	19287	16722	5697	2975	10831	2916
水利管理业	82	8494	6847	2121	1462	4126	1259
环境管理业	131	10311	9534	3457	1452	6455	1627
公共设施管理业	9	482	341	119	61	250	30
居民服务和其他服务业	2	82	68	28	13	33	22
居民服务业	1	36	36	15	2	28	6
其他服务业	1	46	32	13	11	5	16
教育	1	85	83	33	13	53	17
教育	1	85	83	33	13	53	17
卫生、社会保障和社会福利业	229	39282	25801	13558	2842	17130	5829
卫生	229	39282	25801	13558	2842	17130	5829
文化、体育和娱乐业	38	1411	1309	565	277	853	179
广播、电视、电影和音像业	1	44	46	21	24	21	1
文化艺术业	9	491	428	195	113	272	43
体育	28	876	835	349	140	560	135
公共管理和社会组织	18	3715	2925	935	374	2071	480
国家机构	18	3715	2925	935	374	2071	480

2-2　中央部门属自然科学与技术领域机构从业人员和科技活动人员按性别和工作性质分

项　　目	机构数（个）	从业人员（人）	科技活动人员（人）	#女性	科技管理人员	课题活动人员	科技服务人员
中央部门属合计	**605**	**414744**	**329057**	**90801**	**37169**	**250235**	**41653**
按机构学科领域分							
自然科学领域	118	42311	63584	11821	4461	53557	5566
数学	1	338	815	90	45	741	29
信息科学与系统科学	2	1318	1680	304	119	1490	71
力学	2	862	1271	157	73	1076	122
物理学	13	10335	15088	2264	960	12758	1370
化学	10	4453	7659	1397	436	6516	707
天文学	4	1441	1920	326	152	1529	239
地球科学	61	15004	19092	3911	1664	15915	1513
生物学	24	8407	15642	3285	987	13160	1495
心理学	1	153	417	87	25	372	20
农业科学领域	62	13221	12006	2901	1487	9185	1334
农学	31	7474	6257	1503	800	4591	866
林学	13	2050	1965	462	232	1538	195
畜牧、兽医科学	8	1777	1882	490	179	1584	119
水产学	10	1920	1902	446	276	1472	154
医学科学领域	42	18929	11550	4801	1021	9247	1282
基础医学	14	2510	2804	1022	231	2292	281
临床医学	5	9359	2826	1201	268	2082	476
预防医学与公共卫生学	9	1972	1815	990	247	1467	101
军事医学与特种医学	1	166	175	60	41	130	4
药学	4	1992	2270	753	130	1992	148
中医学与中药学	9	2930	1660	775	104	1284	272
工程科学与技术领域	374	339331	240886	70882	30017	177494	33375
工程与技术科学基础学科	33	21397	17213	5516	1882	13161	2170
自然科学相关工程与技术	1	112	154	47	14	123	17
测绘科学技术	2	386	318	93	33	270	15
材料科学	8	7644	6729	1548	662	4980	1087
冶金工程技术	1	169	162	50	17	121	24
机械工程	7	2284	1739	534	137	1359	243
动力与电气工程	4	2812	2793	593	243	2259	291
能源科学技术	3	1066	1553	296	97	1284	172
核科学技术	21	38800	20359	5628	2660	14193	3506
电子与通信技术	69	86900	57196	16606	6046	41725	9425
计算机科学技术	10	14223	8144	2067	778	6665	701
化学工程	3	906	1659	268	94	1436	129
食品科学技术	4	899	873	314	105	552	216
土木建筑工程	2	605	576	196	50	489	37
水利工程	14	4358	4036	1080	493	2931	612
交通运输工程	39	31316	24763	6390	3068	19221	2474
航空、航天科学技术	130	120524	86966	28189	13015	62288	11663
环境科学技术及资源科学技术	11	2679	3479	926	327	2855	297
安全科学技术	10	2047	1819	463	255	1281	283
管理学	2	204	355	78	41	301	13
社会、人文科学领域	9	952	1031	396	183	752	96
艺术学	1	41	48	17	23	13	12
历史学	1	88	129	29	12	106	11
考古学	1	137	142	60	28	114	
经济学	1	104	124	48	13	106	5
法学	1	304	293	120	42	219	32
社会学	1	28	28	16	2	20	6
图书馆、情报与文献学	1	43	43	28	16	27	
教育学	1	85	83	33	13	53	17
体育科学	1	122	141	45	34	94	13

2-2 续表

项　目	机构数 (个)	从业人员 (人)	科技活动人员 (人)	#女性	科技管理人员	课题活动人员	科技服务人员
按机构服务的国民经济行业分							
农、林、牧、渔业	58	12313	11134	2775	1324	8737	1073
农业	21	5440	4605	1129	636	3508	461
林业	8	1372	1365	304	72	1208	85
畜牧业	6	1038	1204	285	112	1031	61
渔业	7	1577	1619	354	207	1289	123
农、林、牧、渔服务业	16	2886	2341	703	297	1701	343
采矿业	1	824	409	158	12	378	19
有色金属矿采选业	1	824	409	158	12	378	19
制造业	30	6504	6717	1899	616	5243	858
农副食品加工业	5	752	633	187	75	423	135
饮料制造业	1	51	34	12	6	26	2
木材加工及木、竹、藤、棕、草制品业	1	149	224	60	13	124	87
化学原料及化学制品制造业	2	559	1058	183	43	951	64
医药制造业	7	2574	2388	853	169	2004	215
有色金属冶炼及压延加工业	1	169	162	50	17	121	24
通用设备制造业	1	90	83	37	21	62	
专用设备制造业	10	1489	1285	339	204	854	227
交通运输设备制造业	1	72	40	21	13	26	1
通信设备、计算机及其他电子设备制造业	1	599	810	157	55	652	103
电力、燃气及水的生产和供应业	3	1543	1395	399	148	1130	117
电力、热力的生产和供应业	3	1543	1395	399	148	1130	117
建筑业	2	875	861	171	144	492	225
房屋和土木工程建筑业	1	825	811	155	135	451	225
其他建筑业	1	50	50	16	9	41	
交通运输、仓储和邮政业	8	2043	1968	586	240	1591	137
铁路运输业	3	337	281	46	53	214	14
道路运输业	3	1175	1192	358	139	961	92
水上运输业	1	336	300	96	38	231	31
航空运输业	1	195	195	86	10	185	
信息传输、计算机服务和软件业	7	1902	2992	679	236	2662	94
电信和其他信息传输服务业	6	1198	1239	501	155	1029	55
计算机服务业	1	704	1753	178	81	1633	39
科学研究、技术服务和地质勘查业	439	366499	289638	78931	32904	219583	37151
研究与试验发展	380	351067	272924	74751	31102	206264	35558
专业技术服务业	39	10250	11489	2884	1232	9145	1112
科技交流和推广服务业	3	1148	1821	357	158	1572	91
地质勘查业	17	4034	3404	939	412	2602	390
水利、环境和公共设施管理业	20	4744	5252	1435	537	3877	838
水利管理业	12	2569	2465	654	264	1765	436
环境管理业	8	2175	2787	781	273	2112	402
居民服务和其他服务业	1	36	36	15	2	28	6
居民服务业	1	36	36	15	2	28	6
教育	1	85	83	33	13	53	17
教育	1	85	83	33	13	53	17
卫生、社会保障和社会福利业	22	13938	5866	2772	594	4404	868
卫生	22	13938	5866	2772	594	4404	868
文化、体育和娱乐业	6	486	492	214	141	311	40
广播、电视、电影和音像业	1	44	46	21	24	21	1
文化艺术业	4	320	305	148	83	196	26
体育	1	122	141	45	34	94	13
公共管理和社会组织	7	2952	2214	734	258	1746	210
国家机构	7	2952	2214	734	258	1746	210

2-3　地方部门属自然科学与技术领域机构从业人员和科技活动人员按性别和工作性质分

地区	机构数（个）	从业人员（人）	科技活动人员（人）	#女性	科技管理人员	课题活动人员	科技服务人员
地方部门属合计	**2454**	**188536**	**143995**	**52794**	**23614**	**87902**	**32479**
东部地区	908	74783	61447	22385	8901	39652	12894
中部地区	858	60516	44011	15812	7666	25578	10767
西部地区	688	53237	38537	14597	7047	22672	8818
北　京	39	6045	5512	2296	701	4076	735
天　津	45	3392	2821	1211	413	1592	816
河　北	55	3153	2617	970	442	1709	466
山　西	132	8779	6855	2784	1168	4289	1398
内蒙古	68	5238	3857	1526	785	2066	1006
辽　宁	127	8086	6482	2402	1252	3919	1311
#沈阳市	44	4007	3236	1259	570	2025	641
大连市	13	795	630	220	157	329	144
吉　林	87	8593	6427	2460	1318	3351	1758
#长春市	56	6094	4381	1728	985	2187	1209
黑龙江	157	10028	8161	3207	1132	5229	1800
#哈尔滨市	92	6743	5726	2371	681	3759	1286
上　海	49	5609	5372	1857	674	3615	1083
江　苏	102	10161	8387	3251	996	5466	1925
#南京市	31	6160	5428	2370	491	3728	1209
浙　江	73	6049	5229	1565	761	3446	1022
#杭州市	22	3674	3140	1067	500	1997	643
宁波市	8	286	240	76	32	181	27
安　徽	80	3691	2931	893	616	1427	888
福　建	85	4781	4174	1298	637	2805	732
#厦门市	7	393	359	112	49	275	35
江　西	96	8649	4665	1375	826	2892	947
山　东	182	15453	11234	4036	1633	6780	2821
#济南市	88	9684	7009	2624	848	4246	1915
青岛市	15	1336	1094	395	154	752	188
河　南	87	5606	4264	1564	724	2643	897
湖　北	110	6405	4863	1581	800	2631	1432
#武汉市	39	4022	3069	1107	460	1782	827
湖　南	109	8765	5845	1948	1082	3116	1647
广　东	134	10555	8756	3219	1235	5758	1763
#广州市	55	7625	6625	2526	833	4603	1189
深圳市	1	40	37	12	3	23	11
广　西	88	8184	5612	2035	958	3351	1303
海　南	17	1499	863	280	157	486	220
重　庆	18	4508	3059	920	404	1937	718
四　川	97	8942	5519	1912	1108	3264	1147
#成都市	45	5987	3306	1177	724	2057	525
贵　州	61	3758	2516	884	501	1537	478
云　南	77	5653	4547	1875	839	2618	1090
西　藏	17	1069	793	312	159	391	243
陕　西	65	4586	3489	1551	721	2042	726
#西安市	26	2649	2140	1099	448	1291	401
甘　肃	79	5131	4061	1499	639	2460	962
青　海	14	382	286	132	36	134	116
宁　夏	12	450	434	167	106	300	28
新　疆	92	5336	4364	1784	791	2572	1001

2-4 自然科学与技术领域机构科技活动人员按学历和职称分

单位：人

项目	科技活动人员	学历				职称		
		博士	硕士	大学	其他	高级	中级	其他
全　国	**473052**	**28486**	**79288**	**214213**	**151065**	**120727**	**128385**	**223940**
按隶属关系分								
地方部门属	143995	4661	19471	65154	54709	41185	43800	59010
省级部门属	98038	4314	15969	45333	32422	30389	29010	38639
副省级城市属	7996	142	1252	3818	2784	2211	2642	3143
地市级部门属	37961	205	2250	16003	19503	8585	12148	17228
中央部门属	329057	23825	59817	149059	96356	79542	84585	164930
中国科学院	75663	12795	9376	40977	12515	20931	13263	41469
按地区分								
东部地区	258759	21642	48458	116751	71908	68327	68955	121477
中部地区	96132	3236	13391	45137	34368	24781	27042	44309
西部地区	118161	3608	17439	52325	44789	27619	32388	58154
北　京	109296	12705	23010	48634	24947	30009	28966	50321
天　津	9383	230	1405	4212	3536	2198	2533	4652
河　北	9990	184	1666	4444	3696	2584	2760	4646
山　西	12185	209	1131	5771	5074	2489	3645	6051
内蒙古	5784	96	604	2474	2610	1776	1821	2187
辽　宁	18389	997	2760	9090	5542	5034	4894	8461
吉　林	11075	669	1199	5907	3300	3569	2646	4860
黑龙江	11020	254	1574	6124	3068	3896	3118	4006
上　海	32062	2483	5779	14963	8837	7561	7943	16558
江　苏	28922	1473	4905	11925	10619	7405	7958	13559
浙　江	10623	620	2103	4872	3028	2752	3031	4840
安　徽	9818	528	1287	4792	3211	2007	2774	5037
福　建	5391	373	945	2410	1663	1677	1634	2080
江　西	6764	68	720	3183	2793	1766	2024	2974
山　东	15845	1193	2637	7829	4186	4960	4532	6353
河　南	15750	347	2780	6164	6459	3429	4456	7865
湖　北	20575	977	3640	9365	6593	5290	5899	9386
湖　南	8945	184	1060	3831	3870	2335	2480	4130
广　东	16492	1249	2856	7408	4979	3738	4191	8563
广　西	6258	142	857	2791	2468	1306	2005	2947
海　南	2366	135	392	964	875	409	513	1444
重　庆	5802	83	796	2203	2720	1872	1511	2419
四　川	34597	1305	6034	15277	11981	7357	9226	18014
贵　州	4185	184	429	2183	1389	912	1186	2087
云　南	8535	378	1063	4226	2868	1852	2195	4488
西　藏	793	6	46	321	420	142	206	445
陕　西	37043	511	5677	15332	15523	8188	9685	19170
甘　肃	8345	620	1044	3910	2771	2148	2411	3786
青　海	857	66	82	478	231	241	206	410
宁　夏	434	12	116	182	124	176	137	121
新　疆	5528	205	691	2948	1684	1649	1799	2080

2-4 续表 1

单位：人

项目	科技活动人员	学历				职称		
		博士	硕士	大学	其他	高级	中级	其他
按机构学科领域分								
自然科学领域	72936	11043	9387	37895	14611	22109	14405	36422
数学	1178	238	65	778	97	307	143	728
信息科学与系统科学	1877	341	320	895	321	408	482	987
力学	1271	265	104	659	243	403	172	696
物理学	15229	2271	1964	8128	2866	4662	2860	7707
化学	8980	1307	965	4981	1727	2598	1688	4694
天文学	2125	344	262	838	681	772	384	969
地球科学	23139	3484	3298	10982	5375	8369	5102	9668
生物学	18720	2691	2388	10384	3257	4496	3506	10718
心理学	417	102	21	250	44	94	68	255
农业科学领域	76884	3848	10461	32768	29807	21693	22112	33079
农学	53969	2531	7341	22596	21501	15266	15276	23427
林学	10589	580	1221	4725	4063	3029	3241	4319
畜牧、兽医科学	7217	472	1125	3132	2488	1950	2137	3130
水产学	5109	265	774	2315	1755	1448	1458	2203
医学科学领域	36179	2969	5294	16857	11059	9648	10364	16167
基础医学	4384	497	687	2275	925	984	1089	2311
临床医学	11124	1190	1623	5089	3222	2651	3482	4991
预防医学与公共卫生学	7747	361	1152	3368	2866	2274	2252	3221
军事医学与特种医学	234	6	35	107	86	62	50	122
药学	3620	393	548	1916	763	993	940	1687
中医学与中药学	9070	522	1249	4102	3197	2684	2551	3835
工程科学与技术领域	284462	10433	53726	125383	94920	66404	80672	137386
工程与技术科学基础学科	23517	618	3715	11168	8016	5334	6876	11307
信息与系统科学相关工程与技术	37		4	25	8	8	14	15
自然科学相关工程与技术	478	36	69	245	128	110	133	235
测绘科学技术	1753	76	397	802	478	392	614	747
材料科学	7625	646	1225	3692	2062	2007	2044	3574
矿山工程技术	761	11	70	228	452	120	171	470
冶金工程技术	359	6	35	185	133	133	118	108
机械工程	4115	59	376	2234	1446	1149	1329	1637
动力与电气工程	3199	226	466	1390	1117	805	766	1628
能源科学技术	3175	304	388	1450	1033	1077	803	1295
核科学技术	20544	1100	3352	10139	5953	5003	5282	10259
电子与通信技术	60932	1582	10479	26675	22196	10915	17333	32684
计算机科学技术	9345	455	2085	5039	1766	1886	2683	4776
化学工程	3277	339	304	1714	920	1023	768	1486
产品应用相关工程技术	794	5	22	127	640	608	59	127
纺织科学技术	518	2	21	229	266	121	185	212
食品科学技术	1999	122	300	968	609	573	590	836
土木建筑工程	5370	103	711	3006	1550	1750	1760	1860
水利工程	7962	594	1591	3620	2157	3132	2457	2373
交通运输工程	26330	653	6040	12072	7565	7423	7614	11293
航空、航天科学技术	86966	2273	18757	33048	32888	18370	24405	44191
环境科学技术及资源科学技术	10098	926	2233	4856	2083	2927	2922	4249
安全科学技术	4187	185	815	2008	1179	1209	1448	1530
管理学	1121	112	271	463	275	329	298	494

2-4 续表 2

单位：人

项　　目	科技活动人员	学　历				职　称		
		博士	硕士	大学	其他	高级	中级	其他
社会、人文科学领域	2591	193	420	1310	668	873	832	886
艺术学	233		8	85	140	57	102	74
历史学	129	25	25	64	15	46	25	58
考古学	142	26	44	45	27	72	49	21
经济学	143	54	17	60	12	58	34	51
法学	749	26	82	474	167	281	247	221
社会学	186	9	25	92	60	65	67	54
新闻学与传播学	14		5	6	3	5	3	6
图书馆、情报与文献学	65		7	42	16	13	13	39
教育学	83	3	17	36	27	23	27	33
体育科学	847	50	190	406	201	253	265	329
按机构服务的国民经济行业分								
农、林、牧、渔业	73349	3895	10300	31069	28085	20534	20912	31903
农业	42234	1986	6101	17561	16586	12015	11774	18445
林业	8578	487	962	3754	3375	2425	2645	3508
畜牧业	4597	293	706	1910	1688	1215	1277	2105
渔业	3667	231	590	1720	1126	1021	1019	1627
农、林、牧、渔服务业	14273	898	1941	6124	5310	3858	4197	6218
采矿业	686	27	93	300	266	265	316	105
煤炭开采和洗选业	264	2	12	112	138	100	83	81
有色金属矿采选业	413	25	81	185	122	159	232	22
其他采矿业	9			3	6	6	1	2
制造业	21415	1025	2536	10519	7335	5903	6489	9023
农副食品加工业	1524	56	189	699	580	464	441	619
食品制造业	307	17	45	153	92	97	95	115
饮料制造业	68	2	11	29	26	18	22	28
纺织业	398		16	152	230	122	125	151
纺织服装、鞋、帽制造业	71	2	4	31	34	10	31	30
皮革、毛皮、羽毛(绒)及其制品业	28		1	9	18	9	9	10
木材加工及木、竹、藤、棕、草制品业	308	22	29	156	101	92	74	142
家具制造业	20			9	11	9	2	9
造纸及纸制品业	71		7	36	28	31	16	24
印刷业和记录媒介的复制	71			31	40	17	19	35
石油加工、炼焦及核燃料加工业	30		3	15	12	8	10	12
化学原料及化学制品制造业	2625	151	174	1324	976	766	736	1123
医药制造业	5695	464	974	2799	1458	1357	1484	2854
化学纤维制造业	102		5	46	51	38	26	38
橡胶制品业	35			9	26	11	20	4
塑料制品业	188	5	20	105	58	51	57	80
非金属矿物制品业	772	1	25	316	430	200	251	321
黑色金属冶炼及压延加工业	77			36	41	29	28	20
有色金属冶炼及压延加工业	286	5	34	148	99	107	94	85
金属制品业	75	3	8	37	27	26	26	23
通用设备制造业	1430	22	124	691	593	500	510	420
专用设备制造业	4219	97	476	2258	1388	1246	1415	1558
交通运输设备制造业	217	1	7	118	91	51	91	75
电气机械及器材制造业	300	13	30	130	127	103	110	87
通信设备、计算机及其他电子设备制造业	1409	127	180	707	395	304	404	701
仪器仪表及文化、办公用机械制造业	943	37	170	433	303	206	328	409
工艺品及其他制造业	146		4	42	100	31	65	50

2-4 续表 3

单位：人

项　　目	科技活动人员	学　历				职　称		
		博士	硕士	大学	其他	高级	中级	其他
电力、燃气及水的生产和供应业	1912	338	424	742	408	688	482	742
电力、热力的生产和供应业	1763	337	406	666	354	647	435	681
燃气生产和供应业	106	1	15	54	36	26	29	51
水的生产和供应业	43		3	22	18	15	18	10
建筑业	4553	113	562	2534	1344	1490	1431	1632
房屋和土木工程建筑业	4436	108	546	2471	1311	1460	1394	1582
建筑安装业	8			7	1	1	2	5
建筑装饰业	31			14	17	10	13	8
其他建筑业	78	5	16	42	15	19	22	37
交通运输、仓储和邮政业	2953	211	858	1262	622	1247	949	757
铁路运输业	281		19	195	67	116	117	48
道路运输业	1544	125	422	622	375	660	471	413
城市公共交通业	371	9	111	152	99	149	101	121
水上运输业	391	20	173	158	40	180	144	67
航空运输业	195	49	80	54	12	66	76	53
装卸搬运和其他运输服务业	171	8	53	81	29	76	40	55
信息传输、计算机服务和软件业	4271	327	814	2302	828	1125	1076	2070
电信和其他信息传输服务业	1505	76	443	654	332	439	431	635
计算机服务业	2007	229	220	1273	285	466	371	1170
软件业	759	22	151	375	211	220	274	265
批发和零售业	9			6	3	2	6	1
批发业	9			6	3	2	6	1
房地产业	10			2	8		4	6
房地产业	10			2	8		4	6
租赁和商务服务业	133		11	86	36	49	37	47
商务服务业	133		11	86	36	49	37	47
科学研究、技术服务和地质勘查业	316853	19102	55754	143567	98430	75643	82480	158730
研究与试验发展	278776	16504	49500	126230	86542	64048	71740	142988
专业技术服务业	26255	1810	4482	12301	7662	7407	7676	11172
科技交流和推广服务业	4234	346	700	1815	1373	1553	993	1688
地质勘查业	7588	442	1072	3221	2853	2635	2071	2882
水利、环境和公共设施管理业	16722	1110	3359	8100	4153	5386	5020	6316
水利管理业	6847	272	1198	3301	2076	2503	2112	2232
环境管理业	9534	812	2114	4611	1997	2821	2805	3908
公共设施管理业	341	26	47	188	80	62	103	176
居民服务和其他服务业	68	3	14	28	23	16	25	27
居民服务业	36	3	11	17	5	5	11	20
其他服务业	32		3	11	18	11	14	7
教育	83	3	17	36	27	23	27	33
教育	83	3	17	36	27	23	27	33
卫生、社会保障和社会福利业	25801	2028	3736	11615	8422	7213	7847	10741
卫生	25801	2028	3736	11615	8422	7213	7847	10741
文化、体育和娱乐业	1309	91	269	596	353	418	447	444
广播、电视、电影和音像业	46	2	11	19	14	12	22	12
文化艺术业	428	39	69	181	139	154	162	112
体育	835	50	189	396	200	252	263	320
公共管理和社会组织	2925	213	541	1449	722	725	837	1363
国家机构	2925	213	541	1449	722	725	837	1363

2-5　中央部门属自然科学与技术领域机构科技活动人员按学历和职称分

单位：人

项　目	科技活动人员	学　历				职　称		
		博士	硕士	大学	其他	高级	中级	其他
中央部门属合计	**329057**	**23825**	**59817**	**149059**	**96356**	**79542**	**84585**	**164930**
按机构学科领域分								
自然科学领域	63584	10587	8016	33575	11406	19251	11695	32638
数学	815	203	36	500	76	238	114	463
信息科学与系统科学	1680	328	255	811	286	375	430	875
力学	1271	265	104	659	243	403	172	696
物理学	15088	2245	1951	8038	2854	4631	2838	7619
化学	7659	1270	781	4334	1274	2198	1217	4244
天文学	1920	322	233	752	613	711	358	851
地球科学	19092	3386	2823	9086	3797	7018	3854	8220
生物学	15642	2466	1812	9145	2219	3583	2644	9415
心理学	417	102	21	250	44	94	68	255
农业科学领域	12006	1703	1834	5907	2562	3469	2820	5717
农学	6257	843	912	2903	1599	1779	1356	3122
林学	1965	363	256	948	398	650	502	813
畜牧、兽医科学	1882	291	350	1007	234	492	467	923
水产学	1902	206	316	1049	331	548	495	859
医学科学领域	11550	1809	1764	5342	2635	2723	3040	5787
基础医学	2804	388	460	1399	557	478	667	1659
临床医学	2826	544	290	1253	739	616	829	1381
预防医学与公共卫生学	1815	192	354	704	565	512	499	804
军事医学与特种医学	175	5	31	76	63	52	24	99
药学	2270	357	311	1258	344	541	543	1186
中医学与中药学	1660	323	318	652	367	524	478	658
工程科学与技术领域	240886	9560	48008	103747	79571	53698	66695	120493
工程与技术科学基础学科	17213	551	3128	8176	5358	3978	4895	8340
自然科学相关工程与技术	154	11	28	97	18	31	43	80
测绘科学技术	318	49	124	134	11	118	112	88
材料科学	6729	608	1132	3357	1632	1788	1776	3165
冶金工程技术	162	4	30	69	59	48	57	57
机械工程	1739	33	231	941	534	370	541	828
动力与电气工程	2793	224	416	1220	933	707	650	1436
能源科学技术	1553	263	257	732	301	390	296	867
核科学技术	20359	1096	3336	10025	5902	4944	5192	10223
电子与通信技术	57196	1526	10089	24736	20845	10197	16092	30907
计算机科学技术	8144	433	1858	4397	1456	1533	2218	4393
化学工程	1659	315	179	975	190	510	279	870
食品科学技术	873	106	197	394	176	223	175	475
土木建筑工程	576	54	273	225	24	229	224	123
水利工程	4036	489	969	1444	1134	1740	1175	1121
交通运输工程	24763	620	5696	11186	7261	6904	7180	10679
航空、航天科学技术	86966	2273	18757	33048	32888	18370	24405	44191
环境科学技术及资源科学技术	3479	713	786	1574	406	969	693	1817
安全科学技术	1819	127	482	801	409	547	623	649
管理学	355	65	40	216	34	102	69	184
社会、人文科学领域	1031	166	195	488	182	401	335	295
艺术学	48		4	25	19	14	25	9
历史学	129	25	25	64	15	46	25	58
考古学	142	26	44	45	27	72	49	21
经济学	124	53	13	52	6	53	28	43
法学	293	25	49	173	46	120	115	58
社会学	28	9	9	10		5	11	12
图书馆、情报与文献学	43		7	27	9	13	13	17
教育学	83	3	17	36	27	23	27	33
体育科学	141	25	27	56	33	55	42	44

2-5 续表

单位：人

项　目	科技活动人员	学　历				职　称		
		博士	硕士	大学	其他	高级	中级	其他
按机构服务的国民经济行业分								
农、林、牧、渔业	11134	1677	1755	5538	2164	3124	2551	5459
农业	4605	665	713	2218	1009	1293	938	2374
林业	1365	304	187	657	217	472	356	537
畜牧业	1204	193	214	631	166	355	262	587
渔业	1619	185	256	892	286	437	414	768
农、林、牧、渔服务业	2341	330	385	1140	486	567	581	1193
采矿业	409	25	81	184	119	159	231	19
有色金属矿采选业	409	25	81	184	119	159	231	19
制造业	6717	736	1158	3365	1458	1681	1661	3375
农副食品加工业	633	50	116	245	222	161	163	309
饮料制造业	34	2	10	13	9	12	10	12
木材加工及木、竹、藤、棕、草制品业	224	21	20	106	77	69	54	101
化学原料及化学制品制造业	1058	125	78	607	248	308	179	571
医药制造业	2388	348	430	1237	373	528	541	1319
有色金属冶炼及压延加工业	162	4	30	69	59	48	57	57
通用设备制造业	83	3	15	43	22	28	28	27
专用设备制造业	1285	56	294	627	308	340	434	511
交通运输设备制造业	40		2	34	4	19	17	4
通信设备、计算机及其他电子设备制造业	810	127	163	384	136	168	178	464
电力、燃气及水的生产和供应业	1395	315	371	484	225	590	336	469
电力、热力的生产和供应业	1395	315	371	484	225	590	336	469
建筑业	861	75	178	284	324	351	312	198
房屋和土木工程建筑业	811	71	163	258	319	337	300	174
其他建筑业	50	4	15	26	5	14	12	24
交通运输、仓储和邮政业	1968	181	602	787	398	874	703	391
铁路运输业	281		19	195	67	116	117	48
道路运输业	1192	116	355	431	290	560	390	242
水上运输业	300	16	148	107	29	132	120	48
航空运输业	195	49	80	54	12	66	76	53
信息传输、计算机服务和软件业	2992	298	608	1620	466	788	612	1592
电信和其他信息传输服务业	1239	69	408	509	253	383	347	509
计算机服务业	1753	229	200	1111	213	405	265	1083
科学研究、技术服务和地质勘查业	289638	18505	52385	130867	87881	67930	74334	147374
研究与试验发展	272924	16253	48754	123555	84362	62069	70129	140726
专业技术服务业	11489	1556	2545	5103	2285	3825	2983	4681
科技交流和推广服务业	1821	318	445	797	261	622	379	820
地质勘查业	3404	378	641	1412	973	1414	843	1147
水利、环境和公共设施管理业	5252	697	1113	2304	1138	1832	1195	2225
水利管理业	2465	165	516	980	804	978	680	807
环境管理业	2787	532	597	1324	334	854	515	1418
居民服务和其他服务业	36	3	11	17	5	5	11	20
居民服务业	36	3	11	17	5	5	11	20
教育	83	3	17	36	27	23	27	33
教育	83	3	17	36	27	23	27	33
卫生、社会保障和社会福利业	5866	1034	982	2369	1481	1498	1813	2555
卫生	5866	1034	982	2369	1481	1498	1813	2555
文化、体育和娱乐业	492	65	105	199	123	185	178	129
广播、电视、电影和音像业	46	2	11	19	14	12	22	12
文化艺术业	305	38	67	124	76	118	114	73
体育	141	25	27	56	33	55	42	44
公共管理和社会组织	2214	211	451	1005	547	502	621	1091
国家机构	2214	211	451	1005	547	502	621	1091

2-6 地方部门属自然科学与技术领域机构科技活动人员按学历和职称分

单位：人

项 目	科技活动人员	学历				职称		
		博士	硕士	大学	其他	高级	中级	其他
地方部门属合计	**143995**	**4661**	**19471**	**65154**	**54709**	**41185**	**43800**	**59010**
东部地区	61447	3148	10403	27518	20378	17982	18488	24977
中部地区	44011	841	4693	20597	17880	13062	13370	17579
西部地区	38537	672	4375	17039	16451	10141	11942	16454
北 京	5512	583	1145	2255	1529	1330	1437	2745
天 津	2821	79	464	1307	971	906	840	1075
河 北	2617	70	375	1227	945	988	754	875
山 西	6855	99	621	3313	2822	1547	2454	2854
内蒙古	3857	57	253	1643	1904	1295	1251	1311
辽 宁	6482	116	924	3270	2172	2107	2137	2238
#沈阳市	3236	82	614	1699	841	1144	1071	1021
大连市	630	20	104	298	208	188	183	259
吉 林	6427	101	546	3115	2665	2214	1701	2512
#长春市	4381	93	442	2278	1568	1598	1186	1597
黑龙江	8161	133	1086	4567	2375	3120	2189	2852
#哈尔滨市	5726	120	805	3354	1447	2227	1503	1996
上 海	5372	443	943	2222	1764	1398	1711	2263
江 苏	8387	455	1450	3460	3022	2383	2391	3613
#南京市	5428	315	993	2156	1964	1568	1522	2338
浙 江	5229	335	989	2422	1483	1630	1753	1846
#杭州市	3140	272	664	1543	661	916	1186	1038
宁波市	240	7	51	121	61	87	76	77
安 徽	2931	61	369	1278	1223	649	880	1402
福 建	4174	126	683	1907	1458	1316	1333	1525
#厦门市	359	24	79	165	91	136	138	85
江 西	4665	62	427	1935	2241	1267	1347	2051
山 东	11234	560	1807	5539	3328	3838	3399	3997
#济南市	7009	413	1228	3431	1937	2551	2102	2356
青岛市	1094	79	236	519	260	272	337	485
河 南	4264	133	462	1804	1865	1114	1332	1818
湖 北	4863	141	674	2145	1903	1425	1713	1725
#武汉市	3069	109	579	1419	962	1018	1000	1051
湖 南	5845	111	508	2440	2786	1726	1754	2365
广 东	8756	366	1518	3625	3247	1957	2540	4259
#广州市	6625	341	1386	2955	1943	1701	1919	3005
深圳市	37	2	6	19	10	12	10	15
广 西	5612	130	738	2409	2335	1143	1702	2767
海 南	863	15	105	284	459	129	193	541
重 庆	3059	65	421	1030	1543	1280	693	1086
四 川	5519	132	611	2366	2410	1449	1608	2462
#成都市	3306	114	438	1446	1308	992	965	1349
贵 州	2516	56	286	1194	980	507	824	1185
云 南	4547	68	538	2148	1793	1092	1547	1908
西 藏	793	6	46	321	420	142	206	445
陕 西	3489	23	371	1361	1734	810	1064	1615
#西安市	2140	22	281	918	919	551	619	970
甘 肃	4061	63	444	1947	1607	927	1236	1898
青 海	286		10	128	148	56	110	120
宁 夏	434	12	116	182	124	176	137	121
新 疆	4364	60	541	2310	1453	1264	1564	1536

2-7 自然科学与技术领域机构科技经费筹集额按来源分

单位：万元

项　目	科技经费筹集额	政府资金	企业资金	金融机构贷款	国外资金	其他
全　国	**14704238**	**12018778**	**534564**	**40392**	**53852**	**2056651**
按隶属关系分						
地方部门属	2515665	1919966	147508	3964	2540	441686
省级部门属	1958581	1461930	131263	3270	2460	359658
副省级城市属	137299	97859	3892		21	35528
地市级部门属	419785	360178	12354	694	58	46501
中央部门属	12188573	10098812	387056	36428	51312	1614965
中国科学院	2306768	1940004	84323	31928	23140	227373
按地区分						
东部地区	8797138	7015176	363586	15047	48321	1355008
中部地区	2397694	1890246	108373	21915	2685	374475
西部地区	3509405	3113356	62605	3430	2846	327169
北　京	4257989	3457570	140211	1000	33410	625798
天　津	306526	232263	11559	15	63	62627
河　北	307133	285593	1423			20117
山　西	157353	120586	16565	100	710	19393
内蒙古	92975	77161	3666		46	12102
辽　宁	443256	353269	13339	432	3772	72444
吉　林	270842	224586	2943	21567	999	20748
黑龙江	293597	263090	15756			14751
上　海	1159518	874828	39463	7000	9209	229018
江　苏	1024411	804975	38521	3100	136	177679
浙　江	283902	208691	40426		661	34124
安　徽	331504	216485	3288	26	374	111330
福　建	122790	94053	5299		37	23402
江　西	115525	99541	1993	20		13971
山　东	401261	321904	31526	2000	738	45093
河　南	338751	272121	20762	8		45861
湖　北	726861	581922	20453	42	578	123867
湖　南	163262	111916	26614	152	25	24556
广　东	427474	326467	41520	1500	217	57769
广　西	119232	95516	3579		335	19802
海　南	62879	55564	300		78	6937
重　庆	112337	90345	11072		34	10887
四　川	1475558	1314890	14992	592	360	144724
贵　州	58267	45822	2192		159	10094
云　南	175295	144631	8788	288	1522	20066
西　藏	13984	11711			15	2259
陕　西	1174318	1085929	11931	2250		74207
甘　肃	173345	150555	2841		262	19688
青　海	14577	11897	770		15	1894
宁　夏	7308	7120	32			156
新　疆	92210	77779	2743	300	98	11289

2-7 续表 1

单位：万元

项 目	科技经费筹集额	政府资金	企业资金	金融机构贷款	国外资金	其他
按机构学科领域分						
自然科学领域	2206174	1884842	74444	30504	14338	202047
数学	14140	13515	27			598
信息科学与系统科学	65529	56303	1415		114	7697
力学	34494	26184	5279		109	2922
物理学	527952	456035	5275	23367	1532	41744
化学	241966	196927	24181	8	3998	16851
天文学	78785	70418	67		75	8225
地球科学	824234	709271	27814		2974	84174
生物学	411382	351317	10387	7130	5536	37012
心理学	7694	4870				2824
农业科学领域	1599692	1409845	50014	1164	7262	131408
农学	1112226	980286	34984	1126	6176	89654
林学	188212	170132	626		934	16519
畜牧、兽医科学	171485	143118	12354	15	127	15872
水产学	127770	116309	2050	23	25	9363
医学科学领域	641812	515687	30285	2285	24961	68595
基础医学	128035	105179	3380	2000	2048	15428
临床医学	153902	124522	8169		1606	19605
预防医学与公共卫生学	170757	131587	5267		15943	17959
军事医学与特种医学	9226	6285				2941
药学	82758	63749	10411		5315	3284
中医学与中药学	97134	84364	3057	285	50	9378
工程科学与技术领域	10207096	8167663	379046	6439	7292	1646656
工程与技术科学基础学科	746878	573633	39217			134028
信息与系统科学相关工程与技术	379	369				10
自然科学相关工程与技术	12333	11071		140		1122
测绘科学技术	45735	39368	484			5883
材料科学	211706	151063	11639	1832	1047	46124
矿山工程技术	7051	6528	524			
冶金工程技术	4952	3161				1791
机械工程	71067	47951	8389			14727
动力与电气工程	196051	185566	8463		725	1297
能源科学技术	71552	52616	5611	100	1035	12191
核科学技术	934113	867290	2120		50	64653
电子与通信技术	2290943	1829309	68274	137	264	392959
计算机科学技术	162249	107089	3986		434	50740
化学工程	68792	55609	7035	1130	283	4735
产品应用相关工程技术	13979	13941	38			
纺织科学技术	5319	5026	177			116
食品科学技术	48548	38555	3954		35	6004
土木建筑工程	133835	28385	22974		3	82472
水利工程	247362	129184	19864	3100	2781	92433
交通运输工程	1152547	820526	67481			264540
航空、航天科学技术	3273552	2901802	42186			329564
环境科学技术及资源科学技术	322890	203512	43531		570	75277
安全科学技术	161474	76370	21573			63531
管理学	23793	19740	1527		66	2460

2-7 续表 2

单位：万元

项　目	科技经费筹集额	政府资金	企业资金	金融机构贷款	国外资金	其他
社会、人文科学领域	49464	40742	775			7946
艺术学	3210	2960				250
历史学	2335	2090	2			244
考古学	6775	4607				2168
经济学	2460	1816				644
法学	11191	6984				4206
社会学	2635	2502				133
新闻学与传播学	176	165				10
图书馆、情报与文献学	716	716				
教育学	1361	756	551			54
体育科学	18604	18146	222			236
按机构服务的国民经济行业分						
农、林、牧、渔业	1520694	1348052	37156	1164	7121	127201
农业	889836	800392	16406	1126	5835	66077
林业	143715	128186	504		821	14205
畜牧业	91934	84780	733		104	6317
渔业	97960	89404	2839		25	5692
农、林、牧、渔服务业	297249	245290	16674	38	336	34911
采矿业	11614	6318	3787	1500		10
煤炭开采和洗选业	3509	2374	1035	100		
有色金属矿采选业	7924	3763	2752	1400		10
其他采矿业	181	181				
制造业	418880	300434	61456	563	1077	55350
农副食品加工业	35008	27563	2362		31	5052
食品制造业	4436	2776	1092			568
饮料制造业	2622	2187	434			
纺织业	2709	2526	142			42
纺织服装、鞋、帽制造业	748	748				
皮革、毛皮、羽毛(绒)及其制品业	272	258	11			3
木材加工及木、竹、藤、棕、草制品业	6604	5261				1343
家具制造业	100	78				23
造纸及纸制品业	447	93	354			
印刷业和记录媒介的复制	965	965				
石油加工、炼焦及核燃料加工业	451	340				111
化学原料及化学制品制造业	46484	32278	9683	138	51	4334
医药制造业	111502	96102	10897	285	995	3222
化学纤维制造业	2109	2046	6			58
橡胶制品业	223	223				
塑料制品业	1727	1617	54			56
非金属矿物制品业	8237	4460	2184			1593
黑色金属冶炼及压延加工业	439	180				259
有色金属冶炼及压延加工业	4186	2653				1532
金属制品业	783	632				151
通用设备制造业	30265	19712	7350			3202
专用设备制造业	111581	60167	21674	140		29600
交通运输设备制造业	2088	1450	86			551
电气机械及器材制造业	4964	1864	2884			217
通信设备、计算机及其他电子设备制造业	21688	17404	2135			2149
仪器仪表及文化、办公用机械制造业	17217	15935	109			1173
工艺品及其他制造业	1026	914				113

2-7 续表 3

单位：万元

项　目	科技经费筹集额	政府资金	企业资金	金融机构贷款	国外资金	其他
电力、燃气及水的生产和供应业	56378	36185	11345		2782	6066
电力、热力的生产和供应业	53356	34609	9907		2782	6058
燃气生产和供应业	2321	1237	1077			8
水的生产和供应业	701	340	361			
建筑业	111919	31231	25022		3	55662
房屋和土木工程建筑业	108786	29684	25002		3	54096
建筑安装业	193	193				
建筑装饰业	233	178	20			35
其他建筑业	2707	1176				1530
交通运输、仓储和邮政业	133146	52553	13127			67466
铁路运输业	1426	402	1024			
道路运输业	98311	39355	1206			57751
城市公共交通业	7395	5523	88			1784
水上运输业	17332	6382	10809			141
航空运输业	1863	892				971
装卸搬运和其他运输服务业	6819					6819
信息传输、计算机服务和软件业	169346	89308	13392	137	373	66135
电信和其他信息传输服务业	110834	44847	9800	137		56050
计算机服务业	45664	37775	2746		373	4769
软件业	12848	6686	846			5316
批发和零售业	20	20				
批发业	20	20				
房地产业	89		89			
房地产业	89		89			
租赁和商务服务业	3019	2720				299
商务服务业	3019	2720				299
科学研究、技术服务和地质勘查业	11288863	9471278	298727	31928	24158	1462772
研究与试验发展	10021443	8514363	235988	31928	23529	1215636
专业技术服务业	898146	637770	53805		630	205942
科技交流和推广服务业	142275	128480	4082			9713
地质勘查业	226999	190666	4852			31481
水利、环境和公共设施管理业	470032	275212	50600	3100	515	140605
水利管理业	188323	100309	11929	3100		72984
环境管理业	277266	170557	38671		515	67524
公共设施管理业	4443	4345				97
居民服务和其他服务业	2602	2514				88
居民服务业	2545	2486				59
其他服务业	57	28				29
教育	1361	756	551			54
教育	1361	756	551			54
卫生、社会保障和社会福利业	412746	326315	12530	2000	17824	54077
卫生	412746	326315	12530	2000	17824	54077
文化、体育和娱乐业	33281	30051	222			3008
广播、电视、电影和音像业	2123	1655				467
文化艺术业	12815	10511				2304
体育	18343	17885	222			236
公共管理和社会组织	70250	45831	6560			17860
国家机构	70250	45831	6560			17860

2-8 中央部门属自然科学与技术领域机构科技经费筹集额按来源分

单位：万元

项目	科技经费筹集额	政府资金	企业资金	金融机构贷款	国外资金	其他
中央部门属合计	**12188573**	**10098812**	**387056**	**36428**	**51312**	**1614965**
按机构学科领域分						
自然科学领域	2030501	1751762	64118	30496	14338	169787
数学	11947	11356	27			564
信息科学与系统科学	55816	49303	1415		114	4984
力学	34494	26184	5279		109	2922
物理学	527370	455494	5266	23367	1532	41712
化学	213607	181022	20054		3998	8532
天文学	73125	67415	67		75	5568
地球科学	745629	649154	24471		2974	69030
生物学	360820	306963	7540	7130	5536	33651
心理学	7694	4870				2824
农业科学领域	503104	432119	22745		6607	41634
农学	280263	245737	8958		5709	19858
林学	66689	59717	237		873	5863
畜牧、兽医科学	90464	68096	12163			10206
水产学	65688	58569	1387		25	5708
医学科学领域	325289	264270	20519		23320	17180
基础医学	98028	89059	3301		2048	3621
临床医学	74618	64891	7705		804	1217
预防医学与公共卫生学	55613	35638	515		15154	4306
军事医学与特种医学	8645	5748				2896
药学	55226	40142	7186		5315	2584
中医学与中药学	33160	28793	1811			2556
工程科学与技术领域	9300687	7629949	278899	5932	7047	1378860
工程与技术科学基础学科	563374	451544	34622			77208
自然科学相关工程与技术	3289	3256				33
测绘科学技术	23304	21691	80			1532
材料科学	197829	141054	11571	1832	1047	42324
冶金工程技术	3384	2234				1150
机械工程	32041	25936	471			5633
动力与电气工程	187097	178469	6665		725	1237
能源科学技术	49189	35054	3905		1035	9195
核科学技术	930893	865058	2000			63835
电子与通信技术	2249103	1795201	63924		264	389714
计算机科学技术	144982	95378	3428		434	45742
化学工程	56243	46270	5549	1000	283	3142
食品科学技术	35711	28038	3464		35	4175
土木建筑工程	34414	2830				31584
水利工程	150508	72645	15520	3100	2781	56463
交通运输工程	1109412	802922	58874			247616
航空、航天科学技术	3273552	2901802	42186			329564
环境科学技术及资源科学技术	151356	114686	11543		380	24746
安全科学技术	96940	39229	13888			43823
管理学	8066	6652	1209		64	142
社会、人文科学领域	28992	20712	775			7504
艺术学	1606	1470				136
历史学	2335	2090	2			244
考古学	6775	4607				2168
经济学	2326	1682				644
法学	9241	5064				4177
社会学	657	576				81
图书馆、情报与文献学	609	609				
教育学	1361	756	551			54
体育科学	4082	3860	222			

2-8 续表

单位：万元

项 目	科技经费筹集额	政府资金	企业资金	金融机构贷款	国外资金	其他
按机构服务的国民经济行业分						
农、林、牧、渔业	472221	403129	20982		6482	41628
农业	236420	206021	5691		5566	19143
林业	42499	36988	196		759	4556
畜牧业	43296	40290	623			2383
渔业	54785	49495	1337		25	3930
农、林、牧、渔服务业	95221	70334	13136		133	11617
采矿业	7914	3763	2752	1400		
有色金属矿采选业	7914	3763	2752	1400		
制造业	207984	151230	23855		1027	31872
农副食品加工业	24803	18916	2090		31	3767
饮料制造业	2310	1960	350			
木材加工及木、竹、藤、棕、草制品业	6070	4779				1291
化学原料及化学制品制造业	31750	25093	5312		51	1295
医药制造业	66982	58932	6179		946	924
有色金属冶炼及压延加工业	3384	2234				1150
通用设备制造业	1098	39	1059			
专用设备制造业	54696	24412	8836			21449
交通运输设备制造业	836	836				
通信设备、计算机及其他电子设备制造业	16055	14029	30			1997
电力、燃气及水的生产和供应业	42367	26101	9809		2782	3674
电力、热力的生产和供应业	42367	26101	9809		2782	3674
建筑业	35886	16557				19329
房屋和土木工程建筑业	33788	15963				17825
其他建筑业	2098	594				1504
交通运输、仓储和邮政业	101854	37102	12762			51991
铁路运输业	1426	402	1024			
道路运输业	83510	31562	929			51020
水上运输业	15056	4246	10809			
航空运输业	1863	892				971
信息传输、计算机服务和软件业	149087	77621	11877		373	59216
电信和其他信息传输服务业	107174	42151	9159			55865
计算机服务业	41913	35471	2718		373	3352
科学研究、技术服务和地质勘查业	10727202	9068710	279310	31928	23923	1323331
研究与试验发展	9939849	8443605	233019	31928	23427	1207869
专业技术服务业	531076	396484	42889		496	91207
科技交流和推广服务业	101559	95666	728			5166
地质勘查业	154718	132954	2674			19090
水利、环境和公共设施管理业	197307	128235	10709	3100	442	54821
水利管理业	86629	38960	7225	3100		37345
环境管理业	110678	89275	3485		442	17476
居民服务和其他服务业	2545	2486				59
居民服务业	2545	2486				59
教育	1361	756	551			54
教育	1361	756	551			54
卫生、社会保障和社会福利业	164635	130821	9144		16283	8387
卫生	164635	130821	9144		16283	8387
文化、体育和娱乐业	18335	15341	222			2772
广播、电视、电影和音像业	2123	1655				467
文化艺术业	12130	9826				2304
体育	4082	3860	222			
公共管理和社会组织	59876	36962	5083			17831
国家机构	59876	36962	5083			17831

2-9 地方部门属自然科学与技术领域机构科技经费筹集额按来源分

单位：万元

项 目	科技经费筹集额	政府资金	企业资金	金融机构贷款	国外资金	其他
地方部门属合计	**2515665**	**1919966**	**147508**	**3964**	**2540**	**441686**
东部地区	1365422	987108	96817	2115	1569	277813
中部地区	568646	446038	29719	757	152	91980
西部地区	581597	486820	20972	1092	819	71893
北 京	153796	125671	7773		196	20155
天 津	68076	35122	6241	15	5	26693
河 北	39122	36903	9			2210
山 西	78585	61455	14392	100		2638
内蒙古	49936	45841	3656		46	394
辽 宁	99026	69715	1581			27730
#沈阳市	59888	34273	1322			24292
大连市	12809	10135	1			2673
吉 林	86704	68463	1138	477		16626
#长春市	69965	54633	1138			14194
黑龙江	86751	75136	761			10853
#哈尔滨市	63435	53850	736			8849
上 海	171572	113512	1441		881	55738
江 苏	187526	155247	4208			28071
#南京市	122153	103892	387			17874
浙 江	159283	102051	29452		137	27643
#杭州市	112920	65500	27001		137	20283
宁波市	9767	6311	345			3111
安 徽	48884	40268	1456		12	7148
福 建	67452	48824	5280		37	13312
#厦门市	8906	7832	909			166
江 西	56753	45570	1993	20		9170
山 东	193826	130375	21927	2000	55	39469
#济南市	138580	79252	21772	2000		35556
青岛市	21757	19725	26			2005
河 南	60718	45036	1573	8		14101
湖 北	69476	55244	3343		137	10753
#武汉市	52210	42728	1535		137	7811
湖 南	80776	54865	5065	152	3	20692
广 东	213387	157967	18697	100	179	36444
#广州市	181888	128357	18647	100	179	34605
深圳市	1153	1153				
广 西	102182	83526	3140		335	15182
海 南	12357	11721	209		78	349
重 庆	52237	41169	6810		34	4225
四 川	99744	74954	1292	592	53	22854
#成都市	65095	42772	423	462	43	21395
贵 州	32314	30041	95		126	2052
云 南	60320	49496	3749	200	94	6781
西 藏	13984	11711			15	2259
陕 西	30519	30178	17			323
#西安市	17751	17442	8			301
甘 肃	61565	55272	16		94	6183
青 海	4286	3664				622
宁 夏	7308	7120	32			156
新 疆	67202	53849	2166	300	23	10864

2-10 自然科学与技术领域机构科技经费内部支出按费用类别分

单位：万元

项　目	科技经费内部支出	日常性支出	劳务费	其他日常支出	资产性支出	仪器设备费	土建费	科技经费外部支出
全　国	**13679032**	**9857841**	**2545269**	**7312572**	**3821191**	**2208246**	**1612945**	**352311**
按隶属关系分								
地方部门属	2223041	1774049	735330	1038718	448992	306021	142971	35423
省级部门属	1721274	1362943	507162	855781	358331	249259	109072	30681
副省级城市属	111452	89910	44109	45802	21542	16140	5402	932
地市级部门属	390315	321195	184060	137136	69119	40622	28497	3811
中央部门属	11455991	8083792	1809939	6273853	3372199	1902225	1469974	316888
中国科学院	2047280	1358301	428749	929552	688979	510457	178522	26567
按地区分								
东部地区	8258595	5994675	1532363	4462312	2263920	1484192	779728	266064
中部地区	2154621	1517264	417741	1099523	637357	347829	289528	29804
西部地区	3265817	2345902	595165	1750737	919915	376226	543689	56443
北　京	4043704	2958467	675274	2283192	1085238	764075	321163	200638
天　津	278174	192826	44955	147872	85348	53644	31704	1949
河　北	278080	241028	45217	195812	37052	14104	22948	412
山　西	155744	105762	39482	66280	49983	34661	15321	2682
内蒙古	85552	55585	20509	35076	29968	21635	8333	315
辽　宁	428851	322847	100617	222230	106004	76004	30000	7153
吉　林	207586	162395	51830	110565	45191	35110	10081	71
黑龙江	270072	144201	44383	99818	125871	61194	64678	9312
上　海	1084959	792314	218578	573736	292646	195748	96897	17434
江　苏	984477	693258	160594	532664	291219	140433	150786	4459
浙　江	245145	181740	57919	123820	63405	45793	17612	9188
安　徽	263975	204580	40385	164195	59395	29774	29621	226
福　建	109330	80846	33522	47324	28484	27810	674	639
江　西	105831	71984	26818	45166	33847	4598	29249	3081
山　东	362430	232924	89988	142936	129505	85517	43988	6093
河　南	333034	223028	60834	162193	110006	68224	41782	9752
湖　北	667669	486387	116066	370321	181282	97074	84209	3297
湖　南	150710	118928	37942	80986	31782	17195	14587	1383
广　东	380509	252937	91774	161162	127572	68416	59156	18101
广　西	106613	89895	30663	59232	16718	11101	5617	2556
海　南	62937	45489	13926	31564	17448	12647	4801	
重　庆	116743	63581	19214	44367	53162	27199	25963	2284
四　川	1307487	939739	232542	707197	367748	85821	281927	25747
贵　州	57664	39355	17148	22207	18309	15144	3165	741
云　南	167828	111855	39841	72014	55974	34491	21483	363
西　藏	11421	7182	4204	2979	4239	3653	586	121
陕　西	1156507	855494	163815	691679	301013	126957	174055	23427
甘　肃	160947	108773	35312	73461	52174	35120	17055	321
青　海	13042	9934	4741	5193	3108	2529	579	7
宁　夏	6313	4975	1636	3339	1338	1201	137	19
新　疆	75700	59535	25541	33995	16165	11374	4791	543

2-10 续表 1

单位：万元

项　目	科技经费内部支出	日常性支出			资产性支出			科技经费外部支出
		支　出	劳务费	其他日常支出	支　出	仪　器设备费	土建费	
按机构学科领域分								
自然科学领域	1962555	1381466	426281	955185	581089	479800	101289	70571
数学	13711	11770	5385	6386	1940	1691	249	1683
信息科学与系统科学	62036	50657	13557	37100	11379	10159	1220	696
力学	33987	25352	8491	16861	8635	3457	5178	
物理学	435862	293894	77498	216396	141969	111820	30149	678
化学	208465	131243	49933	81310	77222	60667	16555	6309
天文学	79485	51590	16749	34841	27896	26750	1145	9523
地球科学	744837	539092	154017	385075	205746	181645	24100	49153
生物学	375810	271157	97864	173293	104653	82941	21712	2461
心理学	8362	6711	2787	3924	1651	669	981	68
农业科学领域	1436141	1133453	400320	733132	302688	197444	105244	38743
农学	1001831	805277	287842	517435	196555	128264	68291	27105
林学	162230	130964	46831	84133	31266	17802	13464	8693
畜牧、兽医科学	149263	112169	33205	78965	37094	22762	14332	586
水产学	122816	85042	32443	52599	37774	28616	9158	2360
医学科学领域	591847	435719	184356	251363	156128	120430	35698	58120
基础医学	127262	73238	25963	47276	54024	32275	21749	1992
临床医学	142063	111526	53493	58032	30538	26323	4214	5991
预防医学与公共卫生学	113504	95444	39346	56097	18060	16326	1734	45845
军事医学与特种医学	9078	5881	1488	4394	3197	2501	696	
药学	84303	62525	24424	38102	21778	15403	6375	2585
中医学与中药学	115638	87106	39643	47463	28532	27602	930	1708
工程科学与技术领域	9636315	6867670	1518751	5348919	2768645	1398539	1370106	182875
工程与技术科学基础学科	695528	454081	127469	326612	241447	119489	121959	20859
信息与系统科学相关工程与技术	343	305	197	108	38	38		
自然科学相关工程与技术	11903	7701	2660	5041	4203	362	3841	
测绘科学技术	39382	33851	10418	23434	5530	5530		
材料科学	186176	103493	37300	66193	82683	62187	20496	1790
矿山工程技术	7696	4527	2280	2247	3169	2076	1093	50
冶金工程技术	3935	3306	1596	1710	629	435	194	
机械工程	70455	55266	22588	32678	15189	12627	2562	152
动力与电气工程	163402	57356	14557	42798	106047	47071	58976	10094
能源科学技术	66230	27895	13230	14665	38335	25643	12692	829
核科学技术	826993	608633	157968	450665	218360	76824	141536	7428
电子与通信技术	2130035	1603494	271922	1331572	526541	228706	297835	35670
计算机科学技术	159423	137599	40769	96830	21824	14227	7597	4559
化学工程	62869	43055	16205	26850	19814	12984	6830	27
产品应用相关工程技术	19719	2256	975	1282	17463	1039	16424	
纺织科学技术	3452	3394	2288	1107	58	58		80
食品科学技术	41977	25822	11394	14428	16155	11337	4818	986
土木建筑工程	111119	89357	42514	46843	21762	20184	1578	4503
水利工程	243998	175921	65271	110650	68078	37642	30436	6903
交通运输工程	1129582	771630	145937	625692	357952	197668	160285	27889
航空、航天科学技术	3262272	2361193	433961	1927232	901080	451246	449834	57927
环境科学技术及资源科学技术	249299	182173	57022	125151	67126	48990	18137	1583
安全科学技术	125894	96775	33094	63681	29119	18166	10953	505
管理学	24632	18588	7138	11450	6044	4012	2032	1040

2-10 续表 2

单位：万元

项　目	科技经费内部支出	日常性支出			资产性支出			科技经费外部支出
			劳务费	其他日常支出		仪器设备费	土建费	
社会、人文科学领域	52175	39533	15561	23972	12641	12033	609	2002
艺术学	3292	2470	1173	1297	822	775	47	
历史学	2150	1371	656	714	779	217	562	148
考古学	5566	4392	1335	3057	1174	1174		683
经济学	2920	2714	928	1785	206	206		
法学	13274	11003	4438	6566	2271	2271		469
社会学	2482	2198	1046	1153	284	284		
新闻学与传播学	201	197	106	91	4	4		
图书馆、情报与文献学	1014	694	322	373	319	319		
教育学	1346	1188	700	488	158	158		
体育科学	19931	13306	4858	8448	6625	6625		702
按机构服务的国民经济行业分								
农、林、牧、渔业	1363170	1070547	376875	693672	292623	192361	100262	40460
农业	797792	632196	223835	408362	165596	105051	60544	22647
林业	122915	101675	37599	64076	21241	13439	7802	8139
畜牧业	79486	61682	19167	42515	17804	12050	5754	442
渔业	93116	61521	21818	39703	31596	23971	7625	1327
农、林、牧、渔服务业	269862	213474	74456	139018	56387	37850	18538	7906
采矿业	12631	9786	4392	5395	2845	1913	932	353
煤炭开采和洗选业	4637	3247	1426	1821	1390	458	932	131
有色金属矿采选业	7925	6492	2955	3537	1433	1433		222
其他采矿业	69	48	11	37	21	21		
制造业	398047	285354	115359	169995	112693	71032	41661	3996
农副食品加工业	29893	16399	6866	9533	13494	8541	4953	120
食品制造业	3829	2729	1197	1532	1100	1090	10	
饮料制造业	870	746	273	472	124	65	59	
纺织业	3419	3349	2313	1037	70	70		
纺织服装、鞋、帽制造业	205	205	180	25				
皮革、毛皮、羽毛(绒)及其制品业	344	341	200	142	3	3		
木材加工及木、竹、藤、棕、草制品业	6729	5153	946	4208	1575	1204	372	
家具制造业	95	20	19	1	75	75		
造纸及纸制品业	532	532	270	262				
印刷业和记录媒介的复制	838	599	326	273	238	238		
石油加工、炼焦及核燃料加工业	273	239	153	85	34	34		
化学原料及化学制品制造业	43479	31586	15757	15829	11893	6317	5576	2
医药制造业	119384	74544	27869	46675	44840	25121	19719	3220
化学纤维制造业	566	552	312	240	14	14		
橡胶制品业	270	234	223	11	36	36		
塑料制品业	1521	1167	606	561	354	354		77
非金属矿物制品业	7499	5468	3234	2233	2032	1136	896	30
黑色金属冶炼及压延加工业	575	422	273	150	152	134	19	
有色金属冶炼及压延加工业	3106	2660	1225	1435	446	270	176	
金属制品业	732	634	374	260	98	98		
通用设备制造业	26225	22879	11440	11439	3347	3209	138	25
专用设备制造业	102000	80810	29726	51084	21190	12637	8553	332
交通运输设备制造业	2087	2029	1198	831	58	54	4	
电气机械及器材制造业	5191	4589	1469	3120	602	516	86	
通信设备、计算机及其他电子设备制造业	18019	12878	4948	7930	5141	4720	421	1
仪器仪表及文化、办公用机械制造业	19542	13816	3479	10336	5726	5046	680	189
工艺品及其他制造业	830	777	482	295	53	53		

2-10 续表 3

单位：万元

项　目	科技经费内部支出	日常性支出			资产性支出			科技经费外部支出
			劳务费	其他日常支出		仪器设备费	土建费	
电力、燃气及水的生产和供应业	65794	37163	28966	8197	28631	11932	16699	3104
电力、热力的生产和供应业	63669	35531	28325	7205	28138	11482	16656	3104
燃气生产和供应业	1407	994	511	483	412	370	42	
水的生产和供应业	718	638	130	508	80	80		
建筑业	88794	78669	28414	50255	10125	8051	2074	1024
房屋和土木工程建筑业	86285	76256	27503	48752	10029	7956	2073	1020
建筑安装业	71	64	22	42	6	6		
建筑装饰业	285	237	194	44	48	47	1	4
其他建筑业	2154	2112	695	1417	42	42		
交通运输、仓储和邮政业	131982	99439	28486	70953	32543	19839	12705	10672
铁路运输业	3005	2816	2421	395	189	186	3	
道路运输业	99596	70928	15187	55741	28668	17072	11595	7259
城市公共交通业	7800	5962	1478	4484	1838	738	1100	628
水上运输业	12415	10745	4074	6671	1670	1664	6	2786
航空运输业	1729	1729	1368	361				
装卸搬运和其他运输服务业	7438	7258	3958	3301	179	179		
信息传输、计算机服务和软件业	129406	90434	30991	59443	38972	34238	4734	96
电信和其他信息传输服务业	80997	50395	15317	35079	30602	27434	3169	
计算机服务业	37319	29846	11636	18210	7473	5907	1566	96
软件业	11090	10193	4038	6155	897	897		
批发和零售业	68	68	50	18				
批发业	68	68	50	18				
房地产业	53	33	24	9	20	20		
房地产业	53	33	24	9	20	20		
租赁和商务服务业	750	674	668	6	76	76		
商务服务业	750	674	668	6	76	76		
科学研究、技术服务和地质勘查业	10620784	7517207	1678882	5838325	3103576	1711306	1392271	231202
研究与试验发展	9499401	6753241	1416669	5336572	2746160	1459106	1287054	192560
专业技术服务业	785271	533493	193557	339936	251778	207492	44286	23334
科技交流和推广服务业	139116	61702	20954	40748	77413	25636	51778	
地质勘查业	196996	168771	47702	121069	28225	19072	9154	15308
水利、环境和公共设施管理业	384285	298647	90476	208171	85638	56947	28691	6323
水利管理业	175498	127811	34275	93536	47688	27256	20432	3966
环境管理业	204169	166315	54043	112272	37855	29595	8259	2357
公共设施管理业	4618	4522	2158	2364	96	96		
居民服务和其他服务业	2161	1137	236	901	1024	941	83	
居民服务业	2104	1086	218	869	1018	935	83	
其他服务业	57	50	18	32	6	6		
教育	1346	1188	700	488	158	158		
教育	1346	1188	700	488	158	158		
卫生、社会保障和社会福利业	375102	297719	132819	164900	77383	71766	5617	52794
卫生	375102	297719	132819	164900	77383	71766	5617	52794
文化、体育和娱乐业	34850	24080	8372	15708	10770	10716	54	1385
广播、电视、电影和音像业	3377	1955	475	1480	1422	1415	8	
文化艺术业	11807	8952	3129	5823	2855	2808	47	683
体育	19665	13172	4767	8405	6493	6493		702
公共管理和社会组织	69812	45697	19560	26136	24115	16952	7163	903
国家机构	69812	45697	19560	26136	24115	16952	7163	903

2-11 中央部门属自然科学与技术领域机构科技经费内部支出按费用类别分

单位：万元

项目	科技经费内部支出	日常性支出			资产性支出			科技经费外部支出
		日常性支出	劳务费	其他日常支出	资产性支出	仪器设备费	土建费	
中央部门属合计	**11455991**	**8083792**	**1809939**	**6273853**	**3372199**	**1902225**	**1469974**	**316888**
按机构学科领域分								
自然科学领域	1806324	1256045	377250	878795	550279	450180	100099	62953
数学	12098	10766	4927	5839	1333	1231	102	1683
信息科学与系统科学	53148	41952	11967	29985	11196	9976	1220	696
力学	33987	25352	8491	16861	8635	3457	5178	
物理学	434911	293250	77252	215999	141661	111512	30149	678
化学	183763	114713	42517	72196	69050	52749	16301	907
天文学	74143	46529	15108	31421	27615	26518	1097	9523
地球科学	677733	478572	130248	348324	199161	175368	23793	47185
生物学	328179	238201	83953	154248	89978	68699	21279	2214
心理学	8362	6711	2787	3924	1651	669	981	68
农业科学领域	470068	326044	73865	252179	144024	93753	50271	29467
农学	255291	178811	41950	136861	76479	47879	28600	19405
林学	62352	46145	8783	37362	16207	9639	6568	7758
畜牧、兽医科学	85595	60429	9303	51126	25167	15827	9340	
水产学	66830	40659	13829	26829	26171	20408	5764	2304
医学科学领域	285932	187043	72337	114706	98890	68338	30552	49471
基础医学	95785	51032	14037	36996	44752	23240	21513	1985
临床医学	49557	40935	23474	17461	8622	8237	385	10
预防医学与公共卫生学	29569	22067	7492	14575	7502	6422	1080	44182
军事医学与特种医学	8603	5613	1289	4324	2990	2294	696	
药学	57381	41271	15476	25795	16110	9822	6288	2557
中医学与中药学	45039	26125	10570	15555	18914	18324	590	737
工程科学与技术领域	8863660	6290499	1278284	5012215	2573161	1284671	1288490	173015
工程与技术科学基础学科	548340	346203	77270	268933	202137	90821	111316	19063
自然科学相关工程与技术	3323	3244	521	2723	79	79		
测绘科学技术	21254	18017	2293	15724	3236	3236		
材料科学	176211	96205	33423	62782	80006	59550	20456	1694
冶金工程技术	2394	1983	968	1015	412	236	176	
机械工程	37822	27449	8527	18923	10373	9353	1020	59
动力与电气工程	155845	52122	12241	39880	103724	46356	57368	10094
能源科学技术	46028	17990	8148	9842	28038	20853	7185	498
核科学技术	825213	607164	157287	449877	218049	76526	141523	7408
电子与通信技术	2083732	1570202	258180	1312022	513530	216550	296980	35459
计算机科学技术	143165	123473	35150	88324	19692	12095	7597	4463
化学工程	49757	30916	9769	21148	18841	12011	6830	25
食品科学技术	29117	17193	6001	11192	11924	9523	2401	986
土木建筑工程	40405	26709	15675	11035	13696	13590	106	3535
水利工程	161116	115917	46088	69829	45199	28594	16605	4012
交通运输工程	1085442	740900	133591	607309	344542	194362	150181	27074
航空、航天科学技术	3262272	2361193	433961	1927232	901080	451246	449834	57927
环境科学技术及资源科学技术	109272	72406	19278	53128	36866	27563	9303	231
安全科学技术	74994	54561	18038	36524	20433	11977	8456	485
管理学	7957	6651	1876	4775	1306	152	1154	
社会、人文科学领域	30007	24161	8204	15958	5846	5283	562	1982
艺术学	1565	893	337	556	671	671		
历史学	2150	1371	656	714	779	217	562	148
考古学	5566	4392	1335	3057	1174	1174		683
经济学	2807	2610	851	1759	197	197		
法学	10494	8827	2574	6252	1668	1668		469
社会学	689	689	190	499				
图书馆、情报与文献学	919	600	242	357	319	319		
教育学	1346	1188	700	488	158	158		
体育科学	4472	3592	1317	2275	879	879		682

2-11 续表

单位：万元

项　目	科技经费内部支出	日常性支出	劳务费	其他日常支出	资产性支出	仪器设备费	土建费	科技经费外部支出
按机构服务的国民经济行业分								
农、林、牧、渔业	446151	308989	68643	240346	137162	88854	48308	30736
农业	217788	150773	31941	118832	67015	39087	27928	16148
林业	38711	30710	6329	24381	8001	6105	1896	7244
畜牧业	41730	29595	5789	23806	12135	8658	3477	
渔业	55773	32985	11256	21730	22788	18151	4637	1280
农、林、牧、渔服务业	92148	64925	13329	51596	27223	16854	10369	6063
采矿业	7914	6481	2945	3536	1433	1433		222
有色金属矿采选业	7914	6481	2945	3536	1433	1433		222
制造业	195235	122143	46360	75783	73092	39980	33112	3042
农副食品加工业	19660	9689	3138	6551	9971	7435	2536	120
饮料制造业	708	644	202	442	64	5	59	
木材加工及木、竹、藤、棕、草制品业	6546	4972	888	4084	1574	1203	372	
化学原料及化学制品制造业	26078	16447	8288	8159	9632	4056	5576	
医药制造业	76412	41746	14129	27616	34666	15216	19450	2629
有色金属冶炼及压延加工业	2394	1983	968	1015	412	236	176	
通用设备制造业	1334	1334	664	670				
专用设备制造业	48868	35985	14546	21439	12883	8355	4528	294
交通运输设备制造业	833	812	635	177	21	21		
通信设备、计算机及其他电子设备制造业	12401	8532	2901	5631	3870	3453	416	
电力、燃气及水的生产和供应业	53618	32597	26903	5695	21021	9690	11330	2924
电力、热力的生产和供应业	53618	32597	26903	5695	21021	9690	11330	2924
建筑业	30905	27280	9064	18216	3625	2157	1468	
房屋和土木工程建筑业	29319	25694	8482	17212	3625	2157	1468	
其他建筑业	1586	1586	582	1003				
交通运输、仓储和邮政业	97742	77243	18922	58321	20499	17895	2605	9932
铁路运输业	3005	2816	2421	395	189	186	3	
道路运输业	82023	63293	12173	51120	18730	16135	2595	7259
水上运输业	10984	9404	2959	6445	1580	1574	6	2674
航空运输业	1729	1729	1368	361				
信息传输、计算机服务和软件业	111929	74917	24338	50579	37012	32278	4734	
电信和其他信息传输服务业	78386	48125	14109	34017	30260	27092	3169	
计算机服务业	33544	26792	10229	16562	6752	5186	1566	
科学研究、技术服务和地质勘查业	10136774	7160453	1519495	5640958	2976321	1628645	1347676	219959
研究与试验发展	9423171	6694610	1389137	5305473	2728561	1447646	1280915	191851
专业技术服务业	482371	312804	92958	219846	169567	146889	22679	14793
科技交流和推广服务业	96925	39419	11580	27840	57506	22329	35177	
地质勘查业	134307	113620	25820	87800	20687	11782	8905	13316
水利、环境和公共设施管理业	163820	120009	28479	91530	43811	31269	12542	2673
水利管理业	88097	63397	13295	50102	24700	18123	6578	1117
环境管理业	75723	56612	15184	41428	19111	13146	5965	1557
居民服务和其他服务业	2104	1086	218	869	1018	935	83	
居民服务业	2104	1086	218	869	1018	935	83	
教育	1346	1188	700	488	158	158		
教育	1346	1188	700	488	158	158		
卫生、社会保障和社会福利业	130573	99501	43178	56323	31072	30126	946	45130
卫生	130573	99501	43178	56323	31072	30126	946	45130
文化、体育和娱乐业	18917	13836	4462	9373	5082	5074	8	1365
广播、电视、电影和音像业	3377	1955	475	1480	1422	1415	8	
文化艺术业	11068	8288	2670	5619	2780	2780		683
体育	4472	3592	1317	2275	879	879		682
公共管理和社会组织	58964	38070	16233	21837	20894	13731	7163	903
国家机构	58964	38070	16233	21837	20894	13731	7163	903

2-12 地方部门属自然科学与技术领域机构科技经费内部支出按费用类别分

单位：万元

项目	科技经费内部支出	日常性支出	劳务费	其他日常支出	资产性支出	仪器设备费	土建费	科技经费外部支出
地方部门属合计	**2223041**	**1774049**	**735330**	**1038718**	**448992**	**306021**	**142971**	**35423**
东部地区	1204241	948094	373573	574521	256147	182926	73221	22598
中部地区	500818	414865	187789	227077	85952	62923	23030	6063
西部地区	517982	411089	173969	237121	106893	60172	46720	6763
北　京	131206	105380	32513	72867	25826	21856	3970	5692
天　津	59354	47275	20216	27059	12079	11567	512	858
河　北	36732	33607	13841	19766	3125	2871	254	412
山　西	68077	59266	27366	31900	8811	8606	206	850
内蒙古	44938	36422	15903	20519	8516	5658	2858	
辽　宁	91084	74373	35229	39144	16711	11012	5699	105
#沈阳市	57135	46075	18180	27895	11060	7170	3890	25
大连市	8868	6487	3887	2600	2382	800	1582	
吉　林	66973	56733	29863	26870	10240	7756	2484	12
#长春市	49144	39765	20387	19378	9379	6911	2468	12
黑龙江	93710	80061	34853	45208	13649	10918	2731	71
#哈尔滨市	72067	62397	24438	37959	9670	8575	1095	
上　海	150195	128864	50308	78557	21330	20265	1065	699
江　苏	170133	131399	51522	79877	38734	26641	12093	893
#南京市	111557	89640	30350	59290	21917	18962	2956	494
浙　江	136532	109286	37932	71354	27246	21961	5285	474
#杭州市	96762	79004	25127	53877	17758	16160	1598	427
宁波市	7617	6669	2262	4407	949	348	601	22
安　徽	45364	34673	13307	21366	10691	7580	3111	189
福　建	59104	49390	19821	29569	9714	9155	559	639
#厦门市	8532	7859	2844	5015	673	673		
江　西	48790	41566	16876	24690	7224	3914	3310	542
山　东	183373	137899	63781	74118	45474	23723	21751	1317
#济南市	127580	88497	38864	49632	39084	17862	21222	1102
青岛市	20683	18947	7094	11853	1735	1735		170
河　南	52603	40854	17439	23415	11749	8589	3160	2206
湖　北	61790	49039	22081	26958	12751	7527	5224	1817
#武汉市	47183	37927	15166	22761	9256	5221	4035	1812
湖　南	63512	52675	26005	26670	10837	8033	2804	376
广　东	176418	122618	45145	77473	53800	32507	21294	11510
#广州市	148406	102754	33928	68826	45652	29269	16383	11044
深圳市	620	500	500		120	120		
广　西	93332	78037	27306	50731	15295	10032	5263	2149
海　南	10112	8004	3267	4737	2107	1369	739	
重　庆	52064	28104	14530	13574	23960	5365	18595	2249
四　川	85901	71557	26844	44713	14345	9718	4626	1306
#成都市	58797	51357	17102	34255	7440	6579	861	594
贵　州	25999	20209	9884	10325	5790	2625	3165	127
云　南	64546	52675	18901	33775	11870	6741	5129	103
西　藏	11421	7182	4204	2979	4239	3653	586	121
陕　西	25448	22788	14821	7968	2660	2584	75	2
#西安市	13669	11795	6609	5186	1874	1874		
甘　肃	47434	37615	17248	20367	9819	6337	3482	293
青　海	3786	3493	1904	1589	293	272	21	7
宁　夏	6313	4975	1636	3339	1338	1201	137	19
新　疆	56801	48032	20788	27245	8768	5985	2783	388

2-13 自然科学与技术领域机构科研仪器设备

单位：万元

项　目	科研仪器设备原价	#进口
全　国	**7341729**	**2788982**
按隶属关系分		
地方部门属	1205302	434673
省级部门属	987147	382777
副省级城市属	65801	23265
地市级部门属	152355	28631
中央部门属	6136427	2354309
中国科学院	1752091	823172
按地区分		
东部地区	4844090	1939599
中部地区	1054010	312294
西部地区	1443630	537090
北　京	2378620	955970
天　津	172881	81811
河　北	105536	20871
山　西	114016	44744
内蒙古	37607	9148
辽　宁	343036	111993
吉　林	114526	56220
黑龙江	109384	19736
上　海	659836	309276
江　苏	535502	179199
浙　江	130864	60253
安　徽	171401	33805
福　建	76938	15433
江　西	33087	7693
山　东	202753	95350
河　南	210543	70780
湖　北	240399	72530
湖　南	60655	6786
广　东	221454	101250
广　西	45753	15048
海　南	16671	8193
重　庆	87375	61851
四　川	190268	57260
贵　州	50163	3795
云　南	109716	54304
西　藏	5287	497
陕　西	720573	266946
甘　肃	144750	47595
青　海	10059	4962
宁　夏	2343	846
新　疆	39737	14838

项　目	科研仪器设备原价	#进口
按机构学科领域分		
自然科学领域	1671335	726561
数学	10524	693
信息科学与系统科学	85394	53396
力学	24150	8630
物理学	471056	192686
化学	221065	109868
天文学	99085	17441
地球科学	444544	183752
生物学	312601	158647
心理学	2917	1448
农业科学领域	530345	171365
农学	358825	109463
林学	66378	19872
畜牧、兽医科学	55338	25943
水产学	49804	16088
医学科学领域	580004	344998
基础医学	105202	55054
临床医学	210162	139338
预防医学与公共卫生学	91719	47822
军事医学与特种医学	8295	4313
药学	94333	69835
中医学与中药学	70295	28636
工程科学与技术领域	4488785	1508649
工程与技术科学基础学科	576703	197079
信息与系统科学相关工程与技术	284	
自然科学相关工程与技术	3573	2297
测绘科学技术	16330	2806
材料科学	150121	73723
矿山工程技术	4437	1096
冶金工程技术	3925	682
机械工程	64437	20312
动力与电气工程	49228	22012
能源科学技术	30778	10549
核科学技术	172767	41188
电子与通信技术	1040565	355194
计算机科学技术	52032	7767
化学工程	41049	15671
产品应用相关工程技术	352	48
纺织科学技术	2495	1556
食品科学技术	35718	24098
土木建筑工程	29281	4736
水利工程	164729	72812
交通运输工程	339235	83027
航空、航天科学技术	1505959	474652
环境科学技术及资源科学技术	140432	80854
安全科学技术	59326	14976
管理学	5031	1512

2-13 续表

单位：万元

项　目	科研仪器设备原价	#进口
社会、人文科学领域	71261	37409
艺术学	2235	632
历史学	1688	
考古学	3786	2743
经济学	1059	
法学	22175	13865
社会学	1966	853
新闻学与传播学	65	27
图书馆、情报与文献学	3829	
教育学	400	253
体育科学	34060	19037
按机构服务的国民经济行业分		
农、林、牧、渔业	505332	169112
农业	276198	93660
林业	50975	17275
畜牧业	31147	14164
渔业	37515	12101
农、林、牧、渔服务业	109498	31913
采矿业	9616	1830
煤炭开采和洗选业	1482	253
有色金属矿采选业	8090	1577
其他采矿业	44	
制造业	283498	125050
农副食品加工业	12263	5452
食品制造业	4623	3046
饮料制造业	623	264
纺织业	714	106
纺织服装、鞋、帽制造业	128	18
皮革、毛皮、羽毛(绒)及其制品业	88	19
木材加工及木、竹、藤、棕、草制品业	9686	421
家具制造业	20	
造纸及纸制品业	507	247
印刷业和记录媒介的复制	552	
石油加工、炼焦及核燃料加工业	106	
化学原料及化学制品制造业	26898	16588
医药制造业	97935	59552
化学纤维制造业	90	
橡胶制品业	252	
塑料制品业	724	144
非金属矿物制品业	2891	154
黑色金属冶炼及压延加工业	3584	
有色金属冶炼及压延加工业	1872	681
金属制品业	167	
通用设备制造业	11510	5292
专用设备制造业	52433	8265
交通运输设备制造业	1778	500
电气机械及器材制造业	2264	848
通信设备、计算机及其他电子设备制造业	43245	22644
仪器仪表及文化、办公用机械制造业	8469	812
工艺品及其他制造业	76	
电力、燃气及水的生产和供应业	110240	60797
电力、热力的生产和供应业	109414	60614
燃气生产和供应业	648	183
水的生产和供应业	178	
建筑业	36671	8629
房屋和土木工程建筑业	35965	8599
建筑安装业	37	
建筑装饰业	146	
其他建筑业	525	30
交通运输、仓储和邮政业	56129	10092
铁路运输业	1789	
道路运输业	39958	9861
城市公共交通业	6423	
水上运输业	3181	7
航空运输业	3537	
装卸搬运和其他运输服务业	1241	224
信息传输、计算机服务和软件业	114280	13447
电信和其他信息传输服务业	92936	8429
计算机服务业	14969	4136
软件业	6375	882
批发和零售业	11	
批发业	11	
房地产业	20	
房地产业	20	
租赁和商务服务业	178	
商务服务业	178	
科学研究、技术服务和地质勘查业	5596454	2069776
研究与试验发展	4879632	1773473
专业技术服务业	565490	234799
科技交流和推广服务业	49549	26163
地质勘查业	101784	35341
水利、环境和公共设施管理业	145810	57981
水利管理业	51795	10217
环境管理业	92365	47746
公共设施管理业	1650	18
居民服务和其他服务业	1975	898
居民服务业	1960	898
其他服务业	15	
教育	400	253
教育	400	253
卫生、社会保障和社会福利业	390150	225268
卫生	390150	225268
文化、体育和娱乐业	45344	22820
广播、电视、电影和音像业	497	
文化艺术业	11089	3995
体育	33759	18825
公共管理和社会组织	45622	23031
国家机构	45622	23031

2-14 中央部门属自然科学与技术领域机构科研仪器设备

单位：万元

项　目	科研仪器设备原价	#进口
中央部门属合计	**6136427**	**2354309**
按机构学科领域分		
自然科学领域	1568227	693661
数学	8016	535
信息科学与系统科学	83038	53396
力学	24150	8630
物理学	469147	191971
化学	201514	98103
天文学	96432	16554
地球科学	400710	177835
生物学	282305	145190
心理学	2917	1448
农业科学领域	200147	84084
农学	103376	43584
林学	37386	13157
畜牧、兽医科学	31985	17569
水产学	27400	9774
医学科学领域	277361	184275
基础医学	67792	31484
临床医学	72963	58293
预防医学与公共卫生学	26396	16401
军事医学与特种医学	7676	3791
药学	69669	55463
中医学与中药学	32865	18842
工程科学与技术领域	4057202	1375105
工程与技术科学基础学科	434032	153392
自然科学相关工程与技术	2825	2260
测绘科学技术	11020	2519
材料科学	137971	68725
冶金工程技术	1539	681
机械工程	49659	15186
动力与电气工程	45201	20660
能源科学技术	24628	8777
核科学技术	171552	41188
电子与通信技术	987157	342133
计算机科学技术	44216	6885
化学工程	34202	14194
食品科学技术	29846	21822
土木建筑工程	1422	339
水利工程	144441	66710
交通运输工程	323689	79747
航空、航天科学技术	1505959	474652
环境科学技术及资源科学技术	64521	43476
安全科学技术	42506	11759
管理学	818	
社会、人文科学领域	33490	17185
艺术学	2131	632
历史学	1688	
考古学	3786	2743
经济学	999	
法学	14340	11431
社会学		
图书馆、情报与文献学	3808	
教育学	400	253
体育科学	6339	2127

项　目	科研仪器设备原价	#进口
按机构服务的国民经济行业分		
农、林、牧、渔业	183467	78094
农业	79943	36189
林业	27061	12766
畜牧业	18380	10122
渔业	23458	8625
农、林、牧、渔服务业	34625	10391
采矿业	8089	1577
有色金属矿采选业	8089	1577
制造业	170045	97155
农副食品加工业	8690	4729
饮料制造业	524	259
木材加工及木、竹、藤、棕、草制品业	9109	
化学原料及化学制品制造业	20737	15673
医药制造业	69889	49344
有色金属冶炼及压延加工业	1539	681
通用设备制造业	51	
专用设备制造业	34180	6477
交通运输设备制造业	53	
通信设备、计算机及其他电子设备制造业	25273	19992
电力、燃气及水的生产和供应业	108219	60614
电力、热力的生产和供应业	108219	60614
建筑业	10396	2079
房屋和土木工程建筑业	10396	2079
其他建筑业		
交通运输、仓储和邮政业	42518	9163
铁路运输业	1789	
道路运输业	34180	9156
水上运输业	3011	7
航空运输业	3537	
信息传输、计算机服务和软件业	103300	12414
电信和其他信息传输服务业	91291	8278
计算机服务业	12009	4136
科学研究、技术服务和地质勘查业	5237306	1941020
研究与试验发展	4830861	1758986
专业技术服务业	305586	127161
科技交流和推广服务业	43022	25599
地质勘查业	57836	29273
水利、环境和公共设施管理业	78543	37669
水利管理业	30325	4016
环境管理业	48218	33653
居民服务和其他服务业	1960	898
居民服务业	1960	898
教育	400	253
教育	400	253
卫生、社会保障和社会福利业	141158	88710
卫生	141158	88710
文化、体育和娱乐业	17747	6061
广播、电视、电影和音像业	497	
文化艺术业	10911	3935
体育	6339	2127
公共管理和社会组织	33281	18602
国家机构	33281	18602

2-15 地方部门属自然科学与技术领域机构科研仪器设备

单位：万元

地区	科研仪器设备原价	#进口	地区	科研仪器设备原价	#进口
地方部门属合计	**1205302**	**434673**	江 西	16481	789
			山 东	134695	57511
东部地区	760860	324611	#济南市	107237	47832
中部地区	246973	60841	青岛市	14536	7478
西部地区	197470	49222			
			河 南	36008	13635
北 京	100249	50097	湖 北	29744	6916
天 津	38692	21105	#武汉市	24291	6873
河 北	21456	5932	湖 南	16168	3353
山 西	40572	12967	广 东	118034	53464
内蒙古	13990	2784	#广州市	108066	51596
			深圳市	177	66
辽 宁	43626	11636	广 西	35939	11116
#沈阳市	30374	7914	海 南	4800	1007
大连市	7051	3108			
吉 林	32623	9040	重 庆	19018	11394
#长春市	28058	8442	四 川	28978	6545
黑龙江	54360	10631	#成都市	19964	3568
#哈尔滨市	36648	9524	贵 州	24464	2252
			云 南	14764	2776
上 海	121414	53427	西 藏	5287	497
江 苏	80524	37119			
#南京市	52799	25691	陕 西	11560	1423
浙 江	62029	21452	#西安市	9201	1412
#杭州市	45510	15874	甘 肃	13510	1802
宁波市	3240	1455	青 海	1966	45
安 徽	21017	3510	宁 夏	2343	846
福 建	35342	11861	新 疆	25651	7744
#厦门市	5382	2286			

2-16 自然科学与技术领域机构课题人员与经费

项 目	课题数 合 计 (个)	课题经费 内部支出 (万元)	#政府资金	投入人员 (人年)	#研究人员
全 国	**77518**	**7063620**	**5899154**	**281207**	**157691**
按隶属关系分					
地方部门属	32621	708683	527366	73759	37781
省级部门属	26086	584668	433939	53092	28059
副省级城市属	1038	24866	16199	3317	1646
地市级部门属	5497	99150	77229	17350	8077
中央部门属	44897	6354937	5371788	207448	119910
中国科学院	22690	1160223	1043643	44744	16390
按地区分					
东部地区	50105	4229100	3465962	156506	85406
中部地区	12328	1121700	874383	57008	32004
西部地区	15085	1712820	1558808	67693	40282
北 京	20529	2036862	1690777	67577	36219
天 津	1108	138872	126608	6552	3964
河 北	952	208066	198021	6518	5514
山 西	1551	65186	58373	5577	3099
内蒙古	779	30878	27971	3068	1971
辽 宁	1834	228148	199835	12383	6517
吉 林	1953	107608	102070	6171	2463
黑龙江	1981	52801	45692	6763	3714
上 海	5742	529371	421735	18460	8381
江 苏	5214	652552	516978	17092	10443
浙 江	3049	121281	88515	5936	2974
安 徽	1087	166035	98426	5817	3377
福 建	2484	41146	33889	3170	1265
江 西	834	43050	38624	4190	2525
山 东	3539	106968	84517	8786	5238
河 南	969	180565	154004	8572	5632
湖 北	2804	422141	328292	13847	7926
湖 南	1149	84313	48904	6073	3268
广 东	4927	139257	80524	8640	4315
广 西	1662	32286	24830	3370	1500
海 南	727	26576	24562	1393	575
重 庆	1396	47428	36601	3188	1814
四 川	2500	737690	669992	17794	12466
贵 州	1466	25769	17179	2753	1310
云 南	1786	69224	58494	4819	2224
西 藏	113	7090	7060	354	161
陕 西	1781	656153	622923	23305	14568
甘 肃	1772	70706	64240	5321	2449
青 海	249	4830	4520	469	193
宁 夏	186	2198	2185	276	155
新 疆	1395	28569	22815	2976	1471

2-16 续表 1

项　目	课题数合计(个)	课题经费内部支出(万元)	#政府资金	投入人员(人年)	#研究人员
按课题活动类型分					
基础研究	13167	598096	539224	31520	15085
应用研究	22150	2112503	1838080	85646	50181
试验发展	20539	2995174	2533462	110701	64393
R&D成果应用	10261	757011	613557	29038	15490
科技服务	11401	600837	374831	24302	12543
按课题来源分					
中央政府部门下达课题	36046	5121661	4551570	181572	104651
地方政府部门下达课题	23987	481595	386034	51090	26235
企业委托课题	6004	394161	101345	13768	6816
自选课题	6240	239724	163192	14498	7468
国际合作课题	1106	77978	33200	2322	1095
其它课题	4135	748502	663814	17957	11426
按课题合作形式分					
与境外机构合作	1096	54336	42788	2757	1344
与国内高校合作	3800	230145	193399	11937	5647
与国内独立研究机构合作	8020	701875	609087	27752	14903
与境内注册的外商独资企业合作	49	1527	1031	116	56
与境内注册的其他企业合作	3102	207446	150127	9079	4761
独立研究	58780	5478256	4587585	214693	122230
其他	2671	390035	315137	14874	8749
按课题学科分					
自然科学领域	19876	901278	811250	38296	16241
数学	315	6840	6655	465	176
信息科学与系统科学	259	23814	17088	790	373
力学	372	17780	12645	734	324
物理学	2402	174570	168744	6010	2329
化学	2244	96570	80827	5241	2221
天文学	622	36421	36324	930	403
地球科学	7453	322952	286835	12291	5854
生物学	6086	218933	199811	11500	4465
心理学	123	3398	2320	337	97
农业科学领域	24027	561090	473874	49914	24583
农学	16017	375363	310629	32422	15956
林学	3418	71534	64397	7638	3818
畜牧、兽医科学	2772	71967	62230	6185	2944
水产学	1820	42226	36618	3669	1864
医学科学领域	6360	188562	137981	17733	8858
基础医学	780	21639	16872	1988	1004
临床医学	1784	53528	36237	5577	2785
预防医学与公共卫生学	1078	41721	33481	3957	2104
军事医学与特种医学	30	470	415	136	43
药学	915	41257	27714	2227	816
中医学与中药学	1773	29949	23263	3848	2106

2-16 续表 2

项　目	课题数 合 计 (个)	课题经费 内部支出 (万元)	#政府资金	投入人员 (人年)	#研究人员
工程科学与技术领域	26213	5379298	4448089	172148	106140
工程与技术科学基础学科	2289	436043	352334	14785	10179
信息与系统科学相关工程与技术	252	12966	4343	739	325
自然科学相关工程与技术	540	32131	18229	1682	830
测绘科学技术	534	46410	38823	1513	727
材料科学	1887	130446	96875	6595	3857
矿山工程技术	193	6616	2908	439	244
冶金工程技术	114	3947	1686	317	183
机械工程	478	34034	25729	2707	1633
动力与电气工程	491	135237	81953	3496	1311
能源科学技术	674	31996	21114	1298	660
核科学技术	464	419000	412516	9202	7279
电子与通信技术	3844	1651769	1348714	43256	28768
计算机科学技术	1149	109265	82599	5332	2430
化学工程	502	23316	13229	1405	691
产品应用相关工程技术	160	15173	12543	443	211
纺织科学技术	56	1075	509	122	59
食品科学技术	530	8969	6902	1079	490
土木建筑工程	460	15707	7828	1172	662
水利工程	2599	101498	50642	3606	1895
交通运输工程	1300	178295	143631	5407	3376
航空、航天科学技术	2025	1807489	1598606	56590	34510
环境科学技术及资源科学技术	4070	140380	101135	8110	3982
安全科学技术	1143	24805	13569	2076	1382
管理学	459	12731	11671	777	455
社会、人文科学领域	878	20625	18121	2005	1046
马克思主义	6	129	14	3	2
哲学	10	228	228	20	5
宗教学	30	384	373	77	33
语言学	1	1	1		
艺术学	19	1166	1052	82	29
历史学	38	876	872	63	33
考古学	82	1615	1178	85	49
经济学	291	6725	6001	479	267
政治学	3	12	4	5	1
法学	57	2605	2531	262	145
军事学	4	77	77	7	2
社会学	79	1222	1082	238	103
新闻学与传播学	10	201	196	27	19
图书馆、情报与文献学	211	13983	10947	1246	905
教育学	12	1595	944	93	43
体育科学	183	2306	2191	413	229
统计学	6	268	268	15	5
按课题服务的国民经济行业分					
农、林、牧、渔业	23238	547003	461674	48889	24119
农业	13043	292010	246434	27318	13348
林业	2332	49478	44484	5313	2579
畜牧业	1543	38089	33051	3503	1761
渔业	1542	35523	31254	3016	1578
农、林、牧、渔服务业	4778	131903	106452	9740	4853

2-16 续表 3

项　目	课题数合计(个)	课题经费内部支出(万元)	#政府资金	投入人员(人年)	#研究人员
采矿业	407	14948	8934	1028	443
煤炭开采和洗选业	39	1719	637	116	46
石油和天然气开采业	131	5055	3138	258	105
黑色金属矿采选业	23	702	344	63	30
有色金属矿采选业	137	3891	1957	307	194
非金属矿采选业	70	2717	2450	260	59
其他采矿业	7	862	409	24	10
制造业	6571	344953	258092	17807	7743
农副食品加工业	408	11149	8958	839	418
食品制造业	153	2716	1932	383	191
饮料制造业	100	2157	873	193	75
烟草制品业	10	303	233	30	13
纺织业	48	2672	1026	185	101
纺织服装、鞋、帽制造业	39	368	152	82	30
皮革、毛皮、羽毛(绒)及其制品业	11	121	58	45	12
木材加工及木、竹、藤、棕、草制品业	195	4046	3801	382	214
家具制造业	6	208	104	24	14
造纸及纸制品业	19	656	453	59	31
印刷业和记录媒介的复制	5	319	282	12	6
文教体育用品制造业	3	13	10	12	4
石油加工、炼焦及核燃料加工业	74	5647	2538	232	112
化学原料及化学制品制造业	813	33755	22899	2110	1012
医药制造业	1381	55578	36289	3247	1228
化学纤维制造业	20	1002	854	70	14
橡胶制品业	26	714	667	102	61
塑料制品业	42	681	460	126	45
非金属矿物制品业	161	5679	4495	464	165
黑色金属冶炼及压延加工业	40	1561	552	96	42
有色金属冶炼及压延加工业	60	3050	2094	122	76
金属制品业	105	4167	2816	251	168
通用设备制造业	226	10667	6720	609	253
专用设备制造业	759	30746	12063	1991	936
交通运输设备制造业	344	45242	41529	1406	564
电气机械及器材制造业	191	10057	5167	588	201
通信设备、计算机及其他电子设备制造业	722	53206	46268	1726	729
仪器仪表及文化、办公用机械制造业	519	55430	52865	2194	924
工艺品及其他制造业	44	1925	1053	128	64
废弃资源和废旧材料回收加工业	47	1117	881	100	40
电力、燃气及水的生产和供应业	738	33320	17487	1340	594
电力、热力的生产和供应业	608	29463	15444	1105	480
燃气生产和供应业	44	1288	1026	84	39
水的生产和供应业	86	2570	1017	151	75
建筑业	454	11915	5861	998	536
房屋和土木工程建筑业	342	8090	3117	826	444
建筑安装业	15	292	234	50	30
建筑装饰业	4	48	8	13	6
其他建筑业	93	3485	2503	109	56
交通运输、仓储和邮政业	1018	46899	26075	1931	1125
铁路运输业	40	779	158	136	78
道路运输业	430	20249	15951	831	509
城市公共交通业	84	3941	2335	242	104
水上运输业	381	17820	5268	385	283
航空运输业	39	1919	1672	195	70
管道运输业	6	69	18	14	9
装卸搬运和其他运输服务业	13	1369	96	33	23
仓储业	24	732	555	96	50
邮政业	1	21	21		

2-16 续表 4

项　目	课题数 合　计 (个)	课题经费 内部支出 (万元)	#政府资金	投入人员 (人年)	#研究人员
信息传输、计算机服务和软件业	771	82895	64511	2400	1034
电信和其他信息传输服务业	411	55644	40081	1343	668
计算机服务业	244	23283	21567	712	248
软件业	116	3968	2864	345	118
批发和零售业	18	1037	474	33	12
批发业	10	838	362	24	10
零售业	8	199	112	9	2
住宿和餐饮业	1	136	136	5	2
住宿业	1	136	136	5	2
金融业	12	542	248	31	8
银行业	1	1			
证券业	1	4	4		
保险业	2	416	123	20	2
其他金融活动	8	120	120	11	5
房地产业	6	124	98	10	4
房地产业	6	124	98	10	4
租赁和商务服务业	39	1929	1445	71	43
商务服务业	39	1929	1445	71	43
科学研究、技术服务和地质勘查业	34294	5634344	4825690	183013	109770
研究与试验发展	26800	5288504	4550170	167975	102175
专业技术服务业	5550	254041	196848	10781	5278
科技交流和推广服务业	1010	29545	23552	1694	893
地质勘查业	934	62255	55120	2563	1425
水利、环境和公共设施管理业	5531	192738	122876	10197	5049
水利管理业	1878	76240	37966	2945	1488
环境管理业	3508	114507	83419	6770	3323
公共设施管理业	145	1991	1491	482	238
居民服务和其他服务业	33	1892	1497	79	34
居民服务业	18	1305	1105	48	22
其他服务业	15	587	392	31	13
教育	64	4388	3465	174	66
教育	64	4388	3465	174	66
卫生、社会保障和社会福利业	3597	99590	71104	11271	6062
卫生	3586	99318	70856	11239	6053
社会保障业	9	157	132	20	8
社会福利业	2	116	116	11	2
文化、体育和娱乐业	360	8945	6776	840	456
新闻出版业	14	359	302	26	8
广播、电视、电影和音像业	18	636	447	55	30
文化艺术业	124	3730	2903	231	130
体育	181	2379	2264	405	229
娱乐业	23	1840	859	122	58
公共管理和社会组织	361	35947	22658	1090	592
中国共产党机关	1	14	14	1	
国家机构	353	35815	22558	1080	586
人民政协和民主党派	1	23	14	3	1
群众团体、社会团体和宗教组织	5	65	41	6	4
基层群众自治组织	1	30	30	1	
国际组织	5	75	55	2	1
国际组织	5	75	55	2	1

2-17　中央部门属自然科学与技术领域机构课题人员与经费

项　目	课题数 合　计 (个)	课题经费 内部支出 (万元)	#政府资金	投入人员 (人年)	#研究人员
中央部门属合计	**44897**	**6354937**	**5371788**	**207448**	**119910**
按课题活动类型分					
基础研究	11840	582095	526537	28964	13663
应用研究	16892	2003415	1759177	74662	44324
试验发展	8385	2719030	2316042	81658	49203
R&D成果应用	2858	596183	494893	11139	6470
科技服务	4922	454215	275137	11025	6251
按课题来源分					
中央政府部门下达课题	29092	4879748	4344836	163403	95361
地方政府部门下达课题	4482	131464	107508	8034	3919
企业委托课题	4364	344743	95261	10982	5493
自选课题	4082	211163	149205	9487	5021
国际合作课题	715	66833	26627	1432	600
其它课题	2162	720986	648350	14111	9517
按课题合作形式分					
与境外机构合作	749	43945	35032	1851	857
与国内高校合作	2114	164745	145165	7421	3334
与国内独立研究机构合作	4457	607128	529369	18750	10273
与境内注册的外商独资企业合作	24	1209	816	71	36
与境内注册的其他企业合作	1388	159861	117490	5251	2891
独立研究	34897	5021457	4258050	162685	95525
其他	1268	356593	285866	11419	6995
按课题学科分					
自然科学领域	17556	839917	765543	33371	13561
数学	307	6653	6507	452	168
信息科学与系统科学	199	21708	15754	573	276
力学	292	17373	12268	674	274
物理学	2350	173655	168191	5902	2275
化学	1966	90078	76426	4504	1814
天文学	610	33759	33662	867	372
地球科学	7037	306537	275673	11324	5336
生物学	4674	186772	174744	8746	2954
心理学	121	3383	2319	330	93
农业科学领域	5037	187449	162111	9545	4023
农学	2215	100947	84776	4293	1551
林学	1063	36909	34056	1819	812
畜牧、兽医科学	813	28462	25026	1887	851
水产学	946	21131	18254	1545	810
医学科学领域	2148	110008	86406	6812	3171
基础医学	341	14270	11181	887	373
临床医学	478	26398	19889	2021	938
预防医学与公共卫生学	199	20480	19635	1279	813
军事医学与特种医学	12	399	345	33	9
药学	620	33313	22848	1497	443
中医学与中药学	498	15147	12509	1095	595

2-17 续表 1

项目	课题数合计(个)	课题经费内部支出(万元)	#政府资金	投入人员(人年)	#研究人员
工程科学与技术领域	19488	5188837	4333708	155478	97714
工程与技术科学基础学科	1984	426791	347427	13954	9615
信息与系统科学相关工程与技术	165	10971	2937	449	199
自然科学相关工程与技术	186	13741	11672	427	198
测绘科学技术	472	43433	36055	1146	600
材料科学	1686	126759	94944	5963	3590
矿山工程技术	147	5419	2564	297	196
冶金工程技术	70	3035	1403	123	86
机械工程	295	27851	23086	2021	1271
动力与电气工程	393	131795	80147	3168	1205
能源科学技术	500	22111	12967	768	375
核科学技术	423	417085	411085	9073	7202
电子与通信技术	3610	1644082	1343584	42312	28338
计算机科学技术	889	102379	77577	4586	2111
化学工程	300	17305	9107	772	364
产品应用相关工程技术	81	13622	11660	312	142
纺织科学技术	3	437	179	2	2
食品科学技术	159	3426	3137	247	85
土木建筑工程	137	9956	5462	292	210
水利工程	1966	74970	36899	2203	1093
交通运输工程	985	171522	140748	4601	2987
航空、航天科学技术	2023	1807447	1598563	56586	34507
环境科学技术及资源科学技术	2261	89262	67148	4183	2002
安全科学技术	539	19357	9698	1586	1123
管理学	214	6082	5657	407	214
社会、人文科学领域	504	15959	14180	1132	617
马克思主义	1	14	14	1	
哲学	10	228	228	20	5
艺术学	5	897	897	33	9
历史学	38	876	872	63	33
考古学	82	1615	1178	85	49
经济学	186	5269	4744	316	180
法学	49	2506	2442	217	121
军事学	4	77	77	7	2
社会学	37	873	828	64	29
新闻学与传播学	5	143	143	11	7
图书馆、情报与文献学	200	13670	10706	1215	889
教育学	6	1488	866	70	35
体育科学	41	833	788	128	79
统计学	4	237	237	12	4
按课题服务的国民经济行业分					
农、林、牧、渔业	4825	181275	158137	9221	3839
农业	1558	78785	65689	3422	1114
林业	615	24638	22337	1009	410
畜牧业	337	11799	10487	533	238
渔业	903	19763	17887	1411	762
农、林、牧、渔服务业	1412	46290	41736	2847	1316

2-17 续表 2

项　目	课题数 合 计 (个)	课题经费 内部支出 (万元)	#政府资金	投入人员 (人年)	#研究人员
采矿业	307	12265	7569	757	334
煤炭开采和洗选业	13	439	247	32	14
石油和天然气开采业	119	4902	3058	216	85
黑色金属矿采选业	16	581	317	45	26
有色金属矿采选业	106	3262	1560	213	154
非金属矿采选业	48	2440	2198	239	49
其他采矿业	5	642	189	12	6
制造业	4245	276253	219472	10794	4323
农副食品加工业	164	6018	5299	301	128
食品制造业	22	569	566	58	20
饮料制造业	42	1538	443	64	19
烟草制品业	6	165	137	20	8
纺织业	10	1725	682	56	34
木材加工及木、竹、藤、棕、草制品业	150	3595	3470	302	170
家具制造业	2	96	96	7	6
造纸及纸制品业	1	2		1	1
印刷业和记录媒介的复制	3	283	260	7	3
文教体育用品制造业	2	9	7	4	1
石油加工、炼焦及核燃料加工业	60	5379	2323	191	92
化学原料及化学制品制造业	521	27103	18916	1329	585
医药制造业	787	39727	24689	1801	505
化学纤维制造业	15	935	797	53	10
橡胶制品业	20	559	559	69	42
塑料制品业	12	186	154	14	8
非金属矿物制品业	91	4673	4061	237	72
黑色金属冶炼及压延加工业	19	999	468	40	23
有色金属冶炼及压延加工业	52	2902	2013	99	65
金属制品业	91	3878	2696	193	140
通用设备制造业	122	7921	5969	331	124
专用设备制造业	507	15604	8961	895	416
交通运输设备制造业	288	44241	40851	1162	464
电气机械及器材制造业	151	8504	4762	370	139
通信设备、计算机及其他电子设备制造业	680	52015	45686	1480	633
仪器仪表及文化、办公用机械制造业	391	45663	44487	1643	582
工艺品及其他制造业	22	1449	716	45	22
废弃资源和废旧材料回收加工业	14	517	407	23	12
电力、燃气及水的生产和供应业	586	24308	11269	891	368
电力、热力的生产和供应业	530	21842	9920	795	326
燃气生产和供应业	25	942	892	49	20
水的生产和供应业	31	1524	457	48	22
建筑业	109	4622	2638	106	70
房屋和土木工程建筑业	50	1632	501	51	31
建筑安装业	1	99	99	5	5
其他建筑业	58	2892	2038	49	34
交通运输、仓储和邮政业	775	42081	24227	1437	885
铁路运输业	38	748	158	132	77
道路运输业	299	17946	15385	645	431
城市公共交通业	19	2024	1300	49	15
水上运输业	357	17606	5257	353	252
航空运输业	39	1919	1672	195	70
管道运输业	2	46	18	5	3
装卸搬运和其他运输服务业	10	1356	96	28	21
仓储业	10	414	319	30	15
邮政业	1	21	21		

2-17 续表 3

项　目	课题数 合 计 (个)	课题经费 内部支出 (万元)	#政府资金	投入人员 (人年)	#研究人员
信息传输、计算机服务和软件业	590	78671	61348	1902	835
电信和其他信息传输服务业	384	54966	39584	1274	637
计算机服务业	148	21257	19696	459	145
软件业	58	2448	2067	169	53
批发和零售业	14	952	407	26	11
批发业	8	770	311	20	9
零售业	6	182	96	7	2
住宿和餐饮业	1	136	136	5	2
住宿业	1	136	136	5	2
金融业	10	537	244	30	7
保险业	2	416	123	20	2
其他金融活动	8	120	120	11	5
租赁和商务服务业	32	1657	1173	50	32
商务服务业	32	1657	1173	50	32
科学研究、技术服务和地质勘查业	29019	5516158	4735066	172504	104311
研究与试验发展	24546	5244464	4514400	163435	99731
专业技术服务业	3273	206672	162098	6554	3149
科技交流和推广服务业	419	15195	11289	641	324
地质勘查业	781	49826	47279	1875	1109
水利、环境和公共设施管理业	3155	122440	81865	4795	2124
水利管理业	1289	51515	25625	1690	794
环境管理业	1844	70577	55945	3077	1317
公共设施管理业	22	348	296	27	13
居民服务和其他服务业	18	1630	1268	43	12
居民服务业	12	1193	1024	34	10
其他服务业	6	438	243	9	2
教育	29	2946	2348	81	37
教育	29	2946	2348	81	37
卫生、社会保障和社会福利业	715	47944	38372	3513	2030
卫生	710	47750	38187	3499	2027
社会保障业	3	78	68	3	1
社会福利业	2	116	116	11	2
文化、体育和娱乐业	181	6697	4810	409	236
新闻出版业	13	354	297	25	7
广播、电视、电影和音像业	9	409	361	22	10
文化艺术业	110	3359	2578	169	105
体育	42	865	820	129	79
娱乐业	7	1710	756	65	34
公共管理和社会组织	281	34291	21386	882	455
中国共产党机关	1	14	14	1	
国家机构	275	34187	21304	875	451
群众团体、社会团体和宗教组织	4	61	37	5	4
基层群众自治组织	1	30	30	1	
国际组织	5	75	55	2	1
国际组织	5	75	55	2	1

2-18　地方部门属自然科学与技术领域机构课题人员与经费

项　目	课题数 合　计 (个)	课题经费 内部支出 (万元)	#政府资金	投入人员 (人年)	#研究人员
地方部门属合计	**32621**	**708683**	**527366**	**73759**	**37781**
按课题活动类型分					
基础研究	1327	16001	12687	2556	1422
应用研究	5258	109088	78902	10983	5858
试验发展	12154	276144	217419	29043	15189
R&D成果应用	7403	160828	118664	17900	9020
科技服务	6479	146622	99693	13277	6293
按课题来源分					
中央政府部门下达课题	6954	241913	206734	18169	9290
国家重大科技专项	282	16402	13007	1028	511
国家自然科学基金课题	635	11020	8607	1459	702
863计划课题	412	19454	15414	1132	558
国家科技支撑(攻关)计划课题	1681	57590	50087	4398	2292
国家火炬计划课题	21	734	693	60	25
国家星火计划课题	140	3346	2452	435	214
国家973计划课题	110	5212	4504	295	140
公益性行业科研专项	587	22902	20254	1731	876
国家社会科学基金课题	11	185	148	38	16
其它课题	3075	105068	91569	7595	3958
地方政府部门下达课题	19505	350131	278526	43057	22316
地方自然科学基金课题	1762	16043	12365	3111	1689
地方科技攻关计划课题	6445	121090	99494	16669	8630
地方火炬计划课题	13	139	123	33	24
地方星火计划课题	140	2460	1274	356	152
地方社会科学基金课题	215	2313	2002	616	305
其它课题	10930	208086	163268	22272	11516
企业委托课题	1640	49418	6084	2787	1323
自选课题	2158	28561	13986	5011	2448
国际合作课题	391	11145	6573	890	496
其它课题	1973	27516	15463	3847	1908
按课题合作形式分					
与境外机构合作	347	10391	7756	906	488
与国内高校合作	1686	65400	48233	4516	2313
与国内独立研究机构合作	3563	94747	79718	9002	4630
与境内注册的外商独资企业合作	25	317	215	45	21
与境内注册的其他企业合作	1714	47585	32636	3827	1871
独立研究	23883	456799	329536	52008	26705
其他	1403	33442	29272	3455	1754

2-18 续表

项 目	课题数合 计(个)	课题经费内部支出(万元)	#政府资金	投入人员(人年)	#研究人员
按地区分					
东部地区	16353	425743	297442	32855	17171
中部地区	7709	131055	102496	21091	10801
西部地区	8559	151886	127428	19814	9809
北　京	1635	55678	48558	3189	1603
天　津	641	20695	14223	1250	573
河　北	809	14790	12772	1605	1061
山　西	1204	16848	14932	2692	1321
内蒙古	502	15469	14409	1629	756
辽　宁	663	20693	17939	3152	1693
#沈阳市	355	11914	9852	1461	870
大连市	62	1778	1467	289	209
吉　林	1021	21428	17977	2906	1034
#长春市	821	16305	13519	2131	748
黑龙江	1672	23215	16575	4529	2542
#哈尔滨市	1143	16462	11996	3002	1635
上　海	1324	38582	28933	2529	1166
江　苏	2326	83944	54880	4036	2133
#南京市	1248	59844	39817	2316	1188
浙　江	2304	57175	37191	3305	1719
#杭州市	1590	41086	25341	2065	1121
宁波市	73	4949	2682	171	76
安　徽	583	9193	7291	1263	727
福　建	1682	19282	15407	2508	1060
#厦门市	204	2711	1742	223	144
江　西	816	12035	8410	2389	1232
山　东	2272	52911	33581	5792	3538
#济南市	1584	36379	20234	3740	2500
青岛市	212	5704	5305	508	239
河　南	589	9436	8774	1900	1102
湖　北	891	17929	14925	2156	1131
#武汉市	638	14222	12166	1515	858
湖　南	933	20970	13612	3255	1712
广　东	2457	56749	29208	4836	2358
#广州市	2038	48658	23238	3540	1843
深圳市	5	63	32	16	10
广　西	1542	24814	20300	2938	1197
海　南	240	5244	4751	654	267
重　庆	687	12514	10551	1406	656
四　川	1246	26842	22557	2808	1459
#成都市	745	18957	16170	1562	798
贵　州	1101	9129	7944	1531	815
云　南	985	17922	13822	2504	1239
西　藏	113	7090	7060	354	161
陕　西	386	4870	3572	1470	787
#西安市	275	2798	2222	866	501
甘　肃	741	10903	8905	2531	1319
青　海	54	934	934	119	36
宁　夏	186	2198	2185	276	155
新　疆	1016	19201	15187	2249	1229

2-19 自然科学与技术领域机构R&D人员数按工作时间和学历分

单位：人

项 目	R&D人员	#全时人员	#女性	学历			
				博士	硕士	大学	其他
全 国	**310836**	**240312**	**98034**	**32978**	**77155**	**131248**	**69455**
按隶属关系分							
地方部门属	61794	40790	22706	4128	13154	29425	15087
省级部门属	48998	32103	18675	3867	11531	22918	10682
副省级城市属	1936	1434	683	94	453	1005	384
地市级部门属	10860	7253	3348	167	1170	5502	4021
中央部门属	249042	199522	75328	28850	64001	101823	54368
中国科学院	69556	41797	23229	19263	20736	20104	9453
按地区分							
东部地区	172943	132597	57415	24335	48305	67400	32903
中部地区	62194	48370	17575	4413	13088	28193	16500
西部地区	75699	59345	23044	4230	15762	35655	20052
北 京	79005	61635	28879	14482	24439	27559	12525
天 津	6374	5426	2349	230	1278	2892	1974
河 北	5687	5315	1246	148	1443	3288	808
山 西	5834	4281	1871	234	840	3293	1467
内蒙古	3585	2227	1265	95	534	1799	1157
辽 宁	12474	9877	3608	1441	2645	5332	3056
吉 林	7588	5018	2415	1426	1648	3128	1386
黑龙江	7098	6297	2263	251	1457	3775	1615
上 海	24023	18973	7772	2861	6345	9018	5799
江 苏	18624	14147	4881	1718	4592	7966	4348
浙 江	4760	3258	1440	583	1397	2052	728
安 徽	6409	4989	1177	510	1609	2964	1326
福 建	3073	1746	867	386	757	1279	651
江 西	4205	3242	1138	76	675	2318	1136
山 东	9373	6290	3351	1146	2526	4228	1473
河 南	11308	7813	3342	308	2371	4623	4006
湖 北	13451	11247	3530	1406	3477	5273	3295
湖 南	6301	5483	1839	202	1011	2819	2269
广 东	8560	5433	2791	1197	2468	3450	1445
广 西	3177	1964	1110	162	665	1463	887
海 南	990	497	231	143	415	336	96
重 庆	2920	2053	958	77	659	1520	664
四 川	21926	16730	5102	1290	5189	10865	4582
贵 州	2374	1872	755	331	337	1163	543
云 南	5760	3770	2546	554	1229	2558	1419
西 藏	347	281	129	12	36	161	138
陕 西	26573	23836	8445	581	5007	11933	9052
甘 肃	5267	4245	1392	744	1115	2373	1035
青 海	647	359	200	104	166	303	74
宁 夏	247	176	91	10	86	97	54
新 疆	2876	1832	1051	270	739	1420	447

2-19 续表 1

单位：人

项　　目	R&D人员	#全时人员	#女性	学　历			
				博士	硕士	大学	其他
按机构学科领域分							
自然科学领域	59331	37067	20019	16009	17466	18193	7663
数学	945	567	279	260	277	329	79
信息科学与系统科学	1322	576	421	305	416	474	127
力学	1033	685	326	405	356	194	78
物理学	14415	9073	3720	3406	4441	4870	1698
化学	7880	4669	3040	2775	1953	2452	700
天文学	1895	1178	392	402	372	739	382
地球科学	15608	10391	4653	4103	4673	4839	1993
生物学	15863	9601	6960	4100	4926	4279	2558
心理学	370	327	228	253	52	17	48
农业科学领域	42689	30592	14088	3684	8939	18984	11082
农学	30660	21911	10305	2506	6530	13670	7954
林学	5127	3654	1760	464	906	2475	1282
畜牧、兽医科学	4363	3363	1348	478	967	1619	1299
水产学	2539	1664	675	236	536	1220	547
医学科学领域	21737	14027	11031	2674	4818	9788	4457
基础医学	3234	2512	1657	461	802	1443	528
临床医学	6164	3915	3118	941	1363	2713	1147
预防医学与公共卫生学	4538	2863	2221	334	954	2027	1223
军事医学与特种医学	132	110	41	5	31	56	40
药学	2611	1876	1316	403	656	1264	288
中医学与中药学	5058	2751	2678	530	1012	2285	1231
工程科学与技术领域	186132	157940	52533	10488	45680	83831	46133
工程与技术科学基础学科	12160	10321	3798	389	2599	6907	2265
信息与系统科学相关工程与技术	28	10	8		3	20	5
自然科学相关工程与技术	190	171	66	39	65	67	19
测绘科学技术	410	380	54	66	155	183	6
材料科学	6588	4311	1889	814	1456	2778	1540
矿山工程技术	174	111	48	8	31	76	59
冶金工程技术	173	151	49	4	32	110	27
机械工程	1865	1599	506	71	308	1119	367
动力与电气工程	2476	2246	629	332	635	967	542
能源科学技术	2037	1279	661	382	479	756	420
核科学技术	15460	11426	3575	1152	3003	8293	3012
电子与通信技术	40331	34325	10810	1519	9461	19261	10090
计算机科学技术	5848	4666	1929	466	2093	2756	533
化学工程	1946	1105	649	517	393	516	520
产品应用相关工程技术	59	56	17	7	33	19	
纺织科学技术	147	107	68		8	74	65
食品科学技术	899	709	372	109	236	440	114
土木建筑工程	877	495	220	55	225	491	106
水利工程	2658	1681	645	430	867	976	385
交通运输工程	18157	16223	4330	564	5015	9237	3341
航空、航天科学技术	68132	62905	20310	2195	16715	26911	22311
环境科学技术及资源科学技术	3734	2690	1415	1130	1232	1078	294
安全科学技术	1351	632	329	144	475	648	84
管理学	432	341	156	95	161	148	28

2-19 续表 2

单位：人

项　　目	R&D人员	#全时人员	#女性	学　历			
				博士	硕士	大学	其他
社会、人文科学领域	947	686	363	123	252	452	120
艺术学	56	38	13		5	25	26
历史学	136	65	52	28	49	38	21
考古学	62	50	22	16	23	21	2
经济学	50	32	15	18	10	17	5
法学	250	185	90	26	51	158	15
社会学	42	39	21		7	29	6
新闻学与传播学							
图书馆、情报与文献学	38	30	17		7	24	7
教育学	72	61	29	3	17	37	15
体育科学	241	186	104	32	83	103	23
按机构服务的国民经济行业分							
农、林、牧、渔业	41606	29917	13789	3587	8898	18322	10799
农业	25423	18176	8690	1860	5485	11342	6736
林业	4487	3090	1476	424	812	2035	1216
畜牧业	2911	2126	916	281	607	1200	823
渔业	1921	1288	473	209	411	904	397
农、林、牧、渔服务业	6864	5237	2234	813	1583	2841	1627
采矿业	402	362	136	25	87	255	35
煤炭开采和洗选业	82	48	10		9	51	22
有色金属矿采选业	311	308	123	25	78	201	7
其他采矿业	9	6	3			3	6
制造业	10174	6168	3857	1007	2490	4873	1804
农副食品加工业	678	540	220	45	129	355	149
食品制造业	142	99	66	17	41	62	22
饮料制造业	15	1	5	2	8	4	1
纺织业	59	45	32		9	30	20
纺织服装、鞋、帽制造业	22	19			1	15	6
皮革、毛皮、羽毛(绒)及其制品业	7	6	3		1	6	
木材加工及木、竹、藤、棕、草制品业	200	170	81	22	29	94	55
家具制造业	12	9	3			9	3
造纸及纸制品业	34	27	11		2	25	7
印刷业和记录媒介的复制	8	7	2			6	2
石油加工、炼焦及核燃料加工业	7	7	3			3	4
化学原料及化学制品制造业	1463	936	549	169	431	652	211
医药制造业	4054	2123	2043	473	1042	1760	779
化学纤维制造业	74	71	33		4	31	39
橡胶制品业							
塑料制品业	67	61	8	4	8	43	12
非金属矿物制品业	46	28	15	1	7	37	1
黑色金属冶炼及压延加工业	30	30	6			17	13
有色金属冶炼及压延加工业	143	121	43	4	32	93	14
金属制品业	34	32	8	3	8	20	3
通用设备制造业	168	54	14	27	63	70	8
专用设备制造业	1844	1038	433	83	348	1182	231
交通运输设备制造业	100	60	32	1	4	67	28
电气机械及器材制造业	55	48	11	13	27	11	4
通信设备、计算机及其他电子设备制造业	539	338	165	112	163	130	134
仪器仪表及文化、办公用机械制造业	354	284	62	31	132	147	44
工艺品及其他制造业	19	14	9		1	4	14

2-19 续表 3

单位：人

项　目	R&D人员	#全时人员	#女性	学　历			
				博士	硕士	大学	其他
电力、燃气及水的生产和供应业	986	559	352	265	338	285	98
电力、热力的生产和供应业	948	531	336	264	330	268	86
燃气生产和供应业	20	11	9	1	5	7	7
水的生产和供应业	18	17	7		3	10	5
建筑业	1095	622	269	97	360	557	81
房屋和土木工程建筑业	1046	586	257	93	350	533	70
建筑安装业	5	5				4	1
建筑装饰业	14	7	2			5	9
其他建筑业	30	24	10	4	10	15	1
交通运输、仓储和邮政业	1177	868	338	144	459	471	103
铁路运输业	76	76	8		11	53	12
道路运输业	669	527	206	86	248	271	64
城市公共交通业	224	90	45	18	113	81	12
水上运输业	88	65	26	10	38	33	7
航空运输业	120	110	53	30	49	33	8
装卸搬运和其他运输服务业							
信息传输、计算机服务和软件业	2604	1591	831	301	913	1164	226
电信和其他信息传输服务业	644	482	233	47	200	318	79
计算机服务业	1725	939	538	243	629	732	121
软件业	235	170	60	11	84	114	26
批发和零售业							
批发业							
房地产业							
房地产业							
租赁和商务服务业	6	6	3		1	5	
商务服务业	6	6	3		1	5	
科学研究、技术服务和地质勘查业	230244	185118	68217	24280	58188	95737	52039
研究与试验发展	216272	175992	63902	21899	53870	90427	50076
专业技术服务业	9892	5973	3148	1572	3130	3911	1279
科技交流和推广服务业	2039	1445	537	504	676	586	273
地质勘查业	2041	1708	630	305	512	813	411
水利、环境和公共设施管理业	6276	4504	2101	1318	1899	2179	880
水利管理业	2296	1514	531	203	634	976	483
环境管理业	3914	2938	1550	1105	1261	1179	369
公共设施管理业	66	52	20	10	4	24	28
居民服务和其他服务业	12	5	4	3	4	3	2
居民服务业	12	5	4	3	4	3	2
其他服务业							
教育	72	61	29	3	17	37	15
教育	72	61	29	3	17	37	15
卫生、社会保障和社会福利业	14686	9450	7596	1687	3062	6676	3261
卫生	14686	9450	7596	1687	3062	6676	3261
文化、体育和娱乐业	405	305	166	60	136	175	34
广播、电视、电影和音像业	18	15	5	4	9	4	1
文化艺术业	146	104	57	24	44	68	10
体育	241	186	104	32	83	103	23
公共管理和社会组织	1091	776	346	201	303	509	78
国家机构	1091	776	346	201	303	509	78

2-20 中央部门属自然科学与技术领域机构R&D人员数按工作时间和学历分

单位：人

项 目	R&D人员	#全时人员	#女性	学历			
				博士	硕士	大学	其他
中央部门属合计	**249042**	**199522**	**75328**	**28850**	**64001**	**101823**	**54368**
按机构学科领域分							
自然科学领域	55699	34784	18756	15567	16529	16700	6903
数学	817	450	241	225	250	280	62
信息科学与系统科学	1322	576	421	305	416	474	127
力学	1033	685	326	405	356	194	78
物理学	14357	9015	3702	3380	4428	4863	1686
化学	7305	4428	2794	2739	1813	2146	607
天文学	1681	1091	341	378	339	616	348
地球科学	14975	10030	4481	4041	4491	4543	1900
生物学	13839	8182	6222	3841	4384	3567	2047
心理学	370	327	228	253	52	17	48
农业科学领域	8172	6226	2421	1716	2144	2949	1363
农学	4001	2761	1154	957	1234	1278	532
林学	1234	986	430	292	303	472	167
畜牧、兽医科学	1619	1536	515	285	344	527	463
水产学	1318	943	322	182	263	672	201
医学科学领域	8206	6324	4143	1606	1979	3266	1355
基础医学	2144	1647	1102	370	612	845	317
临床医学	1682	1239	779	377	251	619	435
预防医学与公共卫生学	1211	1054	663	180	352	453	226
军事医学与特种医学	112	92	36	5	31	45	31
药学	1894	1332	982	369	493	914	118
中医学与中药学	1163	960	581	305	240	390	228
工程科学与技术领域	176353	151728	49757	9847	43173	78657	44676
工程与技术科学基础学科	11060	9936	3394	354	2398	6290	2018
自然科学相关工程与技术	89	89	46	11	28	33	17
测绘科学技术	156	132	48	45	62	49	
材料科学	6293	4084	1817	781	1391	2615	1506
冶金工程技术	90	90	27	4	30	45	11
机械工程	1298	1291	393	29	204	764	301
动力与电气工程	2437	2215	628	332	625	946	534
能源科学技术	1427	865	495	337	378	406	306
核科学技术	15340	11380	3536	1148	2993	8199	3000
电子与通信技术	39546	33714	10637	1471	9255	18856	9964
计算机科学技术	5548	4425	1846	455	2001	2589	503
化学工程	1486	754	512	510	324	233	419
食品科学技术	552	418	247	94	169	239	50
土木建筑工程	120	62	35	27	40	52	1
水利工程	1773	1025	396	366	598	531	278
交通运输工程	17574	15936	4214	535	4795	8931	3313
航空、航天科学技术	68132	62905	20310	2195	16715	26911	22311
环境科学技术及资源科学技术	2217	1707	846	991	730	416	80
安全科学技术	960	498	233	101	342	460	57
管理学	255	202	97	61	95	92	7
社会、人文科学领域	612	460	251	114	176	251	71
艺术学	22	12	10		4	12	6
历史学	136	65	52	28	49	38	21
考古学	62	50	22	16	23	21	2
经济学	38	24	15	18	8	11	1
法学	175	161	80	25	40	95	15
社会学							
图书馆、情报与文献学	24	18	11		7	15	2
教育学	72	61	29	3	17	37	15
体育科学	83	69	32	24	28	22	9

2-20 续表

单位：人

项　目	R&D人员	#全时人员	#女性	学历			
				博士	硕士	大学	其他
按机构服务的国民经济行业分							
农、林、牧、渔业	7654	5968	2292	1469	2027	2899	1259
农业	3108	2238	894	590	920	1150	448
林业	901	714	308	248	247	324	82
畜牧业	1054	977	352	187	220	400	247
渔业	1177	852	280	168	226	590	193
农、林、牧、渔服务业	1414	1187	458	276	414	435	289
采矿业	311	308	123	25	78	201	7
有色金属矿采选业	311	308	123	25	78	201	7
制造业	4894	3037	1983	706	1502	2031	655
农副食品加工业	322	243	95	40	85	146	51
饮料制造业	12		4	2	8	1	1
木材加工及木、竹、藤、棕、草制品业	154	154	62	21	20	62	51
化学原料及化学制品制造业	1077	671	423	150	378	413	136
医药制造业	2097	1272	1061	330	592	923	252
有色金属冶炼及压延加工业	90	90	27	4	30	45	11
通用设备制造业							
专用设备制造业	637	306	142	47	225	333	32
交通运输设备制造业	20	9	10		2	14	4
通信设备、计算机及其他电子设备制造业	485	292	159	112	162	94	117
电力、燃气及水的生产和供应业	799	398	303	237	294	202	66
电力、热力的生产和供应业	799	398	303	237	294	202	66
建筑业	212	102	58	68	107	36	1
房屋和土木工程建筑业	182	78	48	64	97	21	
其他建筑业	30	24	10	4	10	15	1
交通运输、仓储和邮政业	808	722	267	118	311	302	77
铁路运输业	76	76	8		11	53	12
道路运输业	538	482	184	78	215	190	55
水上运输业	74	54	22	10	36	26	2
航空运输业	120	110	53	30	49	33	8
信息传输、计算机服务和软件业	2203	1302	741	283	803	926	191
电信和其他信息传输服务业	560	439	227	40	183	259	78
计算机服务业	1643	863	514	243	620	667	113
科学研究、技术服务和地质勘查业	223821	181180	66092	23831	56698	92546	50746
研究与试验发展	213501	173951	62923	21683	53284	89094	49440
专业技术服务业	7048	4601	2212	1377	2388	2476	807
科技交流和推广服务业	1754	1246	472	493	619	435	207
地质勘查业	1518	1382	485	278	407	541	292
水利、环境和公共设施管理业	3201	2390	1039	1032	974	836	359
水利管理业	1233	777	241	137	345	481	270
环境管理业	1968	1613	798	895	629	355	89
居民服务和其他服务业	12	5	4	3	4	3	2
居民服务业	12	5	4	3	4	3	2
教育	72	61	29	3	17	37	15
教育	72	61	29	3	17	37	15
卫生、社会保障和社会福利业	3887	3174	1984	824	833	1324	906
卫生	3887	3174	1984	824	833	1324	906
文化、体育和娱乐业	231	186	94	52	81	78	20
广播、电视、电影和音像业	18	15	5	4	9	4	1
文化艺术业	130	102	57	24	44	52	10
体育	83	69	32	24	28	22	9
公共管理和社会组织	937	689	319	199	272	402	64
国家机构	937	689	319	199	272	402	64

2-21 地方部门属自然科学与技术领域机构R&D人员数按工作时间和学历分

单位：人

项 目	R&D人员	#全时人员	#女性	学 历			
				博士	硕士	大学	其他
地方部门属合计	**61794**	**40790**	**22706**	**4128**	**13154**	**29425**	**15087**
东部地区	27127	17308	10333	2788	6916	11871	5552
中部地区	18652	13513	6487	730	3257	9571	5094
西部地区	16015	9969	5886	610	2981	7983	4441
北 京	2539	2141	1286	446	667	903	523
天 津	1290	677	584	83	358	610	239
河 北	1168	866	391	55	291	582	240
山 西	1756	1027	595	68	311	991	386
内蒙古	1849	915	635	55	217	1042	535
辽 宁	1957	1357	696	84	421	1108	344
#沈阳市	1107	824	457	62	275	575	195
大连市	178	89	54	14	44	101	19
吉 林	3151	1793	1285	83	413	1669	986
#长春市	2343	1428	1011	76	336	1249	682
黑龙江	4721	4017	1805	130	977	2672	942
#哈尔滨市	3128	2779	1296	117	718	1796	497
上 海	2606	1490	1182	398	653	993	562
江 苏	4142	2471	1481	427	1071	1554	1090
#南京市	2548	1162	1056	259	713	983	593
浙 江	1970	1044	640	308	569	810	283
#杭州市	1294	778	487	242	350	538	164
宁波市	49	38	12	4	14	24	7
安 徽	810	534	249	43	183	290	294
福 建	2003	1171	567	121	463	998	421
#厦门市	109	90	22	21	25	58	5
江 西	2220	1485	574	70	382	1089	679
山 东	5353	3382	2213	527	1410	2544	872
#济南市	3547	2118	1584	385	970	1650	542
青岛市	560	337	219	73	183	221	83
河 南	1072	893	389	107	238	568	159
湖 北	1525	945	498	110	327	639	449
#武汉市	1134	649	397	81	263	477	313
湖 南	3397	2819	1092	119	426	1653	1199
广 东	3960	2593	1266	332	976	1698	954
#广州市	3239	1998	1055	310	888	1423	618
深圳市	30	16	12	2	6	15	7
广 西	2761	1657	1015	150	582	1224	805
海 南	139	116	27	7	37	71	24
重 庆	967	606	317	59	311	426	171
四 川	2008	1140	615	97	320	902	689
#成都市	1132	551	395	80	199	508	345
贵 州	925	648	298	42	163	472	248
云 南	2651	1618	1299	67	453	1240	891
西 藏	347	281	129	12	36	161	138
陕 西	695	403	325	10	132	395	158
#西安市	503	294	253	10	103	296	94
甘 肃	1689	1343	478	52	271	965	401
青 海	60	23	32		4	44	12
宁 夏	247	176	91	10	86	97	54
新 疆	1816	1159	652	56	406	1015	339

2-22 自然科学与技术领域机构各类R&D人员折合全时工作量

单位：人年

项目	R&D人员折合全时工作量	#研究人员	基础研究人员	应用研究人员	试验发展人员
全国	**266414**	**164245**	**37104**	**97874**	**131436**
按隶属关系分					
地方部门属	50471	28261	2832	12832	34807
省级部门属	39816	22735	2735	11574	25507
副省级城市属	1666	820	37	443	1186
地市级部门属	8989	4706	60	815	8114
中央部门属	215943	135984	34272	85042	96629
中国科学院	50411	31188	20693	25862	3856
按地区分					
东部地区	147816	92807	23889	56248	67679
中部地区	53775	32286	5349	18859	29567
西部地区	64823	39152	7866	22767	34190
北京	67924	42125	14123	24524	29277
天津	5900	3630	336	2851	2713
河北	5430	4808	443	3643	1344
山西	4721	2747	306	1807	2608
内蒙古	2775	1833	152	931	1692
辽宁	10911	6362	1009	3588	6314
吉林	5761	2860	646	2341	2774
黑龙江	6716	3974	523	1913	4280
上海	21092	11637	3552	8388	9152
江苏	15452	10987	969	5713	8770
浙江	3894	2515	118	992	2784
安徽	5633	3405	1300	2377	1956
福建	2317	1054	500	844	973
江西	3687	2316	121	1896	1670
山东	7747	5110	1352	2756	3639
河南	8939	5192	24	2302	6613
湖北	12331	8190	1795	4693	5843
湖南	5987	3602	634	1530	3823
广东	6453	4213	1310	2797	2346
广西	2603	1298	124	1058	1421
海南	696	366	177	152	367
重庆	2316	1477	546	1198	572
四川	18144	11387	2901	7588	7655
贵州	2072	1103	372	167	1533
云南	4301	2414	1022	925	2354
西藏	301	143	15	115	171
陕西	24617	14949	1128	8158	15331
甘肃	4744	2718	1170	1439	2135
青海	457	290	157	145	155
宁夏	220	125	12	110	98
新疆	2273	1415	267	933	1073

2-22 续表 1

单位：人年

项　目	R&D人员折合全时工作量	#研究人员	基础研究人员	应用研究人员	试验发展人员
按机构学科领域分					
自然科学领域	44533	28033	19474	19158	5901
数学	643	583	339	238	66
信息科学与系统科学	765	369	101	660	4
力学	809	497	232	502	75
物理学	10842	6238	3827	5867	1148
化学	5559	3858	2354	2379	826
天文学	1387	939	624	726	37
地球科学	12042	7702	5159	4479	2404
生物学	12154	7534	6600	4213	1341
心理学	332	313	238	94	
农业科学领域	36309	20252	1976	7539	26794
农学	25892	14420	1242	5128	19522
林学	4432	2471	174	617	3641
畜牧、兽医科学	3895	2078	333	1103	2459
水产学	2090	1283	227	691	1172
医学科学领域	17818	9196	2994	7836	6988
基础医学	2792	1302	812	1141	839
临床医学	5149	2853	985	2651	1513
预防医学与公共卫生学	3650	2065	254	1473	1923
军事医学与特种医学	129	58		91	38
药学	2308	856	488	894	926
中医学与中药学	3790	2062	455	1586	1749
工程科学与技术领域	166960	106263	12559	63210	91191
工程与技术科学基础学科	10695	7825	1107	3608	5980
信息与系统科学相关工程与技术	12	3			12
自然科学相关工程与技术	183	77	21	63	99
测绘科学技术	392	214		224	168
材料科学	5004	3541	622	1704	2678
矿山工程技术	141	80	4	50	87
冶金工程技术	162	81			162
机械工程	1648	1166		473	1175
动力与电气工程	2320	1155	122	1636	562
能源科学技术	1535	922	115	835	585
核科学技术	12884	8986	3490	6739	2655
电子与通信技术	35952	24322	2572	16539	16841
计算机科学技术	4788	3376	454	2488	1846
化学工程	1402	912	248	691	463
产品应用相关工程技术	59	35		6	53
纺织科学技术	119	60		4	115
食品科学技术	815	402	13	126	676
土木建筑工程	646	410	4	27	615
水利工程	2134	1484	108	747	1279
交通运输工程	16987	12158	1017	9272	6698
航空、航天科学技术	64638	36444	2221	16464	45953
环境科学技术及资源科学技术	3160	1882	430	1144	1586
安全科学技术	923	436		104	819
管理学	361	292	11	266	84

2-22 续表 2

单位：人年

项目	R&D人员折合全时工作量	#研究人员	基础研究人员	应用研究人员	试验发展人员
社会、人文科学领域	794	501	101	131	562
艺术学	46	22			46
历史学	87	62	87		
考古学	54	36	13	15	26
经济学	40	34	1	9	30
法学	219	121		14	205
社会学	42	35		26	16
新闻学与传播学					
图书馆、情报与文献学	34	27			34
教育学	65	34			65
体育科学	207	130		67	140
按机构服务的国民经济行业分					
农、林、牧、渔业	35458	19753	2132	7459	25867
农业	21599	11809	1227	4417	15955
林业	3757	2072	132	507	3118
畜牧业	2539	1428	139	642	1758
渔业	1604	1060	202	603	799
农、林、牧、渔服务业	5959	3384	432	1290	4237
采矿业	385	295		12	373
煤炭开采和洗选业	65	44		3	62
有色金属矿采选业	311	247		4	307
其他采矿业	9	4		5	4
制造业	7771	3919	1026	2152	4593
农副食品加工业	601	300	14	105	482
食品制造业	131	94	40	50	41
饮料制造业	6	3		1	5
纺织业	53	30			53
纺织服装、鞋、帽制造业	19	10			19
皮革、毛皮、羽毛(绒)及其制品业	6	6			6
木材加工及木、竹、藤、棕、草制品业	199	105	3	22	174
家具制造业	12	8			12
造纸及纸制品业	32	11			32
印刷业和记录媒介的复制	7	4		5	2
石油加工、炼焦及核燃料加工业	7	4		7	
化学原料及化学制品制造业	1059	739	440	371	248
医药制造业	2878	1219	424	1008	1446
化学纤维制造业	72	38			72
橡胶制品业					
塑料制品业	65	30	12	4	49
非金属矿物制品业	40	27		2	38
黑色金属冶炼及压延加工业	30	12			30
有色金属冶炼及压延加工业	132	69			132
金属制品业	34	25			34
通用设备制造业	72	43			72
专用设备制造业	1350	648		96	1254
交通运输设备制造业	79	48		4	75
电气机械及器材制造业	51	42	10	24	17
通信设备、计算机及其他电子设备制造业	485	222	81	356	48
仪器仪表及文化、办公用机械制造业	334	175	2	97	235
工艺品及其他制造业	17	7			17

2-22 续表 3

单位：人年

项目	R&D人员折合全时工作量	#研究人员	基础研究人员	应用研究人员	试验发展人员
电力、燃气及水的生产和供应业	743	457	100	246	397
电力、热力的生产和供应业	710	439	100	242	368
燃气生产和供应业	15	10		4	11
水的生产和供应业	18	8			18
建筑业	770	452	6	185	579
房屋和土木工程建筑业	729	420	6	185	538
建筑安装业	5	1			5
建筑装饰业	9	5			9
其他建筑业	27	26			27
交通运输、仓储和邮政业	1019	746	1	76	942
铁路运输业	76	60			76
道路运输业	600	497	1	51	548
城市公共交通业	152	83			152
水上运输业	76	63		5	71
航空运输业	115	43		20	95
装卸搬运和其他运输服务业					
信息传输、计算机服务和软件业	1773	1193	285	728	760
电信和其他信息传输服务业	562	290		34	528
计算机服务业	1003	794	284	621	98
软件业	208	109	1	73	134
批发和零售业					
批发业					
房地产业					
房地产业					
租赁和商务服务业	6	3			6
商务服务业	6	3			6
科学研究、技术服务和地质勘查业	199741	126635	31051	79308	89382
研究与试验发展	188689	119778	29157	75214	84318
专业技术服务业	7516	4677	1432	2283	3801
科技交流和推广服务业	1690	826	324	1035	331
地质勘查业	1846	1354	138	776	932
水利、环境和公共设施管理业	5270	3287	549	1890	2831
水利管理业	1837	1276	100	643	1094
环境管理业	3374	1989	449	1241	1684
公共设施管理业	59	22		6	53
居民服务和其他服务业	6	2			6
居民服务业	6	2			6
其他服务业					
教育	65	34			65
教育	65	34			65
卫生、社会保障和社会福利业	12189	6726	1894	5592	4703
卫生	12189	6726	1894	5592	4703
文化、体育和娱乐业	339	221	15	86	238
广播、电视、电影和音像业	16	12			16
文化艺术业	116	79	15	19	82
体育	207	130		67	140
公共管理和社会组织	879	522	45	140	694
国家机构	879	522	45	140	694

2-23　中央部门属自然科学与技术领域机构各类R&D人员折合全时工作量

单位：人年

项　　目	R&D人员折合全时工作量	#研究人员	基础研究人员	应用研究人员	试验发展人员
中央部门属合计	**215943**	**135984**	**34272**	**85042**	**96629**
按机构学科领域分					
自然科学领域	41704	26243	19033	17981	4690
数学	524	485	300	224	
信息科学与系统科学	765	369	101	660	4
力学	809	497	232	502	75
物理学	10784	6202	3827	5856	1101
化学	5169	3590	2329	2274	566
天文学	1239	841	624	578	37
地球科学	11609	7430	5092	4312	2205
生物学	10473	6516	6290	3481	702
心理学	332	313	238	94	
农业科学领域	7205	3960	1005	2341	3859
农学	3380	1728	488	1198	1694
林学	1112	639	89	171	852
畜牧、兽医科学	1564	786	235	503	826
水产学	1149	807	193	469	487
医学科学领域	7312	3510	1727	3010	2575
基础医学	1766	777	547	637	582
临床医学	1500	727	502	658	340
预防医学与公共卫生学	1153	829	31	476	646
军事医学与特种医学	110	52		72	38
药学	1688	532	457	749	482
中医学与中药学	1095	593	190	418	487
工程科学与技术领域	159209	101946	12407	61664	85138
工程与技术科学基础学科	10035	7369	1101	3536	5398
自然科学相关工程与技术	89	49	21	63	5
测绘科学技术	142	90		6	136
材料科学	4741	3380	605	1666	2470
冶金工程技术	90	50			90
机械工程	1292	975		431	861
动力与电气工程	2285	1141	122	1636	527
能源科学技术	976	597	105	737	134
核科学技术	12805	8933	3490	6739	2576
电子与通信技术	35262	23933	2570	16373	16319
计算机科学技术	4502	3265	453	2415	1634
化学工程	991	687	238	655	98
食品科学技术	485	210	5	59	421
土木建筑工程	108	107	2		106
水利工程	1389	1046	70	608	711
交通运输工程	16579	11915	1010	9163	6406
航空、航天科学技术	64638	36444	2221	16464	45953
环境科学技术及资源科学技术	1924	1255	386	860	678
安全科学技术	671	306		56	615
管理学	205	194	8	197	
社会、人文科学领域	513	325	100	46	367
艺术学	14	8			14
历史学	87	62	87		
考古学	54	36	13	15	26
经济学	29	25		5	24
法学	169	95		14	155
社会学					
图书馆、情报与文献学	20	20			20
教育学	65	34			65
体育科学	75	45		12	63

2-23 续表

单位：人年

项目	R&D人员折合全时工作量	#研究人员	基础研究人员	应用研究人员	试验发展人员
按机构服务的国民经济行业分					
农、林、牧、渔业	6882	3680	1078	2113	3691
农业	2740	1285	540	917	1283
林业	809	481	79	103	627
畜牧业	1000	481	59	317	624
渔业	1031	744	181	447	403
农、林、牧、渔服务业	1302	689	219	329	754
采矿业	311	247		4	307
有色金属矿采选业	311	247		4	307
制造业	3804	1733	865	1247	1692
农副食品加工业	272	124	14	51	207
饮料制造业	5	2			5
木材加工及木、竹、藤、棕、草制品业	154	84	3	22	129
化学原料及化学制品制造业	759	573	433	293	33
医药制造业	1646	521	334	486	826
有色金属冶炼及压延加工业	90	50			90
通用设备制造业					
专用设备制造业	425	167		39	386
交通运输设备制造业	16	8			16
通信设备、计算机及其他电子设备制造业	437	204	81	356	
电力、燃气及水的生产和供应业	566	337	100	217	249
电力、热力的生产和供应业	566	337	100	217	249
建筑业	134	77		74	60
房屋和土木工程建筑业	107	51		74	33
其他建筑业	27	26			27
交通运输、仓储和邮政业	771	598		61	710
铁路运输业	76	60			76
道路运输业	518	443		36	482
水上运输业	62	52		5	57
航空运输业	115	43		20	95
信息传输、计算机服务和软件业	1429	1047	284	652	493
电信和其他信息传输服务业	507	264		31	476
计算机服务业	922	783	284	621	17
科学研究、技术服务和地质勘查业	194679	123641	30716	77798	86165
研究与试验发展	186217	118390	28916	74407	82894
专业技术服务业	5543	3403	1345	1765	2433
科技交流和推广服务业	1462	701	324	1011	127
地质勘查业	1457	1147	131	615	711
水利、环境和公共设施管理业	2734	1936	384	1291	1059
水利管理业	958	784	60	465	433
环境管理业	1776	1152	324	826	626
居民服务和其他服务业	6	2			6
居民服务业	6	2			6
教育	65	34			65
教育	65	34			65
卫生、社会保障和社会福利业	3598	2072	787	1459	1352
卫生	3598	2072	787	1459	1352
文化、体育和娱乐业	201	132	13	27	161
广播、电视、电影和音像业	16	12			16
文化艺术业	110	75	13	15	82
体育	75	45		12	63
公共管理和社会组织	763	448	45	99	619
国家机构	763	448	45	99	619

2-24 地方部门属自然科学与技术领域机构各类R&D人员折合全时工作量

单位：人年

项目	R&D人员折合全时工作量	#研究人员	基础研究人员	应用研究人员	试验发展人员
地方部门属合计	**50471**	**28261**	**2832**	**12832**	**34807**
东部地区	21617	12654	1446	6952	13219
中部地区	16152	8873	886	2843	12423
西部地区	12702	6734	500	3037	9165
北　京	2327	1215	142	810	1375
天　津	894	444		180	714
河　北	936	629	6	158	772
山　西	1268	629	42	312	914
内蒙古	1426	674	71	313	1042
辽　宁	1656	860	5	171	1480
#沈阳市	968	565	5	130	833
大连市	132	81		7	125
吉　林	2422	879	98	568	1756
#长春市	1840	674	98	537	1205
黑龙江	4409	2562	249	625	3535
#哈尔滨市	2977	1672	246	507	2224
上　海	1994	1043	110	683	1201
江　苏	3136	2025	107	1330	1699
#南京市	1715	1167	52	1006	657
浙　江	1396	925	9	164	1223
#杭州市	966	695		104	862
宁波市	44	13		11	33
安　徽	711	447	52	283	376
福　建	1511	654	137	476	898
#厦门市	99	62	51	13	35
江　西	1886	1023	85	224	1577
山　东	4417	2941	619	1523	2275
#济南市	2871	2086	559	1126	1186
青岛市	471	227	45	183	243
河　南	983	691	6	85	892
湖　北	1292	774		43	1249
#武汉市	960	602		43	917
湖　南	3181	1868	354	703	2124
广　东	3223	1844	309	1439	1475
#广州市	2560	1500	300	1233	1027
深圳市	17	11		6	11
广　西	2245	1034	97	834	1314
海　南	127	74	2	18	107
重　庆	769	429	44	300	425
四　川	1544	821	2	107	1435
#成都市	800	466		68	732
贵　州	799	487	29	113	657
云　南	1805	932	64	300	1441
西　藏	301	143	15	115	171
陕　西	569	351	46	204	319
#西安市	422	270	44	179	199
甘　肃	1503	800	5	217	1281
青　海	38	7	12	6	20
宁　夏	220	125	12	110	98
新　疆	1483	931	103	418	962

2-25 自然科学与技术领域机构R&D经费内部支出按来源分布

单位：万元

项目	R&D经费内部支出	政府资金	企业资金	国外资金	其他资金
全　国	**9776458**	**8335403**	**296510**	**40413**	**1104132**
按隶属关系分					
地方部门属	785731	608036	31365	5034	141296
省级部门属	676506	522261	26471	4998	122776
副省级城市属	16395	11029	793	21	4551
地市级部门属	92830	74746	4101	15	13969
中央部门属	8990727	7727367	265144	35380	962836
中国科学院	1929084	1595371	103592	26958	203164
按地区分					
东部地区	5929154	4942862	243298	33485	709509
中部地区	1448879	1208629	28470	2522	209259
西部地区	2398424	2183912	24741	4407	185365
北　京	3134778	2644857	70624	18743	400553
天　津	176187	147210	338	105	28534
河　北	228690	219014	76		9600
山　西	93233	75595	5415	319	11904
内蒙古	49176	41680	722	44	6731
辽　宁	310173	264138	27400	3129	15506
吉　林	162520	145024	2367	998	14132
黑龙江	201843	186587	2726		12530
上　海	847251	710127	28578	6530	102016
江　苏	640124	473485	93539	3534	69567
浙　江	123176	104502	5690	212	12773
安　徽	205231	129121	3779	80	72251
福　建	57870	47354	1247	45	9224
江　西	73404	69985	339	53	3027
山　东	216836	177950	7829	155	30903
河　南	200843	179101	1786		19956
湖　北	399412	347385	9148	1029	41850
湖　南	112394	75831	2910	43	33610
广　东	169685	131989	7973	725	28997
广　西	50940	39033	2298	468	9141
海　南	24384	22237	4	307	1836
重　庆	64806	55311	511	40	8943
四　川	908600	871332	9219	692	27358
贵　州	36219	17106	2068	144	16901
云　南	125604	109842	4077	2070	9615
西　藏	4071	3926			145
陕　西	997986	908134	1474		88378
甘　肃	112225	94303	3310	540	14073
青　海	9272	7769	723	1	779
宁　夏	3171	3140			31
新　疆	36355	32337	341	408	3270

2-25 续表 1

单位：万元

项 目	R&D经费内部支出	政府资金	企业资金	国外资金	其他资金
按机构学科领域分					
自然科学领域	1616371	1362377	65657	18748	169590
数学	13542	12006	39		1497
信息科学与系统科学	53023	45741	381	190	6710
力学	30210	21365	2726	154	5966
物理学	418065	371722	13792	2835	29716
化学	184303	134968	27414	3411	18510
天文学	74669	49866	1070	1559	22175
地球科学	490745	433183	12740	3606	41216
生物学	344093	287551	7103	6880	42559
心理学	7722	5975	393	115	1240
农业科学领域	712018	605169	17138	4195	85517
农学	509853	428200	12533	2892	66229
林学	68592	60313	142	944	7193
畜牧、兽医科学	81302	72901	1855	37	6510
水产学	52271	43755	2608	322	5585
医学科学领域	375954	273659	12336	4610	85348
基础医学	93098	75089	347	1528	16134
临床医学	89775	58670	535	1431	29138
预防医学与公共卫生学	64159	47716	3047	1127	12270
军事医学与特种医学	4677	4677			
药学	66970	44264	6100	439	16168
中医学与中药学	57275	43243	2308	85	11639
工程科学与技术领域	7053218	6077582	201297	12739	761600
工程与技术科学基础学科	405470	352079	2012	550	50829
信息与系统科学相关工程与技术	126	50	76		
自然科学相关工程与技术	8888	8806			82
测绘科学技术	14017	8208	705		5105
材料科学	171287	143259	6157	3075	18797
矿山工程技术	1970	1725			245
冶金工程技术	2162	1656	199		307
机械工程	28232	21237	736		6260
动力与电气工程	154393	148063	4345	464	1522
能源科学技术	48444	31558	5377	380	11129
核科学技术	633993	621138	3541		9314
电子与通信技术	1573587	1298266	69290	964	205067
计算机科学技术	125948	85822	2194	817	37115
化学工程	48803	37941	7923	330	2608
产品应用相关工程技术	144	144			
纺织科学技术	741	369			372
食品科学技术	23031	22695	36		301
土木建筑工程	18029	8912	3503	1566	4048
水利工程	77414	52070	13148	595	11602
交通运输工程	735930	611102	49911		74917
航空、航天科学技术	2846529	2517235	29803	3229	296264
环境科学技术及资源科学技术	91132	79637	1728	650	9117
安全科学技术	32524	15760	249	76	16440
管理学	10425	9853	365	45	163

2-25 续表 2

单位：万元

项目	R&D经费内部支出	政府资金	企业资金	国外资金	其他资金
社会、人文科学领域	18897	16616	82	121	2078
艺术学	886	856			30
历史学	2104	1726	82	93	202
考古学	2649	1987			662
经济学	787	759		28	
法学	6714	6619			95
社会学	430	430			
新闻学与传播学					
图书馆、情报与文献学	516	516			
教育学	1346	756			590
体育科学	3466	2968			498
按机构服务的国民经济行业分					
农、林、牧、渔业	698198	594452	16088	3869	83790
农业	431331	365095	7670	2022	56544
林业	54164	46327	141	778	6918
畜牧业	51733	46838	1661	37	3197
渔业	40733	35606	2511	25	2590
农、林、牧、渔服务业	120238	100585	4104	1008	14541
采矿业	7344	6367	978		
煤炭开采和洗选业	1853	1428	425		
有色金属矿采选业	5435	4882	553		
其他采矿业	57	57			
制造业	189646	148220	6355	890	34181
农副食品加工业	11144	10416	129		599
食品制造业	2570	1777	365	42	386
饮料制造业	144	84			60
纺织业	188	188			
纺织服装、鞋、帽制造业	79	63			16
皮革、毛皮、羽毛(绒)及其制品业	40	10			30
木材加工及木、竹、藤、棕、草制品业	5143	4770		166	208
家具制造业	78				78
造纸及纸制品业	336	93	243		
印刷业和记录媒介的复制	67	52			15
石油加工、炼焦及核燃料加工业	83	70			14
化学原料及化学制品制造业	28833	25618	1507	41	1668
医药制造业	85533	66565	1876	406	16687
化学纤维制造业	478	163			315
橡胶制品业					
塑料制品业	427	329	2		96
非金属矿物制品业	677	424	14		239
黑色金属冶炼及压延加工业	307				307
有色金属冶炼及压延加工业	1855	1656	199		
金属制品业	159	159			
通用设备制造业	897	539	166		192
专用设备制造业	29396	18098	1649	29	9621
交通运输设备制造业	777	258	125		394
电气机械及器材制造业	1177	1000	20		157
通信设备、计算机及其他电子设备制造业	12257	9406	4	207	2640
仪器仪表及文化、办公用机械制造业	6855	6379	56		420
工艺品及其他制造业	147	106			41

2-25 续表 3

单位：万元

项　目	R&D经费内部支出	政府资金	企业资金	国外资金	其他资金
电力、燃气及水的生产和供应业	31102	21618	2090	365	7030
电力、热力的生产和供应业	30699	21413	2039	365	6882
燃气生产和供应业	222	80			142
水的生产和供应业	181	125	51		6
建筑业	16656	8403	4782	13	3459
房屋和土木工程建筑业	15699	7512	4762	13	3413
建筑安装业	16				16
建筑装饰业	50		20		30
其他建筑业	891	891			
交通运输、仓储和邮政业	45964	36905	1164		7895
铁路运输业	1018	261	757		
道路运输业	38544	31177	158		7209
城市公共交通业	1749	1316	15		418
水上运输业	3484	2981	234		268
航空运输业	1169	1169			
装卸搬运和其他运输服务业					
信息传输、计算机服务和软件业	68875	55815	1933	28	11099
电信和其他信息传输服务业	34365	26563	99		7702
计算机服务业	33233	28074	1826	28	3306
软件业	1277	1178	8		91
批发和零售业					
批发业					
房地产业					
房地产业					
租赁和商务服务业	24	24			
商务服务业	24	24			
科学研究、技术服务和地质勘查业	8319376	7172451	246839	30784	869303
研究与试验发展	7823177	6733023	233277	24118	832759
专业技术服务业	332859	288975	9227	2254	32404
科技交流和推广服务业	97667	87247	3647	4407	2366
地质勘查业	65674	63207	688	5	1774
水利、环境和公共设施管理业	138270	108125	10966	1521	17658
水利管理业	57482	39854	8631	292	8706
环境管理业	79861	67787	2106	1230	8739
公共设施管理业	927	484	229		213
居民服务和其他服务业	211	160			51
居民服务业	211	160			51
其他服务业					
教育	1346	756			590
教育	1346	756			590
卫生、社会保障和社会福利业	215507	149240	5164	2754	58348
卫生	215507	149240	5164	2754	58348
文化、体育和娱乐业	9215	7859			1356
广播、电视、电影和音像业	945	749			195
文化艺术业	4805	4143			662
体育	3466	2968			498
公共管理和社会组织	34725	25010	152	191	9373
国家机构	34725	25010	152	191	9373

2-26 中央部门属自然科学与技术领域机构R&D经费内部支出按来源分布

单位：万元

项目	R&D经费内部支出	政府资金	企业资金	国外资金	其他资金
中央部门属合计	**8990727**	**7727367**	**265144**	**35380**	**962836**
按机构学科领域分					
自然科学领域	1563324	1318733	63135	17050	164406
数学	12084	10594	39		1451
信息科学与系统科学	53023	45741	381	190	6710
力学	30210	21365	2726	154	5966
物理学	417128	370795	13792	2835	29707
化学	175523	128460	27344	3391	16328
天文学	69327	46646	496	123	22062
地球科学	481747	425736	11882	3603	40527
生物学	316560	263421	6084	6640	40415
心理学	7722	5975	393	115	1240
农业科学领域	264156	230110	7278	3236	23532
农学	137095	117511	3320	2010	14254
林学	37890	34615	79	893	2303
畜牧、兽医科学	52806	48028	1402	10	3367
水产学	36365	29956	2477	322	3608
医学科学领域	230147	184669	3859	2383	39236
基础医学	76100	67722	277	1490	6612
临床医学	38906	26839	13	388	11665
预防医学与公共卫生学	24940	24650		48	241
军事医学与特种医学	4603	4603			
药学	53478	36338	3560	439	13141
中医学与中药学	32121	24517	9	19	7577
工程科学与技术领域	6917036	5979504	190790	12590	734151
工程与技术科学基础学科	386138	340234	1286	550	44067
自然科学相关工程与技术	3286	3286			
测绘科学技术	12521	7513			5008
材料科学	167428	139723	6134	3075	18497
冶金工程技术	1503	1503			
机械工程	24875	19364	208		5303
动力与电气工程	154085	147958	4179	464	1485
能源科学技术	36082	21146	4712	380	9844
核科学技术	633144	620800	3541		8804
电子与通信技术	1564047	1290071	68850	964	204162
计算机科学技术	122773	83887	1759	817	36310
化学工程	44256	35051	6944	330	1931
食品科学技术	19482	19347	16		118
土木建筑工程	6883	5090		1554	239
水利工程	63183	39273	13076	595	10240
交通运输工程	728180	605887	49706		72588
航空、航天科学技术	2846529	2517235	29803	3229	296264
环境科学技术及资源科学技术	72047	66634	326	515	4572
安全科学技术	25079	10375		76	14629
管理学	5516	5129	251	43	93
社会、人文科学领域	16065	14350	82	121	1512
艺术学	541	541			
历史学	2104	1726	82	93	202
考古学	2649	1987			662
经济学	695	668		28	
法学	6360	6360			
社会学					
图书馆、情报与文献学	457	457			
教育学	1346	756			590
体育科学	1913	1855			57

2-26 续表

单位：万元

项　目	R&D经费内部支出	政府资金	企业资金	国外资金	其他资金
按机构服务的国民经济行业分					
农、林、牧、渔业	254052	220937	7181	2916	23017
农业	118369	100566	3128	1359	13316
林业	26478	23576	79	727	2095
畜牧业	33197	31384	1402	10	401
渔业	32248	28563	2477	25	1183
农、林、牧、渔服务业	43761	36848	95	795	6023
采矿业	5435	4882	553		
有色金属矿采选业	5435	4882	553		
制造业	135002	105554	1107	741	27600
农副食品加工业	7903	7526	16		361
饮料制造业	140	80			60
木材加工及木、竹、藤、棕、草制品业	4961	4587		166	208
化学原料及化学制品制造业	25454	24017	752	41	644
医药制造业	68596	52513	209	299	15575
有色金属冶炼及压延加工业	1503	1503			
通用设备制造业					
专用设备制造业	14066	5997		29	8040
交通运输设备制造业	347	38	125		184
通信设备、计算机及其他电子设备制造业	12033	9293	4	207	2529
电力、燃气及水的生产和供应业	22412	13858	2007	365	6183
电力、热力的生产和供应业	22412	13858	2007	365	6183
建筑业	5354	3792	1562		
房屋和土木工程建筑业	4464	2902	1562		
其他建筑业	891	891			
交通运输、仓储和邮政业	39333	32720	1048		5566
铁路运输业	1018	261	757		
道路运输业	33989	28367	57		5566
水上运输业	3157	2923	234		
航空运输业	1169	1169			
信息传输、计算机服务和软件业	65089	53369	1398	28	10294
电信和其他信息传输服务业	33650	25948			7702
计算机服务业	31439	27421	1398	28	2592
科学研究、技术服务和地质勘查业	8229502	7110150	241017	29293	849042
研究与试验发展	7786763	6705712	231697	22631	826724
专业技术服务业	287696	260170	5919	2251	19356
科技交流和推广服务业	95410	85601	3281	4407	2121
地质勘查业	59633	58666	120	5	842
水利、环境和公共设施管理业	94422	73286	9107	1162	10867
水利管理业	41905	25913	8559	292	7143
环境管理业	52517	47374	548	871	3725
居民服务和其他服务业	211	160			51
居民服务业	211	160			51
教育	1346	756			590
教育	1346	756			590
卫生、社会保障和社会福利业	98970	78733	13	684	19540
卫生	98970	78733	13	684	19540
文化、体育和娱乐业	7520	6605			915
广播、电视、电影和音像业	945	749			195
文化艺术业	4662	4000			662
体育	1913	1855			57
公共管理和社会组织	32080	22566	152	191	9171
国家机构	32080	22566	152	191	9171

2-27 地方部门属自然科学与技术领域机构R&D经费内部支出按来源分布

单位：万元

项　目	R&D经费内部支出	政府资金	企业资金	国外资金	其他资金
地方部门属合计	**785731**	**608036**	**31365**	**5034**	**141296**
东部地区	446273	326026	18801	3982	97464
中部地区	170823	137179	6286	249	27110
西部地区	168634	144831	6279	802	16722
北　京	62093	53698	2000	155	6240
天　津	25175	16386	338	105	8347
河　北	13715	12021	76		1618
山　西	8429	7553	80		796
内蒙古	18476	16804	720	44	909
辽　宁	21573	20564	11		999
#沈阳市	13550	12970	11		569
大连市	1183	1088			95
吉　林	30828	27137	1146		2545
#长春市	25075	21948	1146		1981
黑龙江	49449	39543	954		8952
#哈尔滨市	35932	28857	869		6205
上　海	60348	44404	5445	1228	9271
江　苏	69862	44717	2018	1733	21393
#南京市	38889	20626	1054	1608	15601
浙　江	41679	31962	2393	87	7238
#杭州市	31716	23194	2191	87	6245
宁波市	1075	1025			50
安　徽	8198	6614	549	20	1016
福　建	17626	13828	719	9	3071
#厦门市	944	923	11		11
江　西	16363	13745	339	53	2226
山　东	70546	46164	2128	121	22133
#济南市	49257	28560	2029	83	18585
青岛市	10025	8645			1380
河　南	10733	9612	255		866
湖　北	19496	13136	964	144	5253
#武汉市	16382	10960	253	144	5024
湖　南	27327	19840	1998	33	5457
广　东	61920	40554	3672	546	17148
#广州市	54559	34605	3278	544	16132
深圳市	496	496			
广　西	41116	32302	2101	468	6245
海　南	1737	1729			8
重　庆	8339	6861	325	40	1112
四　川	24118	20862	383	28	2846
#成都市	14097	11940	105	25	2027
贵　州	6529	5751	216	60	503
云　南	26815	22966	2038	94	1717
西　藏	4071	3926			145
陕　西	3676	3133			543
#西安市	2275	1935			340
甘　肃	13407	12167	456	69	715
青　海	252	252			
宁　夏	3171	3140			31
新　疆	18663	16667	41		1955

2-28 自然科学与技术领域机构R&D经费内部支出按活动类型分

单位：万元

项　目	R&D经费内部支出	基础研究	应用研究	试验发展
全　国	**9776458**	**1042886**	**3424002**	**5309570**
按隶属关系分				
地方部门属	785731	29254	200212	556264
省级部门属	676506	28482	187315	460709
副省级城市属	16395	359	3749	12288
地市级部门属	92830	414	9149	83268
中央部门属	8990727	1013631	3223790	4753306
中国科学院	1929084	673232	1060696	195156
按地区分				
东部地区	5929154	740758	2005181	3183216
中部地区	1448879	103016	601504	744359
西部地区	2398424	199112	817317	1381996
北　京	3134778	420179	910947	1803652
天　津	176187	7541	44385	124262
河　北	228690	17500	186396	24794
山　西	93233	2054	57532	33646
内蒙古	49176	2361	21246	25568
辽　宁	310173	25796	122564	161813
吉　林	162520	8992	67712	85816
黑龙江	201843	10069	128252	63521
上　海	847251	129588	329024	388641
江　苏	640124	30323	197386	412415
浙　江	123176	3416	36211	83549
安　徽	205231	43776	80896	80560
福　建	57870	15840	28255	13776
江　西	73404	1050	56973	15381
山　东	216836	42977	74605	99254
河　南	200843	414	36403	164027
湖　北	399412	29165	146707	223541
湖　南	112394	7497	27031	77866
广　东	169685	40113	69142	60429
广　西	50940	2518	19635	28787
海　南	24384	7485	6267	10631
重　庆	64806	11998	42412	10396
四　川	908600	61898	439785	406917
贵　州	36219	18134	2964	15120
云　南	125604	28079	33457	64069
西　藏	4071	88	1212	2771
陕　西	997986	28172	208249	761565
甘　肃	112225	39562	26036	46628
青　海	9272	2555	2558	4158
宁　夏	3171	37	1607	1527
新　疆	36355	3710	18156	14489

2-28 续表 1

单位：万元

项目	R&D经费内部支出	基础研究	应用研究	试验发展
按机构学科领域分				
自然科学领域	1616371	634374	729968	252030
数学	13542	7976	4748	818
信息科学与系统科学	53023	7920	45089	15
力学	30210	8301	19653	2257
物理学	418065	111294	221923	84847
化学	184303	63166	94891	26246
天文学	74669	34787	38739	1144
地球科学	490745	190954	193488	106304
生物学	344093	205401	108298	30394
心理学	7722	4576	3141	6
农业科学领域	712018	37133	172050	502835
农学	509853	22680	122150	365023
林学	68592	2206	8429	57958
畜牧、兽医科学	81302	6402	21413	53487
水产学	52271	5846	20057	26367
医学科学领域	375954	57737	154238	163979
基础医学	93098	21273	36673	35151
临床医学	89775	16318	40886	32571
预防医学与公共卫生学	64159	2549	20038	41572
军事医学与特种医学	4677		3324	1352
药学	66970	9700	32661	24610
中医学与中药学	57275	7896	20656	28723
工程科学与技术领域	7053218	311143	2365217	4376858
工程与技术科学基础学科	405470	29953	98285	277233
信息与系统科学相关工程与技术	126			126
自然科学相关工程与技术	8888	696	2409	5783
测绘科学技术	14017		811	13206
材料科学	171287	17200	69334	84753
矿山工程技术	1970	31	377	1562
冶金工程技术	2162			2162
机械工程	28232		4291	23941
动力与电气工程	154393	1956	131341	21097
能源科学技术	48444	1675	29861	16907
核科学技术	633993	64653	318901	250439
电子与通信技术	1573587	83992	695631	793964
计算机科学技术	125948	8081	76073	41794
化学工程	48803	4096	37397	7310
产品应用相关工程技术	144			144
纺织科学技术	741		31	709
食品科学技术	23031	73	1351	21607
土木建筑工程	18029	202	266	17561
水利工程	77414	2640	25969	48806
交通运输工程	735930	15546	314134	406250
航空、航天科学技术	2846529	67440	511260	2267829
环境科学技术及资源科学技术	91132	12320	34582	44230
安全科学技术	32524		5566	26958
管理学	10425	590	7346	2489

2-28 续表 2

单位：万元

项　目	R&D经费内部支出	基础研究	应用研究	试验发展
社会、人文科学领域	18897	2498	2530	13869
艺术学	886			886
历史学	2104	2099	4	
考古学	2649	397	980	1272
经济学	787	1	123	662
法学	6714		572	6142
社会学	430		242	188
新闻学与传播学				
图书馆、情报与文献学	516			516
教育学	1346			1346
体育科学	3466		608	2858
按机构服务的国民经济行业分				
农、林、牧、渔业	698198	40144	168455	489600
农业	431331	23729	109486	298116
林业	54164	1978	6322	45864
畜牧业	51733	2475	10841	38417
渔业	40733	5229	17684	17820
农、林、牧、渔服务业	120238	6734	24121	89383
采矿业	7344		98	7246
煤炭开采和洗选业	1853		42	1811
有色金属矿采选业	5435		36	5399
其他采矿业	57		20	36
制造业	189646	36257	56219	97170
农副食品加工业	11144	129	1196	9819
食品制造业	2570	689	1492	389
饮料制造业	144		4	140
纺织业	188			188
纺织服装、鞋、帽制造业	79			79
皮革、毛皮、羽毛(绒)及其制品业	40			40
木材加工及木、竹、藤、棕、草制品业	5143	50	695	4399
家具制造业	78			78
造纸及纸制品业	336			336
印刷业和记录媒介的复制	67		60	7
石油加工、炼焦及核燃料加工业	83		83	
化学原料及化学制品制造业	28833	14452	11725	2656
医药制造业	85533	16792	24926	43815
化学纤维制造业	478			478
橡胶制品业				
塑料制品业	427	15	18	394
非金属矿物制品业	677		144	533
黑色金属冶炼及压延加工业	307			307
有色金属冶炼及压延加工业	1855			1855
金属制品业	159			159
通用设备制造业	897			897
专用设备制造业	29396		4295	25102
交通运输设备制造业	777		36	741
电气机械及器材制造业	1177	149	747	281
通信设备、计算机及其他电子设备制造业	12257	3960	8073	224
仪器仪表及文化、办公用机械制造业	6855	20	2726	4108
工艺品及其他制造业	147			147

2-28 续表 3

单位：万元

项　目	R&D经费内部支出	基础研究	应用研究	试验发展
电力、燃气及水的生产和供应业	31102	1821	10425	18856
电力、热力的生产和供应业	30699	1821	10365	18513
燃气生产和供应业	222		60	162
水的生产和供应业	181			181
建筑业	16656	40	3849	12767
房屋和土木工程建筑业	15699	40	3849	11810
建筑安装业	16			16
建筑装饰业	50			50
其他建筑业	891			891
交通运输、仓储和邮政业	45964	218	2182	43564
铁路运输业	1018			1018
道路运输业	38544	218	1951	36375
城市公共交通业	1749			1749
水上运输业	3484		32	3451
航空运输业	1169		199	971
装卸搬运和其他运输服务业				
信息传输、计算机服务和软件业	68875	4998	27627	36250
电信和其他信息传输服务业	34365		2262	32103
计算机服务业	33233	4993	24957	3284
软件业	1277	6	408	864
批发和零售业				
批发业				
房地产业				
房地产业				
租赁和商务服务业	24			24
商务服务业	24			24
科学研究、技术服务和地质勘查业	8319376	918716	3004244	4396417
研究与试验发展	7823177	836066	2818667	4168443
专业技术服务业	332859	64553	85061	183244
科技交流和推广服务业	97667	13741	70595	13330
地质勘查业	65674	4355	29920	31399
水利、环境和公共设施管理业	138270	9206	50273	78791
水利管理业	57482	2187	19774	35522
环境管理业	79861	7020	30221	42621
公共设施管理业	927		279	648
居民服务和其他服务业	211			211
居民服务业	211			211
其他服务业				
教育	1346			1346
教育	1346			1346
卫生、社会保障和社会福利业	215507	28095	90045	97366
卫生	215507	28095	90045	97366
文化、体育和娱乐业	9215	480	1648	7087
广播、电视、电影和音像业	945			945
文化艺术业	4805	480	1040	3285
体育	3466		608	2858
公共管理和社会组织	34725	2912	8937	22876
国家机构	34725	2912	8937	22876

2-29 中央部门属自然科学与技术领域机构R&D经费内部支出按活动类型分

单位：万元

项　目	R&D经费内部支出	基础研究	应用研究	试验发展
中央部门属合计	**8990727**	**1013631**	**3223790**	**4753306**
按机构学科领域分				
自然科学领域	1563324	628298	707514	227513
数学	12084	7532	4552	
信息科学与系统科学	53023	7920	45089	15
力学	30210	8301	19653	2257
物理学	417128	111294	221801	84032
化学	175523	62707	92836	19980
天文学	69327	34787	33396	1144
地球科学	481747	189807	189556	102384
生物学	316560	201375	97490	17695
心理学	7722	4576	3141	6
农业科学领域	264156	26286	78880	158991
农学	137095	14142	44293	78661
林学	37890	1792	4926	31171
畜牧、兽医科学	52806	4930	14075	33802
水产学	36365	5421	15586	15357
医学科学领域	230147	47014	93485	89647
基础医学	76100	19002	26502	30597
临床医学	38906	12119	15704	11083
预防医学与公共卫生学	24940	639	6134	18167
军事医学与特种医学	4603		3250	1352
药学	53478	9547	31100	12831
中医学与中药学	32121	5707	10795	15618
工程科学与技术领域	6917036	309537	2342118	4265381
工程与技术科学基础学科	386138	29878	96141	260120
自然科学相关工程与技术	3286	696	2409	181
测绘科学技术	12521		56	12465
材料科学	167428	17116	68615	81698
冶金工程技术	1503			1503
机械工程	24875		3772	21103
动力与电气工程	154085	1956	131341	20788
能源科学技术	36082	1526	28359	6197
核科学技术	633144	64653	318901	249591
电子与通信技术	1564047	83971	692499	787577
计算机科学技术	122773	8075	75665	39032
化学工程	44256	4069	37131	3056
食品科学技术	19482	54	798	18630
土木建筑工程	6883	120		6763
水利工程	63183	2367	23666	37150
交通运输工程	728180	15288	312724	400168
航空、航天科学技术	2846529	67440	511260	2267829
环境科学技术及资源科学技术	72047	11894	29177	30976
安全科学技术	25079		4522	20557
管理学	5516	434	5082	
社会、人文科学领域	16065	2497	1793	11775
艺术学	541			541
历史学	2104	2099	4	
考古学	2649	397	980	1272
经济学	695		83	612
法学	6360		572	5788
社会学				
图书馆、情报与文献学	457			457
教育学	1346			1346
体育科学	1913		153	1760

2-29 续表

单位：万元

项　目	R&D经费内部支出	基础研究	应用研究	试验发展
按机构服务的国民经济行业分				
农、林、牧、渔业	254052	28007	72780	153266
农业	118369	15579	37117	65673
林业	26478	1582	2876	22020
畜牧业	33197	1115	6844	25238
渔业	32248	5045	15083	12120
农、林、牧、渔服务业	43761	4686	10860	28215
采矿业	5435		36	5399
有色金属矿采选业	5435		36	5399
制造业	135002	34545	45358	55098
农副食品加工业	7903	129	773	7001
饮料制造业	140			140
木材加工及木、竹、藤、棕、草制品业	4961	50	695	4217
化学原料及化学制品制造业	25454	14366	10799	289
医药制造业	68596	16041	21348	31207
有色金属冶炼及压延加工业	1503			1503
通用设备制造业				
专用设备制造业	14066		3671	10394
交通运输设备制造业	347			347
通信设备、计算机及其他电子设备制造业	12033	3960	8073	
电力、燃气及水的生产和供应业	22412	1821	9700	10891
电力、热力的生产和供应业	22412	1821	9700	10891
建筑业	5354		3101	2254
房屋和土木工程建筑业	4464		3101	1363
其他建筑业	891			891
交通运输、仓储和邮政业	39333		1397	37937
铁路运输业	1018			1018
道路运输业	33989		1166	32824
水上运输业	3157		32	3124
航空运输业	1169		199	971
信息传输、计算机服务和软件业	65089	4993	27215	32882
电信和其他信息传输服务业	33650		2258	31393
计算机服务业	31439	4993	24957	1489
科学研究、技术服务和地质勘查业	8229502	914686	2980750	4334066
研究与试验发展	7786763	833550	2804713	4148500
专业技术服务业	287696	63096	77992	146608
科技交流和推广服务业	95410	13741	70378	11290
地质勘查业	59633	4299	27667	27668
水利、环境和公共设施管理业	94422	7310	38791	48322
水利管理业	41905	1795	17135	22975
环境管理业	52517	5514	21656	25347
居民服务和其他服务业	211			211
居民服务业	211			211
教育	1346			1346
教育	1346			1346
卫生、社会保障和社会福利业	98970	18961	34852	45157
卫生	98970	18961	34852	45157
文化、体育和娱乐业	7520	397	1133	5989
广播、电视、电影和音像业	945			945
文化艺术业	4662	397	980	3285
体育	1913		153	1760
公共管理和社会组织	32080	2912	8678	20490
国家机构	32080	2912	8678	20490

2-30 地方部门属自然科学与技术领域机构R&D经费内部支出按活动类型分

单位：万元

地区	R&D经费内部支出	基础研究	应用研究	试验发展
地方部门属合计	**785731**	**29254**	**200212**	**556264**
东部地区	446273	17539	132012	296723
中部地区	170823	7289	30481	133053
西部地区	168634	4427	37719	126488
北 京	62093	1935	13305	46852
天 津	25175		3624	21551
河 北	13715	58	2655	11001
山 西	8429	215	1645	6568
内蒙古	18476	907	3785	13785
辽 宁	21573	29	1255	20289
#沈阳市	13550	29	910	12610
大连市	1183		162	1022
吉 林	30828	741	8802	21285
#长春市	25075	741	8509	15825
黑龙江	49449	2238	8065	39147
#哈尔滨市	35932	2232	6874	26826
上 海	60348	2267	13512	44569
江 苏	69862	1023	34159	34680
#南京市	38889	302	29883	8704
浙 江	41679	181	4906	36592
#杭州市	31716		2419	29297
宁波市	1075		282	792
安 徽	8198	1230	2646	4322
福 建	17626	1456	5967	10203
#厦门市	944	294	163	487
江 西	16363	463	1926	13974
山 东	70546	5759	27487	37300
#济南市	49257	4696	20236	24325
青岛市	10025	777	4926	4321
河 南	10733	117	916	9700
湖 北	19496		798	18698
#武汉市	16382		798	15583
湖 南	27327	2285	5684	19359
广 东	61920	4807	24863	32249
#广州市	54559	4733	21972	27854
深圳市	496		228	268
广 西	41116	1489	13710	25917
海 南	1737	22	278	1437
重 庆	8339	354	3212	4773
四 川	24118	4	1806	22308
#成都市	14097		991	13106
贵 州	6529	109	1121	5299
云 南	26815	671	3838	22306
西 藏	4071	88	1212	2771
陕 西	3676	285	1091	2299
#西安市	2275	206	909	1159
甘 肃	13407	6	1197	12204
青 海	252	38	20	195
宁 夏	3171	37	1607	1527
新 疆	18663	439	5120	13105

2-31 自然科学与技术领域机构R&D经费内部支出按费用类别分

单位：万元

项目	R&D经费内部支出	日常性支出	劳务费	其他日常支出	资产性支出	仪器设备费	土建费
全国	**9776458**	**6819171**	**1732808**	**5086363**	**2957287**	**1677043**	**1280244**
按隶属关系分							
地方部门属	785731	620656	300636	320020	165075	118277	46797
省级部门属	676506	532386	242676	289710	144119	103362	40757
副省级城市属	16395	12902	9219	3682	3493	2786	707
地市级部门属	92830	75368	48741	26627	17462	12129	5333
中央部门属	8990727	6198515	1432172	4766343	2792212	1558766	1233447
中国科学院	1929084	1288629	406996	881634	640455	483980	156475
按地区分							
东部地区	5929154	4159306	1076380	3082926	1769849	1120589	649260
中部地区	1448879	936290	262196	674094	512589	258836	253753
西部地区	2398424	1723575	394232	1329343	674849	297618	377232
北京	3134778	2253232	500088	1753144	881545	594463	287083
天津	176187	115473	23727	91747	60714	36030	24684
河北	228690	196705	32530	164175	31985	10401	21584
山西	93233	52172	17290	34882	41061	26105	14956
内蒙古	49176	28377	10095	18282	20799	15888	4912
辽宁	310173	235216	66288	168928	74957	52479	22478
吉林	162520	125049	33966	91082	37471	28565	8907
黑龙江	201843	86296	30611	55685	115546	52076	63471
上海	847251	591975	167878	424097	255276	167018	88258
江苏	640124	390762	126704	264057	249362	106784	142578
浙江	123176	85486	25192	60294	37690	25134	12556
安徽	205231	167776	29776	138000	37455	16289	21166
福建	57870	36787	21078	15709	21084	20455	628
江西	73404	43197	16838	26359	30207	2014	28193
山东	216836	122995	53449	69546	93842	66871	26971
河南	200843	118865	41377	77488	81978	47981	33997
湖北	399412	254888	66389	188499	144524	74371	70153
湖南	112394	88047	25950	62097	24347	11435	12911
广东	169685	113019	51450	61569	56666	34934	21732
广西	50940	42912	14325	28587	8028	5782	2246
海南	24384	17656	7996	9660	6728	6020	709
重庆	64806	33618	9388	24231	31188	23239	7948
四川	908600	688580	150440	538140	220020	54659	165361
贵州	36219	22934	9508	13427	13284	13230	54
云南	125604	79614	28073	51541	45990	29457	16533
西藏	4071	3082	1637	1445	990	788	202
陕西	997986	718859	131729	587130	279127	116595	162532
甘肃	112225	71099	21993	49106	41126	27863	13264
青海	9272	6480	2918	3562	2792	2247	545
宁夏	3171	2464	773	1692	707	686	21
新疆	36355	25556	13354	12202	10799	7185	3615

2-31 续表 1

单位：万元

项　　目	R&D经费内部支出	日常性支出			资产性支出		
			劳务费	其他日常支出		仪器设备费	土建费
按机构学科领域分							
自然科学领域	1616371	1105059	356460	748599	511313	423651	87662
数学	13542	11741	5370	6370	1802	1585	217
信息科学与系统科学	53023	41856	11940	29916	11166	9952	1215
力学	30210	22426	7052	15375	7784	2636	5148
物理学	418065	282557	75250	207307	135508	107223	28285
化学	184303	114236	43758	70478	70067	54250	15817
天文学	74669	48058	15180	32879	26611	25741	870
地球科学	490745	333321	105381	227940	157424	143044	14380
生物学	344093	244666	89956	154710	99427	78602	20825
心理学	7722	6198	2574	3624	1524	618	906
农业科学领域	712018	551588	220092	331497	160430	106084	54346
农学	509853	404267	162727	241540	105586	69633	35953
林学	68592	53369	21447	31922	15223	9835	5387
畜牧、兽医科学	81302	57107	19650	37457	24195	14264	9931
水产学	52271	36844	16267	20577	15426	12352	3075
医学科学领域	375954	265873	124074	141799	110080	78272	31808
基础医学	93098	51809	19480	32329	41289	20026	21263
临床医学	89775	71876	36461	35415	17899	16633	1266
预防医学与公共卫生学	64159	52136	25696	26440	12024	10439	1584
军事医学与特种医学	4677	1680	1352	329	2996	2300	696
药学	66970	46927	18273	28654	20044	13691	6353
中医学与中药学	57275	41445	22812	18633	15829	15183	646
工程科学与技术领域	7053218	4882784	1026156	3856628	2170434	1064556	1105878
工程与技术科学基础学科	405470	247528	58341	189187	157942	70524	87418
信息与系统科学相关工程与技术	126	114	79	35	12	12	
自然科学相关工程与技术	8888	4819	1426	3393	4069	249	3820
测绘科学技术	14017	12564	2172	10392	1454	1454	
材料科学	171287	91785	32870	58915	79502	59763	19739
矿山工程技术	1970	675	472	202	1296	324	972
冶金工程技术	2162	1780	801	979	382	206	176
机械工程	28232	20066	6888	13178	8166	7934	233
动力与电气工程	154393	50801	12213	38588	103592	46224	57368
能源科学技术	48444	18397	9609	8788	30047	18344	11702
核科学技术	633993	466291	103728	362563	167702	65500	102202
电子与通信技术	1573587	1181387	212332	969055	392200	173036	219164
计算机科学技术	125948	108723	29709	79013	17225	12022	5204
化学工程	48803	31987	11101	20886	16816	11171	5645
产品应用相关工程技术	144	66	65	1	79	79	
纺织科学技术	741	723	451	272	18	18	
食品科学技术	23031	13829	5357	8472	9202	7706	1496
土木建筑工程	18029	14653	7689	6964	3377	3331	46
水利工程	77414	62768	19952	42817	14646	10123	4523
交通运输工程	735930	441298	90121	351177	294632	155031	139600
航空、航天科学技术	2846529	2024080	387065	1637015	822450	388312	434137
环境科学技术及资源科学技术	91132	59112	21022	38091	32019	25080	6939
安全科学技术	32524	23064	10628	12436	9460	5933	3527
管理学	10425	6277	2066	4211	4148	2182	1966

2-31 续表 2

单位：万元

项 目	R&D经费内部支出	日常性支出	劳务费	其他日常支出	资产性支出	仪器设备费	土建费
社会、人文科学领域	18897	13867	6026	7840	5030	4480	550
艺术学	886	618	241	377	267	267	
历史学	2104	1341	642	699	763	212	550
考古学	2649	1803	568	1235	847	847	
经济学	787	752	315	437	35	35	
法学	6714	5150	1648	3502	1564	1564	
社会学	430	416	230	186	14	14	
新闻学与传播学							
图书馆、情报与文献学	516	348	181	167	168	168	
教育学	1346	1188	700	488	158	158	
体育科学	3466	2252	1502	750	1214	1214	
按机构服务的国民经济行业分							
农、林、牧、渔业	698198	538416	213746	324670	159782	105750	54032
农业	431331	338208	135828	202380	93123	59492	33631
林业	54164	43459	18865	24594	10705	7412	3293
畜牧业	51733	39066	11836	27230	12667	8364	4304
渔业	40733	27382	11761	15621	13351	10641	2710
农、林、牧、渔服务业	120238	90302	35457	54845	29936	19842	10095
采矿业	7344	4786	2700	2086	2559	1627	932
煤炭开采和洗选业	1853	563	450	113	1290	358	932
有色金属矿采选业	5435	4175	2239	1936	1259	1259	
其他采矿业	57	48	11	37	9	9	
制造业	189646	116393	52041	64353	73253	39762	33491
农副食品加工业	11144	6345	2834	3512	4799	3303	1496
食品制造业	2570	1726	577	1148	844	844	
饮料制造业	144	140	49	91	4	4	
纺织业	188	165	155	9	23	23	
纺织服装、鞋、帽制造业	79	79	69	10			
皮革、毛皮、羽毛(绒)及其制品业	40	40	30	10			
木材加工及木、竹、藤、棕、草制品业	5143	3942	797	3144	1202	927	275
家具制造业	78	15	14	1	63	63	
造纸及纸制品业	336	336	165	171			
印刷业和记录媒介的复制	67	66	50	16	1	1	
石油加工、炼焦及核燃料加工业	83	82	73	9	1	1	
化学原料及化学制品制造业	28833	18710	9897	8813	10123	4664	5459
医药制造业	85533	46195	17656	28539	39339	19839	19499
化学纤维制造业	478	464	253	211	14	14	
橡胶制品业							
塑料制品业	427	306	209	97	121	121	
非金属矿物制品业	677	436	370	66	241	241	
黑色金属冶炼及压延加工业	307	305	168	137	2	2	
有色金属冶炼及压延加工业	1855	1475	634	841	380	204	176
金属制品业	159	159	87	72			
通用设备制造业	897	748	518	229	149	149	
专用设备制造业	29396	19799	11730	8069	9597	3661	5936
交通运输设备制造业	777	738	460	277	39	39	
电气机械及器材制造业	1177	629	298	331	548	462	86
通信设备、计算机及其他电子设备制造业	12257	8499	2953	5546	3759	3355	404
仪器仪表及文化、办公用机械制造业	6855	4876	1959	2917	1979	1819	160
工艺品及其他制造业	147	120	37	83	27	27	

2-31 续表 3

单位：万元

项 目	R&D经费内部支出	日常性支出	劳务费	其他日常支出	资产性支出	仪器设备费	土建费
电力、燃气及水的生产和供应业	31102	15331	11060	4272	15771	5543	10228
电力、热力的生产和供应业	30699	15048	10875	4174	15651	5429	10222
燃气生产和供应业	222	148	80	68	73	67	6
水的生产和供应业	181	135	105	29	47	47	
建筑业	16656	15013	6716	8296	1643	1613	30
房屋和土木工程建筑业	15699	14065	6327	7738	1634	1605	29
建筑安装业	16	14	14		2	2	
建筑装饰业	50	43	40	3	7	7	1
其他建筑业	891	891	336	555			
交通运输、仓储和邮政业	45964	29857	8596	21261	16106	11729	4377
铁路运输业	1018	862	468	394	156	153	3
道路运输业	38544	24099	5948	18151	14444	10976	3468
城市公共交通业	1749	640	123	518	1109	209	900
水上运输业	3484	3087	1194	1893	396	391	6
航空运输业	1169	1169	864	305			
装卸搬运和其他运输服务业							
信息传输、计算机服务和软件业	68875	50252	17553	32699	18623	17065	1557
电信和其他信息传输服务业	34365	22680	6608	16073	11684	11595	90
计算机服务业	33233	26437	10245	16193	6796	5328	1468
软件业	1277	1135	701	434	142	142	
批发和零售业							
批发业							
房地产业							
房地产业							
租赁和商务服务业	24	16	16		8	8	
商务服务业	24	16	16		8	8	
科学研究、技术服务和地质勘查业	8319376	5736525	1290454	4446072	2582851	1416384	1166468
研究与试验发展	7823177	5440988	1194524	4246464	2382189	1271099	1111090
专业技术服务业	332859	200902	67179	133723	131957	115648	16309
科技交流和推广服务业	97667	40816	12467	28349	56851	22724	34127
地质勘查业	65674	53819	16283	37536	11855	6913	4942
水利、环境和公共设施管理业	138270	111449	32964	78485	26822	21423	5399
水利管理业	57482	49569	10897	38672	7913	6250	1663
环境管理业	79861	60962	21653	39309	18899	15164	3735
公共设施管理业	927	918	413	505	9	9	
居民服务和其他服务业	211	137	38	100	74	60	14
居民服务业	211	137	38	100	74	60	14
其他服务业							
教育	1346	1188	700	488	158	158	
教育	1346	1188	700	488	158	158	
卫生、社会保障和社会福利业	215507	174170	86284	87886	41336	39252	2085
卫生	215507	174170	86284	87886	41336	39252	2085
文化、体育和娱乐业	9215	5876	2780	3095	3340	3337	2
广播、电视、电影和音像业	945	334	181	153	611	608	2
文化艺术业	4805	3290	1098	2193	1515	1515	
体育	3466	2252	1502	750	1214	1214	
公共管理和社会组织	34725	19763	7163	12600	14962	13332	1630
国家机构	34725	19763	7163	12600	14962	13332	1630

2-32 中央部门属自然科学与技术领域机构R&D经费内部支出按费用类别分

单位：万元

项　目	R&D经费内部支出	日常性支出			资产性支出		
		支　出	劳务费	其他日常支出	支　出	仪器设备费	土建费
中央部门属合计	**8990727**	**6198515**	**1432172**	**4766343**	**2792212**	**1558766**	**1233447**
按机构学科领域分							
自然科学领域	1563324	1069637	339401	730235	493688	406521	87167
数学	12084	10753	4921	5832	1331	1230	102
信息科学与系统科学	53023	41856	11940	29916	11166	9952	1215
力学	30210	22426	7052	15375	7784	2636	5148
物理学	417128	281928	75004	206924	135200	106915	28285
化学	175523	110172	41100	69073	65350	49693	15657
天文学	69327	42997	13539	29459	26330	25508	822
地球科学	481747	324761	101891	222870	156986	142694	14293
生物学	316560	228544	81381	147163	88016	67276	20740
心理学	7722	6198	2574	3624	1524	618	906
农业科学领域	264156	181222	51264	129958	82934	53414	29521
农学	137095	94848	27001	67847	42247	24945	17302
林学	37890	28306	5896	22410	9584	6631	2953
畜牧、兽医科学	52806	34945	8861	26084	17862	11205	6657
水产学	36365	23123	9507	13616	13242	10633	2609
医学科学领域	230147	145920	58477	87443	84227	54510	29717
基础医学	76100	38305	12198	26107	37795	16533	21263
临床医学	38906	31341	16876	14466	7564	7499	65
预防医学与公共卫生学	24940	17871	6702	11170	7068	6012	1056
军事医学与特种医学	4603	1613	1289	324	2990	2294	696
药学	53478	37415	13614	23801	16063	9776	6288
中医学与中药学	32121	19375	7798	11577	12746	12397	349
工程科学与技术领域	6917036	4790009	978366	3811643	2127027	1040535	1086492
工程与技术科学基础学科	386138	235171	51359	183812	150967	66099	84868
自然科学相关工程与技术	3286	3208	515	2693	78	78	
测绘科学技术	12521	11303	1078	10225	1218	1218	
材料科学	167428	89512	31482	58030	77916	58177	19739
冶金工程技术	1503	1144	558	586	359	183	176
机械工程	24875	17174	4962	12212	7701	7468	233
动力与电气工程	154085	50493	12032	38461	103592	46224	57368
能源科学技术	36082	14516	7323	7193	21567	15336	6231
核科学技术	633144	465505	103380	362124	167640	65449	102191
电子与通信技术	1564047	1174199	209072	965127	389848	170863	218984
计算机科学技术	122773	106160	28356	77804	16613	11409	5204
化学工程	44256	27805	8772	19033	16451	10806	5645
食品科学技术	19482	11304	4049	7255	8178	6907	1271
土木建筑工程	6883	4800	2700	2100	2083	2066	16
水利工程	63183	51252	15526	35726	11932	7874	4058
交通运输工程	728180	437324	88114	349210	290856	154591	136265
航空、航天科学技术	2846529	2024080	387065	1637015	822450	388312	434137
环境科学技术及资源科学技术	72047	42784	12522	30262	29263	22376	6887
安全科学技术	25079	17994	8359	9635	7086	4954	2131
管理学	5516	4285	1143	3143	1231	143	1088
社会、人文科学领域	16065	11728	4664	7064	4337	3787	550
艺术学	541	312	122	190	229	229	
历史学	2104	1341	642	699	763	212	550
考古学	2649	1803	568	1235	847	847	
经济学	695	662	244	418	33	33	
法学	6360	4917	1494	3423	1443	1443	
社会学							
图书馆、情报与文献学	457	289	123	166	168	168	
教育学	1346	1188	700	488	158	158	
体育科学	1913	1217	771	446	696	696	

2-32 续表

单位：万元

项　目	R&D经费内部支出	日常性支出	劳务费	其他日常支出	资产性支出	仪器设备费	土建费
按机构服务的国民经济行业分							
农、林、牧、渔业	254052	173039	48524	124515	81013	51496	29517
农业	118369	80222	21568	58654	38147	20944	17203
林业	26478	20940	4539	16401	5538	4467	1071
畜牧业	33197	23759	5347	18412	9438	6393	3046
渔业	32248	20345	8334	12011	11902	9659	2244
农、林、牧、渔服务业	43761	27773	8736	19037	15988	10034	5954
采矿业	5435	4175	2239	1936	1259	1259	
有色金属矿采选业	5435	4175	2239	1936	1259	1259	
制造业	135002	78944	32054	46890	56058	27088	28971
农副食品加工业	7903	3782	1502	2281	4121	2850	1271
饮料制造业	140	136	46	90	4	4	
木材加工及木、竹、藤、棕、草制品业	4961	3760	739	3021	1201	926	275
化学原料及化学制品制造业	25454	16032	8107	7926	9422	3963	5459
医药制造业	68596	35986	11792	24194	32610	13340	19270
有色金属冶炼及压延加工业	1503	1144	558	586	359	183	176
通用设备制造业							
专用设备制造业	14066	9493	6233	3260	4573	2457	2116
交通运输设备制造业	347	333	262	71	14	14	
通信设备、计算机及其他电子设备制造业	12033	8278	2815	5463	3755	3351	404
电力、燃气及水的生产和供应业	22412	13542	10123	3419	8871	3960	4911
电力、热力的生产和供应业	22412	13542	10123	3419	8871	3960	4911
建筑业	5354	4859	1598	3261	496	496	
房屋和土木工程建筑业	4464	3968	1263	2706	496	496	
其他建筑业	891	891	336	555			
交通运输、仓储和邮政业	39333	26970	7550	19420	12364	11322	1042
铁路运输业	1018	862	468	394	156	153	3
道路运输业	33989	22157	5250	16906	11833	10800	1033
水上运输业	3157	2782	967	1815	375	369	6
航空运输业	1169	1169	864	305			
信息传输、计算机服务和软件业	65089	47186	15860	31326	17903	16346	1557
电信和其他信息传输服务业	33650	22076	6273	15803	11575	11485	90
计算机服务业	31439	25111	9587	15523	6329	4861	1468
科学研究、技术服务和地质勘查业	8229502	5672696	1255929	4416767	2556807	1396101	1160706
研究与试验发展	7786763	5413008	1179327	4233681	2373755	1264174	1109581
专业技术服务业	287696	172299	51212	121087	115397	103174	12223
科技交流和推广服务业	95410	39116	11496	27619	56294	22208	34087
地质勘查业	59633	48273	13893	34380	11361	6546	4815
水利、环境和公共设施管理业	94422	75583	16273	59310	18839	14115	4725
水利管理业	41905	36566	5745	30822	5339	4142	1197
环境管理业	52517	39017	10529	28488	13500	9973	3528
居民服务和其他服务业	211	137	38	100	74	60	14
居民服务业	211	137	38	100	74	60	14
教育	1346	1188	700	488	158	158	
教育	1346	1188	700	488	158	158	
卫生、社会保障和社会福利业	98970	76514	32604	43910	22456	22083	373
卫生	98970	76514	32604	43910	22456	22083	373
文化、体育和娱乐业	7520	4699	2006	2693	2820	2818	2
广播、电视、电影和音像业	945	334	181	153	611	608	2
文化艺术业	4662	3149	1054	2095	1514	1514	
体育	1913	1217	771	446	696	696	
公共管理和社会组织	32080	18984	6674	12310	13096	11465	1630
国家机构	32080	18984	6674	12310	13096	11465	1630

2-33 地方部门属自然科学与技术领域机构R&D经费内部支出按费用类别分

单位：万元

项目	R&D经费内部支出	日常性支出	劳务费	其他日常支出	资产性支出	仪器设备费	土建费
地方部门属合计	**785731**	**620656**	**300636**	**320020**	**165075**	**118277**	**46797**
东部地区	446273	342581	156465	186116	103692	80213	23479
中部地区	170823	139849	78532	61317	30974	19245	11730
西部地区	168634	138226	65639	72587	30408	18820	11588
北　京	62093	46676	14982	31695	15417	13423	1993
天　津	25175	17812	7399	10413	7364	7024	339
河　北	13715	12245	4827	7418	1470	1388	82
山　西	8429	7222	5482	1740	1207	1060	147
内蒙古	18476	15178	6547	8631	3299	2300	999
辽　宁	21573	17855	8472	9384	3718	3190	528
#沈阳市	13550	11293	4825	6468	2257	1806	451
大连市	1183	1102	638	464	81	81	
吉　林	30828	25045	12881	12164	5783	3538	2246
#长春市	25075	19515	9755	9760	5560	3331	2229
黑龙江	49449	42500	23035	19465	6949	5425	1524
#哈尔滨市	35932	30903	15581	15323	5028	3934	1094
上　海	60348	49440	21692	27748	10909	10840	68
江　苏	69862	54345	21842	32504	15516	7549	7967
#南京市	38889	36081	10668	25413	2808	2732	76
浙　江	41679	32929	12809	20120	8751	6582	2169
#杭州市	31716	26326	8892	17433	5391	4385	1006
宁波市	1075	837	582	255	238	100	138
安　徽	8198	7502	3518	3985	696	557	139
福　建	17626	14276	8551	5726	3350	2836	514
#厦门市	944	857	667	189	87	87	
江　西	16363	12779	6896	5883	3584	1330	2254
山　东	70546	52660	30466	22194	17885	12245	5640
#济南市	49257	34231	18888	15343	15026	9397	5629
青岛市	10025	8600	3965	4636	1425	1425	
河　南	10733	8545	5500	3045	2188	1873	315
湖　北	19496	13178	6472	6706	6318	2736	3582
#武汉市	16382	10978	4988	5990	5404	2052	3352
湖　南	27327	23078	14749	8329	4249	2726	1524
广　东	61920	42907	24796	18112	19012	14846	4167
#广州市	54559	36697	20346	16351	17862	14176	3686
深圳市	496	382	382		114	114	
广　西	41116	33729	12928	20801	7387	5202	2185
海　南	1737	1435	632	804	301	290	11
重　庆	8339	6353	5040	1314	1986	1405	580
四　川	24118	20277	9564	10713	3841	1877	1964
#成都市	14097	12358	5136	7222	1738	1607	131
贵　州	6529	5653	3385	2268	876	822	54
云　南	26815	23891	7847	16044	2924	2250	674
西　藏	4071	3082	1637	1445	990	788	202
陕　西	3676	3515	2554	960	161	145	16
#西安市	2275	2223	1705	518	52	52	
甘　肃	13407	9283	6373	2910	4124	966	3157
青　海	252	211	145	66	42	42	
宁　夏	3171	2464	773	1692	707	686	21
新　疆	18663	14590	8847	5743	4073	2338	1735

2-34 自然科学与技术领域机构R&D经费外部支出按流向分

单位：万元

项目	R&D经费外部支出	#流向国内研究机构	#流向国内高等学校	#流向国内企业	#流向境外机构
全国	**213509**	**88856**	**24478**	**38301**	**2503**
按隶属关系分					
地方部门属	15448	12146	1685	1242	32
省级部门属	14847	11956	1513	1003	32
副省级城市属	22		16	6	
地市级部门属	578	191	155	233	
中央部门属	198061	76710	22793	37059	2471
中国科学院	21779	17346	2936	1404	83
按地区分					
东部地区	151496	73443	20440	23941	2327
中部地区	24978	2476	3516	10679	176
西部地区	37035	12937	522	3680	
北京	101061	46951	13302	16399	2142
天津	1460	524	106	373	
河北	18	8	7	3	
山西	1933	719	270	479	
内蒙古	315	132	35	148	
辽宁	7048	2004	1477	1158	66
吉林	71	3	56		12
黑龙江	9241			9223	
上海	16979	11517	713	2315	
江苏	3959	955	904	1462	
浙江	7225	3258	2550	924	119
安徽	37	37			
福建	58	6	10	42	
江西	2954	212	2540	153	20
山东	4138	1970	903	1265	
河南	7737	212	46	151	
湖北	1924	666	410	415	144
湖南	1081	628	195	258	
广东	9550	6249	467		
广西	1609	1507	10	70	
海南					
重庆	135	55	80		
四川	10309	8261	220	1091	
贵州	648	308	87	4	
云南	260			260	
西藏	121	121			
陕西	23425	2386	51	2100	
甘肃	20	20			
青海	5			5	
宁夏	16	16			
新疆	172	131	39	2	

2-34 续表 1

单位：万元

项　目	R&D经费外部支出	#流向国内研究机构	#流向国内高等学校	#流向国内企业	#流向境外机构
按机构学科领域分					
自然科学领域	41196	30773	8278	1943	202
数学	1681	600	1081		
信息科学与系统科学	696	519	177		
力学					
物理学	657	423	234		
化学	907	804	103		
天文学	9523	9320	203		
地球科学	26583	18376	6277	1795	136
生物学	1082	664	203	148	66
心理学	68	68			
农业科学领域	22096	13573	6576	983	
农学	16906	10660	5190	939	
林学	4063	2272	1369	27	
畜牧、兽医科学	35	11	7	17	
水产学	1091	630	10		
医学科学领域	16403	14039	1625	449	
基础医学	1990	1800	185	5	
临床医学	5788	5424	60	14	
预防医学与公共卫生学	4745	4216	529		
军事医学与特种医学					
药学	2585	1526	665	393	
中医学与中药学	1296	1073	186	37	
工程科学与技术领域	133193	30163	7773	34839	2301
工程与技术科学基础学科	17801	2483	48	2447	
信息与系统科学相关工程与技术					
自然科学相关工程与技术					
测绘科学技术					
材料科学	1683	651	458	574	
矿山工程技术	50		50		
冶金工程技术					
机械工程	119	3	116		
动力与电气工程	10094	676	195	9223	
能源科学技术	661		30	629	
核科学技术	3258	300	40		144
电子与通信技术	26941	6059	651	2535	
计算机科学技术	3204	2358		2454	2125
化学工程	25	25			
产品应用相关工程技术					
纺织科学技术	80	69	11		
食品科学技术	867	797	50	20	
土木建筑工程	932	408	20	504	
水利工程	163	113	39		12
交通运输工程	14251	6704	342	1873	20
航空、航天科学技术	52339	9485	5107	14504	
环境科学技术及资源科学技术	537	12	518	7	
安全科学技术	118	20	98		
管理学	70			70	

2-34 续表 2

单位：万元

项　目	R&D经费外部支出	#流向国内研究机构	#流向国内高等学校	#流向国内企业	#流向境外机构
社会、人文科学领域	621	309	226	86	
艺术学					
历史学	145	47	16	81	
考古学	477	262	210	5	
经济学					
法学					
社会学					
新闻学与传播学					
图书馆、情报与文献学					
教育学					
体育科学					
按机构服务的国民经济行业分					
农、林、牧、渔业	22948	14073	6768	1131	12
农业	17670	11085	5380	1087	
林业	4063	2272	1369	27	
畜牧业	2			2	
渔业	59		7		
农、林、牧、渔服务业	1153	716	12	15	12
采矿业	222	158	64		
煤炭开采和洗选业					
有色金属矿采选业	222	158	64		
其他采矿业					
制造业	3333	2127	795	410	
农副食品加工业					
食品制造业					
饮料制造业					
纺织业					
纺织服装、鞋、帽制造业					
皮革、毛皮、羽毛(绒)及其制品业					
木材加工及木、竹、藤、棕、草制品业					
家具制造业					
造纸及纸制品业					
印刷业和记录媒介的复制					
石油加工、炼焦及核燃料加工业					
化学原料及化学制品制造业					
医药制造业	3215	2107	697	410	
化学纤维制造业					
橡胶制品业					
塑料制品业					
非金属矿物制品业	20		20		
黑色金属冶炼及压延加工业					
有色金属冶炼及压延加工业					
金属制品业					
通用设备制造业					
专用设备制造业	98	20	78		
交通运输设备制造业					
电气机械及器材制造业					
通信设备、计算机及其他电子设备制造业					
仪器仪表及文化、办公用机械制造业					
工艺品及其他制造业					

2-34 续表 3

单位：万元

项　目	R&D经费外部支出	#流向国内研究机构	#流向国内高等学校	#流向国内企业	#流向境外机构
电力、燃气及水的生产和供应业	180		30	150	
电力、热力的生产和供应业	180		30	150	
燃气生产和供应业					
水的生产和供应业					
建筑业	987	408	75	504	
房屋和土木工程建筑业	987	408	75	504	
建筑安装业					
建筑装饰业					
其他建筑业					
交通运输、仓储和邮政业	704	120	139	426	20
铁路运输业					
道路运输业	526	115	139	273	
城市公共交通业	178	5		153	20
水上运输业					
航空运输业					
装卸搬运和其他运输服务业					
信息传输、计算机服务和软件业	96			96	
电信和其他信息传输服务业					
计算机服务业	96			96	
软件业					
批发和零售业					
批发业					
房地产业					
房地产业					
租赁和商务服务业					
商务服务业					
科学研究、技术服务和地质勘查业	172378	61329	14921	35539	2471
研究与试验发展	149515	45023	9532	34493	2352
专业技术服务业	9533	5324	3041	1047	119
科技交流和推广服务业					
地质勘查业	13330	10982	2349		
水利、环境和公共设施管理业	668	113	549	6	
水利管理业	152	113	39		
环境管理业	516		510	6	
公共设施管理业					
居民服务和其他服务业					
居民服务业					
其他服务业					
教育					
教育					
卫生、社会保障和社会福利业	11471	10220	927	34	
卫生	11471	10220	927	34	
文化、体育和娱乐业	477	262	210	5	
广播、电视、电影和音像业					
文化艺术业	477	262	210	5	
体育					
公共管理和社会组织	46	46			
国家机构	46	46			

2-35 中央部门属自然科学与技术领域机构R&D经费外部支出按流向分

单位：万元

项目	R&D经费外部支出	#流向国内研究机构	#流向国内高等学校	#流向国内企业	#流向境外机构
中央部门属合计	**198061**	**76710**	**22793**	**37059**	**2471**
按机构学科领域分					
自然科学领域	40939	30531	8263	1943	202
数学	1681	600	1081		
信息科学与系统科学	696	519	177		
力学					
物理学	657	423	234		
化学	907	804	103		
天文学	9523	9320	203		
地球科学	26568	18376	6262	1795	136
生物学	840	422	203	148	66
心理学	68	68			
农业科学领域	17419	9859	5838	809	
农学	12431	7025	4553	783	
林学	3912	2204	1285	27	
畜牧、兽医科学					
水产学	1077	630			
医学科学领域	8371	6464	1519	389	
基础医学	1985	1800	185		
临床医学	10	7		3	
预防医学与公共卫生学	3082	2567	515		
军事医学与特种医学					
药学	2557	1526	665	366	
中医学与中药学	737	564	154	20	
工程科学与技术领域	130711	29547	6947	33832	2269
工程与技术科学基础学科	17778	2483	37	2435	
自然科学相关工程与技术					
测绘科学技术					
材料科学	1675	643	458	574	
冶金工程技术					
机械工程	59	3	56		
动力与电气工程	10094	676	195	9223	
能源科学技术	463			463	
核科学技术	3258	300	40		144
电子与通信技术	26941	6059	651	2535	
计算机科学技术	3108	2358		2358	2125
化学工程	25	25			
食品科学技术	867	797	50	20	
土木建筑工程					
水利工程	8		8		
交通运输工程	13998	6699	267	1720	
航空、航天科学技术	52339	9485	5107	14504	
环境科学技术及资源科学技术					
安全科学技术	98	20	78		
管理学					
社会、人文科学领域	621	309	226	86	
艺术学					
历史学	145	47	16	81	
考古学	477	262	210	5	
经济学					
法学					
社会学					
图书馆、情报与文献学					
教育学					
体育科学					

2-35 续表

单位：万元

项　　目	R&D经费外部支出	#流向国内研究机构	#流向国内高等学校	#流向国内企业	#流向境外机构
按机构服务的国民经济行业分					
农、林、牧、渔业	18037	10137	6030	958	
农业	13049	7303	4745	931	
林业	3912	2204	1285	27	
畜牧业					
渔业	53				
农、林、牧、渔服务业	1024	630			
采矿业	222	158	64		
有色金属矿采选业	222	158	64		
制造业	2726	1618	743	366	
农副食品加工业					
饮料制造业					
木材加工及木、竹、藤、棕、草制品业					
化学原料及化学制品制造业					
医药制造业	2629	1598	665	366	
有色金属冶炼及压延加工业					
通用设备制造业					
专用设备制造业	98	20	78		
交通运输设备制造业					
通信设备、计算机及其他电子设备制造业					
电力、燃气及水的生产和供应业					
电力、热力的生产和供应业					
建筑业					
房屋和土木工程建筑业					
其他建筑业					
交通运输、仓储和邮政业	526	115	139	273	
铁路运输业					
道路运输业	526	115	139	273	
水上运输业					
航空运输业					
信息传输、计算机服务和软件业					
电信和其他信息传输服务业					
计算机服务业					
科学研究、技术服务和地质勘查业	171988	61220	14746	35435	2471
研究与试验发展	149352	44995	9472	34418	2352
专业技术服务业	9356	5243	2976	1018	119
科技交流和推广服务业					
地质勘查业	13280	10982	2299		
水利、环境和公共设施管理业	8		8		
水利管理业	8		8		
环境管理业					
居民服务和其他服务业					
居民服务业					
教育					
教育					
卫生、社会保障和社会福利业	4030	3154	854	23	
卫生	4030	3154	854	23	
文化、体育和娱乐业	477	262	210	5	
广播、电视、电影和音像业					
文化艺术业	477	262	210	5	
体育					
公共管理和社会组织	46	46			
国家机构	46	46			

2-36 地方部门属自然科学与技术领域机构R&D经费外部支出按流向分

单位：万元

项 目	R&D经费外部支出	#流向国内研究机构	#流向国内高等学校	#流向国内企业	#流向境外机构
地方部门属合计	**15448**	**12146**	**1685**	**1242**	**32**
东部地区	11655	9191	1333	842	
中部地区	1299	691	221	301	32
西部地区	2494	2264	131	98	
北 京	3692	2820	446	136	
天 津	782	388	21	373	
河 北	18	8	7	3	
山 西	136	43	75	16	
内蒙古					
辽 宁	20		20		
#沈阳市	20		20		
大连市					
吉 林	12				12
#长春市	12				12
黑龙江					
#哈尔滨市					
上 海	314	152	55	107	
江 苏	693		531	162	
#南京市	494		494		
浙 江	22		16	6	
#杭州市					
宁波市	22		16	6	
安 徽					
福 建	58	6	10	42	
#厦门市					
江 西	415	212	31	153	20
山 东	541	445	83	13	
#济南市	500	425	75		
青岛市					
河 南	191	83		108	
湖 北	444	256	112	24	
#武汉市	444	256	112	24	
湖 南	101	98	3		
广 东	5516	5372	144		
#广州市	5370	5370			
深圳市					
广 西	1587	1507	10	70	
海 南					
重 庆	100	20	80		
四 川	589	540	32	17	
#成都市	589	540	32	17	
贵 州	39	35		4	
云 南					
西 藏	121	121			
陕 西					
#西安市					
甘 肃	20	20			
青 海	5			5	
宁 夏	16	16			
新 疆	17	6	9	2	

2-37 自然科学与技术领域机构R&D课题人员和经费

项目	课题数 合计 (个)	课题经费 内部支出 (万元)	#政府资金	投入人员 (人年)	#研究人员
全国	**55856**	**5705773**	**4910766**	**227867**	**135089**
按隶属关系分					
地方部门属	18739	401234	309009	42583	23164
省级部门属	16050	345335	267150	33717	18749
副省级城市属	410	8253	5969	1422	705
地市级部门属	2279	47645	35890	7444	3709
中央部门属	37117	5304539	4601757	185284	111926
中国科学院	21802	1113628	1014653	42808	19635
按地区分					
东部地区	36548	3413701	2885405	127859	74477
中部地区	9124	849801	674811	46984	27414
西部地区	10184	1442271	1350550	53025	33199
北京	16309	1766056	1491881	57477	33125
天津	744	114486	105846	5576	3428
河北	474	189744	183294	5151	4620
山西	918	54538	49298	4053	2386
内蒙古	606	23582	21028	2446	1676
辽宁	1348	202054	183345	10224	5558
吉林	1627	97185	92504	5207	2196
黑龙江	1694	47063	41822	5900	3250
上海	5164	453800	393337	17052	8427
江苏	3157	408542	294307	13942	9007
浙江	1472	72891	60319	3723	1866
安徽	778	161354	94549	5004	3034
福建	1645	28400	26479	1981	856
江西	559	39061	36926	3467	2223
山东	2776	83511	72992	6636	4205
河南	568	133272	116564	6983	4722
湖北	2012	239438	197678	10951	6545
湖南	968	77890	45470	5417	3057
广东	3044	75699	56157	5445	3098
广西	1231	22435	17412	2402	1145
海南	415	18517	17449	653	288
重庆	477	33047	27198	2221	1332
四川	1465	562404	531803	12628	9479
贵州	867	20498	12787	1879	899
云南	1347	62550	53035	3682	1866
西藏	55	2388	2373	233	105
陕西	1451	626946	605422	21170	13503
甘肃	1376	63120	58095	3920	1883
青海	203	4011	3709	379	175
宁夏	134	1325	1319	172	99
新疆	972	19966	16370	1895	1036

2-37　续表 1

项　　目	课题数合计（个）	课题经费内部支出（万元）	#政府资金	投入人员（人年）	#研究人员
按课题来源分					
中央政府部门下达课题	30501	4468150	4017891	161528	96951
地方政府部门下达课题	14708	298901	237145	31136	16994
企业委托课题	2265	212633	51602	7873	4354
自选课题	4774	198674	140134	11367	6286
国际合作课题	845	66594	28748	1746	934
其它课题	2763	460820	435247	14216	9571
按课题合作形式分					
与境外机构合作	889	48937	39014	2319	1277
与国内高校合作	3019	198595	166365	9760	5051
与国内独立研究机构合作	6137	629219	547119	23038	13321
与境内注册的外商独资企业合作	33	1292	860	78	49
与境内注册的其他企业合作	1736	164923	129100	6309	3794
独立研究	42484	4381744	3770945	175466	105090
其他	1558	281064	257362	10896	6506
按课题学科分					
自然科学领域	18185	809450	753177	34036	16791
数学	307	6665	6510	450	211
信息科学与系统科学	197	17755	16159	567	275
力学	299	14128	12496	620	324
物理学	2308	171134	165547	5786	2704
化学	2127	92940	78211	4895	2240
天文学	558	34677	34580	874	494
地球科学	6623	262472	246126	10072	5761
生物学	5652	206725	191403	10448	4671
心理学	114	2953	2145	324	113
农业科学领域	14706	363587	306274	30042	15566
农学	9763	249375	205889	19599	10151
林学	1989	43479	39801	4113	2168
畜牧、兽医科学	1891	47838	40317	4233	2164
水产学	1063	22896	20267	2097	1083
医学科学领域	5490	160193	115901	15301	7874
基础医学	735	20104	15505	1827	961
临床医学	1573	42885	27363	4844	2437
预防医学与公共卫生学	840	33329	27274	3276	1810
军事医学与特种医学	20	446	392	64	24
药学	813	37548	25380	1949	785
中医学与中药学	1509	25881	19986	3341	1857

2-37 续表 2

项 目	课题数合计(个)	课题经费内部支出(万元)	#政府资金	投入人员(人年)	#研究人员
工程科学与技术领域	16988	4357087	3722217	147101	94067
工程与技术科学基础学科	1506	308482	271793	11826	8430
信息与系统科学相关工程与技术	135	7187	2283	419	244
自然科学相关工程与技术	288	18685	15102	1053	565
测绘科学技术	457	35629	29457	1111	604
材料科学	1680	120564	92875	6031	3944
矿山工程技术	89	3629	2798	197	119
冶金工程技术	62	2275	1452	133	89
机械工程	369	29420	24260	2333	1472
动力与电气工程	396	91859	80775	3220	1294
能源科学技术	477	22376	14702	906	508
核科学技术	433	413434	407698	8728	7026
电子与通信技术	2839	1247989	1001417	39202	26645
计算机科学技术	901	96354	76754	4533	2380
化学工程	390	19500	12129	1069	580
产品应用相关工程技术	133	14556	12134	361	207
纺织科学技术	17	708	422	44	28
食品科学技术	341	5813	4578	699	345
土木建筑工程	211	6625	3358	496	306
水利工程	943	42388	34328	1369	813
交通运输工程	891	137577	109165	4609	3094
航空、航天科学技术	1866	1638108	1447877	52659	31791
环境科学技术及资源科学技术	2007	75397	62942	4446	2383
安全科学技术	367	14217	9934	1373	1056
管理学	190	4314	3983	282	145
社会、人文科学领域	487	15456	13196	1387	791
马克思主义					
哲学	10	228	228	20	7
宗教学	20	187	177	51	22
语言学	1	1	1		
艺术学	8	428	395	45	20
历史学	37	857	853	62	43
考古学	53	1181	905	55	35
经济学	132	2645	2323	205	117
政治学					
法学	43	2205	2148	219	122
军事学	4	77	77	7	2
社会学	49	955	872	107	51
新闻学与传播学	5	143	143	11	8
图书馆、情报与文献学	42	4015	3217	386	240
教育学	6	1422	832	67	36
体育科学	73	927	841	140	84
统计学	4	186	186	13	4
按课题服务的国民经济行业分					
农、林、牧、渔业	14057	351238	295549	28996	14935
农业	7909	187314	158886	16429	8317
林业	1299	29958	27250	2721	1374
畜牧业	916	21706	18177	2055	1130
渔业	976	20696	19214	1772	936
农、林、牧、渔服务业	2957	91564	72021	6019	3178

2-37 续表 3

项　目	课题数合　计(个)	课题经费内部支出(万元)	#政府资金	投入人员(人年)	#研究人员
采矿业	252	11185	7924	694	302
煤炭开采和洗选业	26	1056	572	79	44
石油和天然气开采业	110	4719	2999	194	90
黑色金属矿采选业	9	440	330	34	16
有色金属矿采选业	54	1889	1637	138	94
非金属矿采选业	48	2440	2198	239	50
其他采矿业	5	642	189	12	7
制造业	5036	287662	229692	13593	6750
农副食品加工业	289	8120	6900	593	319
食品制造业	108	2077	1564	266	141
饮料制造业	65	1382	542	128	58
烟草制品业	6	68	28	12	8
纺织业	18	805	421	74	45
纺织服装、鞋、帽制造业	9	89	74	22	12
皮革、毛皮、羽毛(绒)及其制品业	4	46	10	7	6
木材加工及木、竹、藤、棕、草制品业	154	2809	2703	293	183
家具制造业	4	190	101	21	15
造纸及纸制品业	13	607	437	49	27
印刷业和记录媒介的复制	5	319	282	12	6
文教体育用品制造业	3	13	10	12	4
石油加工、炼焦及核燃料加工业	58	5046	2208	178	100
化学原料及化学制品制造业	678	29247	20679	1734	909
医药制造业	1132	48228	33332	2619	1067
化学纤维制造业	16	968	830	59	26
橡胶制品业	17	369	324	59	41
塑料制品业	25	336	248	60	32
非金属矿物制品业	98	3834	3152	233	108
黑色金属冶炼及压延加工业	24	798	435	62	36
有色金属冶炼及压延加工业	46	2532	2016	97	68
金属制品业	85	3605	2741	207	150
通用设备制造业	160	8380	6362	436	209
专用设备制造业	429	16961	9444	1122	600
交通运输设备制造业	295	40626	37839	1236	652
电气机械及器材制造业	158	8364	4640	438	201
通信设备、计算机及其他电子设备制造业	644	47296	40679	1467	744
仪器仪表及文化、办公用机械制造业	432	52149	50169	1966	911
工艺品及其他制造业	29	1580	791	80	45
废弃资源和废旧材料回收加工业	32	819	734	54	27
电力、燃气及水的生产和供应业	370	19227	12618	817	383
电力、热力的生产和供应业	288	17033	11071	669	308
燃气生产和供应业	31	1126	952	64	32
水的生产和供应业	51	1068	595	85	43
建筑业	245	6068	3034	579	334
房屋和土木工程建筑业	193	4460	2076	511	287
建筑安装业	7	140	107	22	15
建筑装饰业					
其他建筑业	45	1468	851	46	33
交通运输、仓储和邮政业	512	27599	18597	1033	742
铁路运输业	29	510	137	76	58
道路运输业	243	13310	11017	482	393
城市公共交通业	35	2217	1856	117	67
水上运输业	161	9763	3863	160	128
航空运输业	24	1096	1080	121	46
管道运输业	2	32	18	4	3
装卸搬运和其他运输服务业	3	96	96	11	11
仓储业	15	576	530	61	36
邮政业					

2-37 续表 4

项目	课题数 合计 (个)	课题经费 内部支出 (万元)	#政府资金	投入人员 (人年)	#研究人员
信息传输、计算机服务和软件业	443	52820	45151	1380	642
电信和其他信息传输服务业	200	30077	23342	708	356
计算机服务业	183	20466	20050	510	221
软件业	60	2277	1758	162	65
批发和零售业	13	553	421	24	11
批发业	7	363	314	16	8
零售业	6	190	107	8	3
住宿和餐饮业	1	136	136	5	3
住宿业	1	136	136	5	3
金融业	5	465	171	23	7
银行业	1	1			
证券业	1	4	4		
保险业	2	416	123	20	4
其他金融活动	1	44	44	3	2
房地产业					
房地产业					
租赁和商务服务业	14	910	910	24	10
商务服务业	14	910	910	24	10
科学研究、技术服务和地质勘查业	29009	4740028	4140792	164984	102488
研究与试验发展	25474	4557790	3979150	157670	98121
专业技术服务业	2742	139119	122642	5680	3256
科技交流和推广服务业	166	7146	5099	301	168
地质勘查业	627	35973	33902	1333	944
水利、环境和公共设施管理业	2476	93884	80380	4936	2574
水利管理业	566	29582	23950	1103	643
环境管理业	1858	63799	56124	3620	1831
公共设施管理业	52	503	306	213	100
居民服务和其他服务业	13	380	311	25	12
居民服务业	4	169	118	11	6
其他服务业	9	211	193	14	7
教育	32	2932	2341	87	47
教育	32	2932	2341	87	47
卫生、社会保障和社会福利业	3004	81558	56049	9520	5216
卫生	3002	81516	56015	9518	5214
社会保障业	2	42	35	2	1
社会福利业					
文化、体育和娱乐业	183	5676	3933	434	257
新闻出版业	8	164	109	17	10
广播、电视、电影和音像业	9	420	316	32	18
文化艺术业	75	2344	1812	128	84
体育	75	985	899	149	88
娱乐业	16	1762	797	108	58
公共管理和社会组织	191	23451	12757	714	376
中国共产党机关					
国家机构	189	23393	12729	708	374
人民政协和民主党派	1	23	14	3	1
群众团体、社会团体和宗教组织	1	36	13	2	1
基层群众自治组织					
国际组织					
国际组织					

2-38　中央部门属自然科学与技术领域机构R&D课题人员和经费

项　　目	课题数合计（个）	课题经费内部支出（万元）	#政府资金	投入人员（人年）	#研究人员
中央部门属合计	**37117**	**5304539**	**4601757**	**185284**	**111926**
按课题来源分					
中央政府部门下达课题	26036	4307968	3882330	150112	90785
地方政府部门下达课题	3635	104025	88702	6599	3524
企业委托课题	1900	204759	48490	7038	3937
自选课题	3283	179460	131177	8239	4663
国际合作课题	613	60117	24412	1216	618
其它课题	1650	448210	426647	12078	8400
按课题合作形式分					
与境外机构合作	662	40950	32901	1687	928
与国内高校合作	1937	150501	133297	6861	3428
与国内独立研究机构合作	3876	567871	495963	17366	10212
与境内注册的外商独资企业合作	19	1067	717	58	37
与境内注册的其他企业合作	1039	138213	110471	4455	2761
独立研究	28625	4138146	3583043	145372	88884
其他	959	267791	245365	9486	5677
按课题学科分					
自然科学领域	16548	772223	721869	31004	15019
数学	300	6608	6462	442	205
信息科学与系统科学	175	16809	15358	484	236
力学	223	13750	12119	577	281
物理学	2269	170593	165216	5705	2659
化学	1895	87787	74576	4365	1928
天文学	546	32016	31919	811	446
地球科学	6473	258848	242728	9802	5599
生物学	4554	182874	171347	8495	3554
心理学	113	2939	2145	322	111
农业科学领域	3900	148562	129977	7626	3576
农学	1714	80802	68778	3492	1515
林学	814	29806	27662	1338	636
畜牧、兽医科学	680	22578	19956	1661	830
水产学	692	15376	13582	1135	595
医学科学领域	1975	94489	73059	6065	2954
基础医学	328	13245	10212	821	377
临床医学	426	18789	12868	1658	764
预防医学与公共卫生学	167	17561	16955	1150	744
军事医学与特种医学	12	399	345	33	9
药学	577	30590	21241	1380	480
中医学与中药学	465	13906	11439	1024	580

2-38 续表 1

项目	课题数合计（个）	课题经费内部支出（万元）	#政府资金	投入人员（人年）	#研究人员
工程科学与技术领域	14331	4274939	3664623	139488	89739
工程与技术科学基础学科	1365	301749	268325	11334	8071
信息与系统科学相关工程与技术	107	6841	2092	334	191
自然科学相关工程与技术	98	10769	10193	295	153
测绘科学技术	421	34725	28692	922	526
材料科学	1567	118585	91785	5707	3741
矿山工程技术	70	3276	2514	154	100
冶金工程技术	54	2068	1395	101	74
机械工程	269	25683	22121	1924	1228
动力与电气工程	348	89717	79201	3068	1221
能源科学技术	390	18528	11720	642	355
核科学技术	402	412233	406581	8636	6969
电子与通信技术	2693	1242572	997422	38635	26361
计算机科学技术	769	92850	74184	4171	2197
化学工程	259	14905	8669	668	353
产品应用相关工程技术	71	13366	11442	285	157
纺织科学技术	3	437	179	2	2
食品科学技术	105	2201	2132	167	65
土木建筑工程	89	4431	2704	172	137
水利工程	754	34011	27202	908	564
交通运输工程	736	133431	107255	4159	2774
航空、航天科学技术	1864	1638066	1447835	52655	31788
环境科学技术及资源科学技术	1489	58994	49689	3127	1660
安全科学技术	264	11801	7756	1200	948
管理学	144	3702	3536	220	103
社会、人文科学领域	363	14325	12229	1102	640
马克思主义					
哲学	10	228	228	20	7
艺术学	2	240	240	13	6
历史学	37	857	853	62	43
考古学	53	1181	905	55	35
经济学	109	2382	2069	163	89
法学	37	2140	2093	179	100
军事学	4	77	77	7	2
社会学	36	860	815	61	32
新闻学与传播学	5	143	143	11	8
图书馆、情报与文献学	40	3982	3184	383	238
教育学	4	1401	811	65	34
体育科学	23	660	636	71	43
统计学	3	177	177	11	3
按课题服务的国民经济行业分					
农、林、牧、渔业	3652	140590	123856	7200	3269
农业	1157	60873	51223	2728	1060
林业	450	19907	18173	676	280
畜牧业	227	6518	5608	366	202
渔业	713	15659	14804	1103	585
农、林、牧、渔服务业	1105	37633	34048	2327	1142

2-38 续表 2

项　目	课题数 合计 (个)	课题经费 内部支出 (万元)	#政府资金	投入人员 (人年)	#研究人员
采矿业	215	10143	7407	583	245
煤炭开采和洗选业	9	348	232	29	16
石油和天然气开采业	105	4660	2966	185	86
黑色金属矿采选业	5	366	303	18	12
有色金属矿采选业	43	1687	1520	100	75
非金属矿采选业	48	2440	2198	239	50
其他采矿业	5	642	189	12	7
制造业	3606	245062	199630	9320	4329
农副食品加工业	135	4731	4336	227	111
食品制造业	18	509	506	39	18
饮料制造业	26	925	248	31	15
烟草制品业	4	51	23	10	6
纺织业	3	170	120	3	3
木材加工及木、竹、藤、棕、草制品业	123	2679	2587	244	158
家具制造业	1	96	96	7	6
造纸及纸制品业	1	2		1	1
印刷业和记录媒介的复制	3	283	260	7	3
文教体育用品制造业	2	9	7	4	1
石油加工、炼焦及核燃料加工业	53	4996	2166	164	93
化学原料及化学制品制造业	481	24706	18076	1220	607
医药制造业	712	35489	23502	1641	541
化学纤维制造业	14	915	787	52	23
橡胶制品业	15	323	323	45	30
塑料制品业	11	179	154	13	7
非金属矿物制品业	74	3384	2908	174	76
黑色金属冶炼及压延加工业	13	570	373	29	17
有色金属冶炼及压延加工业	41	2504	2009	87	59
金属制品业	77	3488	2696	175	132
通用设备制造业	111	7629	5892	316	141
专用设备制造业	304	12299	7452	515	285
交通运输设备制造业	267	39937	37281	1091	543
电气机械及器材制造业	139	7930	4458	341	148
通信设备、计算机及其他电子设备制造业	624	46606	40363	1353	693
仪器仪表及文化、办公用机械制造业	325	42839	41958	1475	580
工艺品及其他制造业	18	1373	643	39	23
废弃资源和废旧材料回收加工业	11	443	407	19	12
电力、燃气及水的生产和供应业	280	15126	9870	549	240
电力、热力的生产和供应业	243	13745	8709	487	213
燃气生产和供应业	21	882	842	41	19
水的生产和供应业	16	500	319	21	9
建筑业	56	1722	1066	63	48
房屋和土木工程建筑业	14	354	300	22	15
建筑安装业	1	99	99	5	5
其他建筑业	41	1268	667	36	29
交通运输、仓储和邮政业	414	25212	17368	803	593
铁路运输业	29	510	137	76	58
道路运输业	175	11928	10620	375	319
城市公共交通业	15	1555	1236	37	14
水上运输业	160	9689	3861	157	126
航空运输业	24	1096	1080	121	46
管道运输业	1	18	18	2	2
装卸搬运和其他运输服务业	3	96	96	11	11
仓储业	7	319	319	24	18
邮政业					

2-38 续表 3

项　　目	课题数 合　计 （个）	课题经费 内部支出 （万元）	#政府资金	投入人员 （人年）	#研究人员
信息传输、计算机服务和软件业	348	50913	43575	1175	552
电信和其他信息传输服务业	193	29758	23044	690	347
计算机服务业	122	19310	18911	388	162
软件业	33	1844	1620	98	44
批发和零售业	11	492	360	21	10
批发业	6	313	264	15	7
零售业	5	179	96	6	3
住宿和餐饮业	1	136	136	5	3
住宿业	1	136	136	5	3
金融业	3	460	167	22	6
保险业	2	416	123	20	4
其他金融活动	1	44	44	3	2
租赁和商务服务业	11	893	893	15	6
商务服务业	11	893	893	15	6
科学研究、技术服务和地质勘查业	25901	4675711	4089778	158756	98932
研究与试验发展	23220	4513750	3943380	153130	95565
专业技术服务业	1980	122250	110427	4281	2408
科技交流和推广服务业	122	6309	4358	193	103
地质勘查业	579	33402	31613	1152	856
水利、环境和公共设施管理业	1695	69358	60373	2827	1413
水利管理业	405	21786	17269	643	402
环境管理业	1276	47342	42893	2164	997
公共设施管理业	14	230	212	20	14
居民服务和其他服务业	6	275	238	6	3
居民服务业	1	99	79	4	1
其他服务业	5	177	159	2	2
教育	22	2755	2245	70	41
教育	22	2755	2245	70	41
卫生、社会保障和社会福利业	629	38096	29448	2987	1768
卫生	628	38068	29420	2987	1768
社会保障业	1	28	28		
社会福利业					
文化、体育和娱乐业	112	4943	3344	267	169
新闻出版业	8	164	109	17	10
广播、电视、电影和音像业	7	364	316	19	13
文化艺术业	67	2045	1527	95	69
体育	23	660	636	71	43
娱乐业	7	1710	756	65	35
公共管理和社会组织	155	22653	12005	615	299
中国共产党机关					
国家机构	154	22618	11992	612	298
群众团体、社会团体和宗教组织	1	36	13	2	1
基层群众自治组织					
国际组织					
国际组织					

2-39　地方部门属自然科学与技术领域机构R&D课题人员和经费

项　目	课题数 合　计 (个)	课题经费 内部支出 (万元)	#政府资金	投入人员 (人年)	#研究人员
地方部门属合计	**18739**	**401234**	**309009**	**42583**	**23164**
按地区分					
东部地区	8858	234844	173838	18296	10314
中部地区	5014	83606	66261	13548	7214
西部地区	4867	82783	68910	10740	5635
北　京	937	36842	33039	2198	1147
天　津	382	16024	11729	769	390
河　北	379	5516	4874	772	510
山　西	581	6915	6179	1212	591
内蒙古	346	11035	10147	1126	541
辽　宁	275	11066	10575	1374	800
#沈阳市	169	7304	7165	827	507
大连市	25	480	437	108	80
吉　林	724	15431	12646	2013	723
#长春市	610	12461	9979	1610	569
黑龙江	1402	18004	13005	3728	2098
#哈尔滨市	968	12943	9809	2528	1373
上　海	958	30994	22904	1621	815
江　苏	1101	49382	28483	2177	1273
#南京市	533	33862	18992	1034	636
浙　江	914	17578	14939	1330	699
#杭州市	642	12573	10232	926	482
宁波市	34	1062	1016	44	13
安　徽	284	5113	4015	572	360
福　建	916	10369	9012	1368	624
#厦门市	69	352	312	94	50
江　西	541	8046	6712	1666	930
山　东	1656	33091	23254	3923	2542
#济南市	1176	21989	13649	2583	1871
青岛市	169	4723	4639	411	174
河　南	298	5652	5409	772	474
湖　北	412	9001	7822	945	525
#武汉市	337	7555	6704	769	449
湖　南	772	15444	10472	2640	1514
广　东	1249	22772	13823	2644	1443
#广州市	1106	19712	11805	2158	1229
深圳市	5	63	32	16	11
广　西	1142	16274	13330	2057	899
海　南	91	1210	1207	121	72
重　庆	341	6169	5206	704	380
四　川	573	10603	8851	1202	676
#成都市	339	6509	5491	580	345
贵　州	509	3983	3648	663	377
云　南	603	12214	9203	1508	823
西　藏	55	2388	2373	233	105
陕　西	144	2369	1553	537	306
#西安市	114	1545	1165	401	238
甘　肃	403	5096	3972	1282	696
青　海	13	220	220	35	7
宁　夏	134	1325	1319	172	99
新　疆	604	11107	9088	1221	728

2-39 续表

项 目	课题数 合 计 (个)	课题经费 内部支出 (万元)	#政府资金	投入人员 (人年)	#研究人员
按课题来源分					
中央政府部门下达课题	4465	160182	135560	11415	6165
国家重大科技专项	212	12883	9817	744	404
国家自然科学基金课题	635	11020	8607	1459	740
863计划课题	366	18122	14357	1030	535
国家科技支撑(攻关)计划课题	1192	40944	35142	3061	1674
国家火炬计划课题	14	482	482	19	11
国家星火计划课题	23	554	503	68	39
国家973计划课题	110	5212	4504	295	152
公益性行业科研专项	376	14381	12706	1017	560
国家社会科学基金课题	6	50	49	20	7
其它课题	1531	56533	49394	3703	2044
地方政府部门下达课题	11073	194875	148444	24537	13470
地方自然科学基金课题	1760	16005	12327	3105	1720
地方科技攻关计划课题	4033	73640	58669	10156	5580
地方火炬计划课题	2	28	28	4	3
地方星火计划课题	47	527	428	116	51
地方社会科学基金课题	148	773	529	395	216
其它课题	5083	103902	76463	10761	5902
企业委托课题	365	7875	3112	835	417
自选课题	1491	19214	8957	3128	1623
国际合作课题	232	6477	4336	530	316
其它课题	1113	12610	8600	2138	1171
按课题合作形式分					
与境外机构合作	227	7986	6113	632	349
与国内高校合作	1082	48094	33068	2899	1624
与国内独立研究机构合作	2261	61347	51157	5672	3109
与境内注册的外商独资企业合作	14	225	143	19	12
与境内注册的其他企业合作	697	26710	18629	1854	1033
独立研究	13859	243597	187903	30095	16207
其他	599	13273	11997	1411	830

2-40 自然科学与技术领域机构R&D课题经费按活动类型分类

单位：万元

项 目	经费内部支出合计	基础研究	应用研究	试验发展
全　国	**5705773**	**598096**	**2112503**	**2995174**
按隶属关系分				
地方部门属	401234	16001	109088	276144
省级部门属	345335	15405	103524	226407
副省级城市属	8253	248	1402	6604
地市级部门属	47645	349	4163	43134
中央部门属	5304539	582095	2003415	2719030
中国科学院	1113628	380119	624661	108848
按地区分				
东部地区	3413701	425236	1269158	1719308
中部地区	849801	66103	332327	451371
西部地区	1442271	106757	511018	824495
北　京	1766056	247871	566459	951726
天　津	114486	5147	27639	81699
河　北	189744	14967	160287	14490
山　西	54538	1321	33243	19975
内蒙古	23582	1231	9572	12779
辽　宁	202054	12313	74876	114865
吉　林	97185	6614	45913	44658
黑龙江	47063	2368	24926	19768
上　海	453800	74091	205823	173887
江　苏	408542	23268	135471	249803
浙　江	72891	2460	23614	46817
安　徽	161354	30261	64141	66952
福　建	28400	5714	12850	9836
江　西	39061	917	30957	7188
山　东	83511	15873	28028	39610
河　南	133272	215	26228	106828
湖　北	239438	19127	88411	131900
湖　南	77890	5280	18508	54102
广　东	75699	17560	30060	28080
广　西	22435	957	10094	11384
海　南	18517	5973	4049	8495
重　庆	33047	5893	20453	6701
四　川	562404	25550	286892	249961
贵　州	20498	8054	1411	11032
云　南	62550	13927	16799	31824
西　藏	2388	77	540	1771
陕　西	626946	17598	136930	472417
甘　肃	63120	30411	16269	16440
青　海	4011	1089	1088	1834
宁　夏	1325	10	887	429
新　疆	19966	1960	10082	7924

2-40 续表 1

单位：万元

项 目	经费内部支出合计	基础研究	应用研究	试验发展
按课题来源分				
中央政府部门下达课题	4468150	484654	1568198	2415299
地方政府部门下达课题	298901	25937	106843	166120
企业委托课题	212633	4678	77820	130135
自选课题	198674	60374	73389	64910
国际合作课题	66594	5388	19942	41264
其它课题	460820	17065	266310	177445
按课题合作形式分				
与境外机构合作	48937	12611	22702	13625
与国内高校合作	198595	33588	93240	71767
与国内独立研究机构合作	629219	55310	180357	393551
与境内注册的外商独资企业合作	1292	267	752	272
与境内注册的其他企业合作	164923	2214	77834	84875
独立研究	4381744	478804	1681524	2221415
其他	281064	15302	56095	209668
按课题学科分				
自然科学领域	809450	324242	354970	130237
数学	6665	4179	2371	116
信息科学与系统科学	17755	3608	12524	1623
力学	14128	4252	9531	345
物理学	171134	41448	104649	25037
化学	92940	31966	44246	16728
天文学	34677	17039	17189	450
地球科学	262472	102610	105132	54731
生物学	206725	117410	58121	31194
心理学	2953	1730	1208	15
农业科学领域	363587	22101	98589	242897
农学	249375	11250	69217	168908
林学	43479	6037	7729	29713
畜牧、兽医科学	47838	2557	13313	31967
水产学	22896	2257	8330	12309
医学科学领域	160193	25037	66863	68293
基础医学	20104	5742	7836	6527
临床医学	42885	8169	20762	13954
预防医学与公共卫生学	33329	1222	11023	21084
军事医学与特种医学	446		364	82
药学	37548	5988	17568	13992
中医学与中药学	25881	3916	9310	12655

2-40 续表 2

单位：万元

项　　目	经费内部支出合计	基础研究	应用研究	试验发展
工程科学与技术领域	4357087	224738	1585801	2546549
工程与技术科学基础学科	308482	29970	96238	182274
信息与系统科学相关工程与技术	7187	71	1922	5194
自然科学相关工程与技术	18685	858	8063	9765
测绘科学技术	35629	2040	11281	22308
材料科学	120564	17420	55618	47526
矿山工程技术	3629	6	640	2982
冶金工程技术	2275	72	336	1868
机械工程	29420	1076	8155	20189
动力与电气工程	91859	1041	81193	9625
能源科学技术	22376	3668	10922	7785
核科学技术	413434	53740	202346	157348
电子与通信技术	1247989	58337	577354	612299
计算机科学技术	96354	6514	65627	24213
化学工程	19500	476	9778	9247
产品应用相关工程技术	14556	1116	11754	1686
纺织科学技术	708		403	305
食品科学技术	5813	124	1054	4635
土木建筑工程	6625	198	1491	4936
水利工程	42388	1302	15081	26005
交通运输工程	137577	2409	42202	92966
航空、航天科学技术	1638108	31456	343793	1262859
环境科学技术及资源科学技术	75397	12019	35218	28161
安全科学技术	14217	421	2868	10927
管理学	4314	402	2464	1448
社会、人文科学领域	15456	1978	6280	7198
马克思主义				
哲学	228	5	223	
宗教学	187		13	174
语言学	1		1	
艺术学	428			428
历史学	857	831	26	
考古学	1181	200	443	538
经济学	2645	160	1197	1288
政治学				
法学	2205		221	1984
军事学	77		77	
社会学	955	311	493	151
新闻学与传播学	143	83	60	
图书馆、情报与文献学	4015	330	3284	401
教育学	1422		73	1349
体育科学	927		160	767
统计学	186	58	9	119
按课题服务的国民经济行业分				
农、林、牧、渔业	351238	26759	99889	224590
农业	187314	9168	40009	138136
林业	29958	5127	5041	19790
畜牧业	21706	1651	6276	13779
渔业	20696	3910	7983	8803
农、林、牧、渔服务业	91564	6903	40580	44081

2-40 续表 3

单位：万元

项 目	经费内部支出合计	基础研究	应用研究	试验发展
采矿业	11185	3043	3229	4913
煤炭开采和洗选业	1056	88	202	766
石油和天然气开采业	4719	799	2238	1681
黑色金属矿采选业	440		209	231
有色金属矿采选业	1889	27	325	1536
非金属矿采选业	2440	2045	152	242
其他采矿业	642	84	103	455
制造业	287662	26438	152367	108857
农副食品加工业	8120	124	1760	6236
食品制造业	2077	29	769	1279
饮料制造业	1382	17	179	1186
烟草制品业	68		23	45
纺织业	805		31	775
纺织服装、鞋、帽制造业	89		7	82
皮革、毛皮、羽毛(绒)及其制品业	46		10	36
木材加工及木、竹、藤、棕、草制品业	2809	33	316	2460
家具制造业	190		96	94
造纸及纸制品业	607		44	563
印刷业和记录媒介的复制	319	127	186	7
文教体育用品制造业	13		2	10
石油加工、炼焦及核燃料加工业	5046	191	3814	1042
化学原料及化学制品制造业	29247	5952	12962	10332
医药制造业	48228	9603	16507	22118
化学纤维制造业	968		679	289
橡胶制品业	369	76	102	192
塑料制品业	336	5	160	171
非金属矿物制品业	3834	150	2488	1196
黑色金属冶炼及压延加工业	798		397	400
有色金属冶炼及压延加工业	2532	4	1523	1006
金属制品业	3605		887	2718
通用设备制造业	8380	254	4125	4001
专用设备制造业	16961	577	5733	10651
交通运输设备制造业	40626	448	22120	18058
电气机械及器材制造业	8364	689	5679	1997
通信设备、计算机及其他电子设备制造业	47296	6839	35249	5208
仪器仪表及文化、办公用机械制造业	52149	1302	34817	16030
工艺品及其他制造业	1580	20	1304	256
废弃资源和废旧材料回收加工业	819		397	421
电力、燃气及水的生产和供应业	19227	760	10352	8115
电力、热力的生产和供应业	17033	661	9627	6745
燃气生产和供应业	1126	69	468	589
水的生产和供应业	1068	30	257	781
建筑业	6068	74	905	5089
房屋和土木工程建筑业	4460	63	699	3698
建筑安装业	140			140
建筑装饰业				
其他建筑业	1468	11	206	1251
交通运输、仓储和邮政业	27599	141	5158	22299
铁路运输业	510		61	450
道路运输业	13310	60	667	12582
城市公共交通业	2217		1510	707
水上运输业	9763	81	2691	6990
航空运输业	1096		203	893
管道运输业	32			32
装卸搬运和其他运输服务业	96		24	72
仓储业	576		3	573
邮政业				

2-40 续表 4

单位：万元

项　　目	经费内部支出合计	基础研究	应用研究	试验发展
信息传输、计算机服务和软件业	52820	3349	23490	25980
电信和其他信息传输服务业	30077	1824	4222	24031
计算机服务业	20466	1474	17850	1142
软件业	2277	51	1418	808
批发和零售业	553	101	311	141
批发业	363	6	227	130
零售业	190	95	84	11
住宿和餐饮业	136			136
住宿业	136			136
金融业	465		60	405
银行业	1		1	
证券业	4		4	
保险业	416		11	405
其他金融活动	44		44	
房地产业				
房地产业				
租赁和商务服务业	910	619	229	62
商务服务业	910	619	229	62
科学研究、技术服务和地质勘查业	4740028	515716	1740402	2483909
研究与试验发展	4557790	496551	1658188	2403051
专业技术服务业	139119	15011	60169	63939
科技交流和推广服务业	7146	326	2242	4578
地质勘查业	35973	3829	19803	12341
水利、环境和公共设施管理业	93884	9138	38113	46634
水利管理业	29582	1261	12055	16266
环境管理业	63799	7857	25803	30139
公共设施管理业	503	20	255	229
居民服务和其他服务业	380	6	64	310
居民服务业	169			169
其他服务业	211	6	64	141
教育	2932	2000	706	226
教育	2932	2000	706	226
卫生、社会保障和社会福利业	81558	9412	33681	38466
卫生	81516	9412	33681	38423
社会保障业	42			42
社会福利业				
文化、体育和娱乐业	5676	457	1502	3717
新闻出版业	164	57	81	27
广播、电视、电影和音像业	420		132	288
文化艺术业	2344	400	708	1237
体育	985		212	773
娱乐业	1762		369	1393
公共管理和社会组织	23451	82	2044	21326
中国共产党机关				
国家机构	23393	82	2020	21290
人民政协和民主党派	23		23	
群众团体、社会团体和宗教组织	36			36
基层群众自治组织				
国际组织				
国际组织				

2-41 中央部门属自然科学与技术领域机构R&D课题经费按活动类型分类

单位：万元

项目	经费内部支出合计	基础研究	应用研究	试验发展
中央部门属合计	**5304539**	**582095**	**2003415**	**2719030**
按课题来源分				
中央政府部门下达课题	4307968	475883	1525508	2306577
地方政府部门下达课题	104025	20280	51801	31944
企业委托课题	204759	4610	75767	124382
自选课题	179460	59927	69916	49617
国际合作课题	60117	5141	16839	38137
其它课题	448210	16253	263585	168373
按课题合作形式分				
与境外机构合作	40950	12243	19077	9631
与国内高校合作	150501	32152	68461	49887
与国内独立研究机构合作	567871	53683	167311	346877
与境内注册的外商独资企业合作	1067	267	699	101
与境内注册的其他企业合作	138213	1961	72489	63764
独立研究	4138146	466748	1622133	2049266
其他	267791	15041	53245	199504
按课题学科分				
自然科学领域	772223	321015	342258	108951
数学	6608	4170	2366	72
信息科学与系统科学	16809	3607	12446	757
力学	13750	3918	9496	336
物理学	170593	41448	104543	24602
化学	87787	31841	43736	12209
天文学	32016	17039	14527	450
地球科学	258848	102292	103679	52876
生物学	182874	114970	50270	17634
心理学	2939	1730	1194	15
农业科学领域	148562	16402	45182	86978
农学	80802	6969	27715	46118
林学	29806	5757	6238	17811
畜牧、兽医科学	22578	1679	4634	16265
水产学	15376	1996	6595	6785
医学科学领域	94489	19206	39214	36069
基础医学	13245	3886	5247	4112
临床医学	18789	5975	7934	4880
预防医学与公共卫生学	17561	428	4964	12168
军事医学与特种医学	399		354	45
药学	30590	5959	16028	8602
中医学与中药学	13906	2957	4687	6262
工程科学与技术领域	4274939	223500	1570832	2480608
工程与技术科学基础学科	301749	29936	95750	176064
信息与系统科学相关工程与技术	6841	54	1808	4978
自然科学相关工程与技术	10769	807	6511	3451
测绘科学技术	34725	2026	11115	21583

2-41 续表 1

单位：万元

项　目	经费内部支出合计	基础研究	应用研究	试验发展
材料科学	118585	17386	55225	45974
矿山工程技术	3276	6	581	2690
冶金工程技术	2068	72	311	1686
机械工程	25683	1076	7565	17042
动力与电气工程	89717	1027	80764	7927
能源科学技术	18528	3607	10340	4581
核科学技术	412233	53696	202154	156383
电子与通信技术	1242572	58337	575888	608347
计算机科学技术	92850	6510	65064	21276
化学工程	14905	413	9584	4908
产品应用相关工程技术	13366	1116	11734	516
纺织科学技术	437		384	53
食品科学技术	2201	91	357	1753
土木建筑工程	4431	194	1358	2878
水利工程	34011	1194	13376	19441
交通运输工程	133431	2314	41254	89863
航空、航天科学技术	1638066	31456	343750	1262859
环境科学技术及资源科学技术	58994	11358	31695	15941
安全科学技术	11801	421	2063	9316
管理学	3702	402	2201	1098
社会、人文科学领域	14325	1972	5930	6424
马克思主义				
哲学	228	5	223	
艺术学	240			240
历史学	857	831	26	
考古学	1181	200	443	538
经济学	2382	160	1071	1150
法学	2140		221	1919
军事学	77		77	
社会学	860	305	418	137
新闻学与传播学	143	83	60	
图书馆、情报与文献学	3982	330	3284	367
教育学	1401		55	1346
体育科学	660		51	608
统计学	177	58		119
按课题服务的国民经济行业分				
农、林、牧、渔业	140590	21280	45212	74098
农业	60873	5844	17778	37250
林业	19907	4835	3902	11170
畜牧业	6518	1031	2036	3450
渔业	15659	3771	6458	5430
农、林、牧、渔服务业	37633	5799	15037	16798
采矿业	10143	3016	3045	4082
煤炭开采和洗选业	348	88	146	115
石油和天然气开采业	4660	799	2201	1660
黑色金属矿采选业	366		143	223
有色金属矿采选业	1687		300	1387
非金属矿采选业	2440	2045	152	242
其他采矿业	642	84	103	455

2-41 续表 2

单位：万元

项　目	经费内部支出合计	基础研究	应用研究	试验发展
制造业	245062	26028	143430	75603
农副食品加工业	4731	49	1252	3430
食品制造业	509	5	234	270
饮料制造业	925	9	93	823
烟草制品业	51		23	28
纺织业	170		11	159
木材加工及木、竹、藤、棕、草制品业	2679	33	291	2354
家具制造业	96		96	
造纸及纸制品业	2		2	
印刷业和记录媒介的复制	283	127	156	
文教体育用品制造业	9		2	7
石油加工、炼焦及核燃料加工业	4996	191	3794	1011
化学原料及化学制品制造业	24706	5935	12212	6560
医药制造业	35489	9362	14889	11238
化学纤维制造业	915		679	236
橡胶制品业	323	76	102	145
塑料制品业	179		155	24
非金属矿物制品业	3384	127	2412	845
黑色金属冶炼及压延加工业	570		397	172
有色金属冶炼及压延加工业	2504	4	1505	995
金属制品业	3488		847	2641
通用设备制造业	7629	254	4114	3261
专用设备制造业	12299	565	5473	6262
交通运输设备制造业	39937	448	21981	17508
电气机械及器材制造业	7930	684	5595	1651
通信设备、计算机及其他电子设备制造业	46606	6839	35201	4566
仪器仪表及文化、办公用机械制造业	42839	1302	30242	11294
工艺品及其他制造业	1373	20	1304	49
废弃资源和废旧材料回收加工业	443		368	75
电力、燃气及水的生产和供应业	15126	758	9486	4883
电力、热力的生产和供应业	13745	661	8869	4215
燃气生产和供应业	882	69	380	432
水的生产和供应业	500	27	237	236
建筑业	1722	34	305	1382
房屋和土木工程建筑业	354	23	99	232
建筑安装业	99			99
其他建筑业	1268	11	206	1051
交通运输、仓储和邮政业	25212	81	4846	20285
铁路运输业	510		61	450
道路运输业	11928		380	11548
城市公共交通业	1555		1485	71
水上运输业	9689	81	2691	6916
航空运输业	1096		203	893
管道运输业	18			18
装卸搬运和其他运输服务业	96		24	72
仓储业	319		3	317
邮政业				

2-41 续表 3

单位：万元

项　目	经费内部支出合计	基础研究	应用研究	试验发展
信息传输、计算机服务和软件业	50913	3343	23231	24339
电信和其他信息传输服务业	29758	1824	4187	23747
计算机服务业	19310	1468	17649	193
软件业	1844	51	1395	399
批发和零售业	492	101	261	130
批发业	313	6	176	130
零售业	179	95	84	
住宿和餐饮业	136			136
住宿业	136			136
金融业	460		55	405
保险业	416		11	405
其他金融活动	44		44	
租赁和商务服务业	893	619	227	47
商务服务业	893	619	227	47
科学研究、技术服务和地质勘查业	4675711	510824	1724477	2440410
研究与试验发展	4513750	492017	1644828	2376906
专业技术服务业	122250	14684	58579	48988
科技交流和推广服务业	6309	326	2214	3769
地质勘查业	33402	3797	18857	10747
水利、环境和公共设施管理业	69358	7809	32588	28960
水利管理业	21786	698	10435	10652
环境管理业	47342	7111	22015	18216
公共设施管理业	230		138	92
居民服务和其他服务业	275	5	62	208
居民服务业	99			99
其他服务业	177	5	62	110
教育	2755	2000	670	85
教育	2755	2000	670	85
卫生、社会保障和社会福利业	38096	5682	12561	19854
卫生	38068	5682	12561	19826
社会保障业	28			28
社会福利业				
文化、体育和娱乐业	4943	453	1334	3155
新闻出版业	164	57	81	27
广播、电视、电影和音像业	364		132	232
文化艺术业	2045	396	706	943
体育	660		51	608
娱乐业	1710		364	1346
公共管理和社会组织	22653	62	1625	20966
中国共产党机关				
国家机构	22618	62	1625	20931
群众团体、社会团体和宗教组织	36			36
基层群众自治组织				
国际组织				
国际组织				

2-42 地方部门属自然科学与技术领域机构R&D课题经费按活动类型分类

单位：万元

项目	经费内部支出合计	基础研究	应用研究	试验发展
地方部门属合计	**401234**	**16001**	**109088**	**276144**
按地区分				
东部地区	234844	9692	74189	150963
中部地区	83606	4000	15417	64189
西部地区	82783	2310	19482	60992
北　京	36842	1239	7393	28210
天　津	16024		1851	14173
河　北	5516	24	982	4509
山　西	6915	170	1405	5340
内蒙古	11035	550	2404	8081
辽　宁	11066	29	822	10215
#沈阳市	7304	29	703	6571
大连市	480		45	435
吉　林	15431	445	4723	10263
#长春市	12461	445	4600	7416
黑龙江	18004	678	2468	14858
#哈尔滨市	12943	672	2216	10056
上　海	30994	1868	8565	20561
江　苏	49382	493	27674	21216
#南京市	33862	233	25796	7832
浙　江	17578	43	2531	15004
#杭州市	12573		1572	11001
宁波市	1062		270	792
安　徽	5113	591	1587	2935
福　建	10369	780	3110	6478
#厦门市	352	108	65	178
江　西	8046	598	1026	6423
山　东	33091	3355	12413	17324
#济南市	21989	2793	8720	10476
青岛市	4723	449	2275	1999
河　南	5652	6	395	5251
湖　北	9001		439	8562
#武汉市	7555		439	7117
湖　南	15444	1512	3374	10558
广　东	22772	1851	8701	12219
#广州市	19712	1777	7407	10527
深圳市	63		29	34
广　西	16274	471	5626	10178
海　南	1210	10	146	1054
重　庆	6169	207	2131	3831
四　川	10603	3	810	9790
#成都市	6509		667	5842

2-42 续表

单位：万元

项　目	经费内部支出合计	基础研究	应用研究	试验发展
贵　州	3983	75	671	3237
云　南	12214	453	1551	10210
西　藏	2388	77	540	1771
陕　西	2369	168	757	1444
#西安市	1545	133	622	790
甘　肃	5096	2	513	4581
青　海	220	38	20	162
宁　夏	1325	10	887	429
新　疆	11107	256	3572	7279
按课题来源分				
中央政府部门下达课题	160182	8770	42690	108722
国家重大科技专项	12883	572	4207	8104
国家自然科学基金课题	11020	3784	5239	1998
863计划课题	18122	687	7230	10206
国家科技支撑(攻关)计划课题	40944	348	7023	33574
国家火炬计划课题	482		83	399
国家星火计划课题	554		120	434
国家973计划课题	5212	1466	3003	743
公益性行业科研专项	14381	548	3033	10799
国家社会科学基金课题	50		14	36
其它课题	56533	1367	12738	42428
地方政府部门下达课题	194875	5657	55042	134176
地方自然科学基金课题	16005	2284	7026	6695
地方科技攻关计划课题	73640	1013	13875	58753
地方火炬计划课题	28			28
地方星火计划课题	527	3	137	386
地方社会科学基金课题	773	89	185	500
其它课题	103902	2269	33818	67814
企业委托课题	7875	68	2053	5753
自选课题	19214	447	3474	15293
国际合作课题	6477	247	3103	3127
其它课题	12610	812	2726	9073
按课题合作形式分				
与境外机构合作	7986	368	3624	3994
与国内高校合作	48094	1436	24778	21880
与国内独立研究机构合作	61347	1627	13046	46674
与境内注册的外商独资企业合作	225		54	171
与境内注册的其他企业合作	26710	253	5345	21112
独立研究	243597	12057	59391	172149
其他	13273	261	2850	10163

2-43 自然科学与技术领域机构R&D课题投入人员按活动类型分

单位：人年

项目	投入人员合计	基础研究	应用研究	试验发展	投入研究人员	基础研究	应用研究	试验发展
全国	**227867**	**31520**	**85646**	**110701**	**135089**	**16842**	**52674**	**65574**
按隶属关系分								
地方部门属	42583	2556	10984	29043	23164	1468	6061	15634
省级部门属	33717	2475	9907	21335	18749	1427	5550	11771
副省级城市属	1422	36	410	977	705	14	203	488
地市级部门属	7444	46	667	6731	3709	27	308	3374
中央部门属	185284	28964	74662	81658	111926	15374	46613	49939
中国科学院	42808	17407	22064	3337	19635	7725	10203	1707
按地区分								
东部地区	127859	20892	49637	57328	74477	10930	29593	33954
中部地区	46984	4743	17198	25042	27414	2389	10719	14306
西部地区	53025	5884	18810	28331	33199	3523	12362	17314
北京	57477	12564	20935	23978	33125	6102	11643	15380
天津	5576	326	2759	2490	3428	295	1749	1384
河北	5151	441	3565	1146	4620	405	3397	818
山西	4053	288	1717	2048	2386	229	1008	1149
内蒙古	2446	143	861	1442	1676	94	575	1008
辽宁	10224	940	3327	5957	5558	492	1930	3136
吉林	5207	612	2202	2394	2196	209	878	1109
黑龙江	5900	493	1731	3676	3250	217	1002	2031
上海	17052	2857	7467	6729	8427	1456	3612	3359
江苏	13942	795	4914	8233	9007	495	3363	5148
浙江	3723	117	977	2629	1866	72	501	1293
安徽	5004	1092	2062	1851	3034	625	1421	988
福建	1981	411	691	880	856	149	314	392
江西	3467	109	1851	1506	2223	58	1299	866
山东	6636	1221	2499	2916	4205	835	1697	1674
河南	6983	21	1941	5022	4722	15	1523	3185
湖北	10951	1524	4282	5145	6545	641	2762	3142
湖南	5417	605	1411	3401	3057	394	826	1837
广东	5445	1056	2367	2022	3098	570	1324	1204
广西	2402	118	993	1291	1145	64	552	530
海南	653	167	137	349	288	60	62	165
重庆	2221	540	1152	529	1332	269	730	334
四川	12628	1547	5044	6037	9479	1098	4220	4161
贵州	1879	331	146	1403	899	151	72	677
云南	3682	819	773	2090	1866	376	424	1066
西藏	233	13	83	137	105	11	30	64
陕西	21170	1014	7465	12691	13503	770	4662	8072
甘肃	3920	1002	1282	1635	1883	500	543	840
青海	379	132	118	128	175	57	60	59
宁夏	172	9	92	71	99	6	50	43
新疆	1895	216	802	877	1036	128	446	463
按课题来源分								
中央政府部门下达课题	161528	24875	62094	74560	96951	13197	38401	45352
地方政府部门下达课题	31136	2564	9721	18852	16994	1390	5325	10279

2-43 续表 1

单位：人年

项　目	投入人员合　计	基础研究	应用研究	试验发展	投入研究人　员	基础研究	应用研究	试验发展
企业委托课题	7873	234	2622	5017	4354	140	1658	2556
自选课题	11367	2409	4132	4826	6286	1282	2250	2754
国际合作课题	1746	298	793	655	934	187	403	344
其它课题	14216	1140	6285	6791	9571	647	4637	4287
按课题合作形式分								
与境外机构合作	2319	592	935	793	1277	400	451	427
与国内高校合作	9760	1789	4127	3845	5051	865	2261	1925
与国内独立研究机构合作	23038	2422	7036	13581	13321	1296	4132	7893
与境内注册的外商独资企业合作	78	17	38	23	49	11	27	11
与境内注册的其他企业合作	6309	146	2108	4055	3794	84	1338	2371
独立研究	175466	25892	69069	80506	105090	13819	43246	48026
其他	10896	665	2334	7898	6506	367	1218	4922
按课题学科分								
自然科学领域	34036	15370	13554	5113	16791	7147	6870	2775
数学	450	282	159	9	211	132	75	5
信息科学与系统科学	567	142	329	97	275	58	166	51
力学	620	207	405	8	324	125	194	5
物理学	5786	2027	3296	464	2704	916	1521	267
化学	4895	2087	1857	952	2240	808	955	477
天文学	874	506	354	15	494	291	190	13
地球科学	10072	4517	3647	1907	5761	2489	2105	1167
生物学	10448	5375	3410	1662	4671	2262	1619	790
心理学	324	228	96		113	67	45	
农业科学领域	30042	1962	6482	21597	15566	916	3363	11287
农学	19599	1018	3919	14661	10151	457	2054	7640
林学	4113	327	655	3131	2168	133	346	1690
畜牧、兽医科学	4233	399	1232	2603	2164	220	606	1339
水产学	2097	218	677	1202	1083	107	358	618
医学科学领域	15301	2530	6906	5865	7874	1281	3545	3048
基础医学	1827	665	679	482	961	388	321	252
临床医学	4844	766	2611	1466	2437	339	1342	756
预防医学与公共卫生学	3276	298	1297	1681	1810	164	720	927
军事医学与特种医学	64	4	41	19	24		12	12
药学	1949	323	810	815	785	104	346	335
中医学与中药学	3341	473	1468	1401	1857	286	804	767
工程科学与技术领域	147101	11514	58101	77484	94067	7403	38590	48074
工程与技术科学基础学科	11826	1321	4823	5682	8430	872	3557	4001
信息与系统科学相关工程与技术	419	11	96	312	244	6	58	180
自然科学相关工程与技术	1053	37	264	752	565	15	145	404
测绘科学技术	1111	156	452	504	604	97	224	284
材料科学	6031	928	2522	2582	3944	449	1507	1988
矿山工程技术	197	2	25	170	119	1	12	106
冶金工程技术	133	3	23	107	89	1	12	76
机械工程	2333	225	615	1492	1472	166	446	860
动力与电气工程	3220	162	2611	447	1294	70	1070	154
能源科学技术	906	154	453	298	508	74	250	184
核科学技术	8728	2435	4400	1893	7026	1725	3650	1651

2-43 续表 2

单位：人年

项 目	投入人员合计	基础研究	应用研究	试验发展	投入研究人员	基础研究	应用研究	试验发展
电子与通信技术	39202	2974	18882	17347	26645	2037	13559	11049
计算机科学技术	4533	479	2667	1388	2380	199	1290	890
化学工程	1069	50	363	656	580	30	201	349
产品应用相关工程技术	361	49	205	108	207	32	102	73
纺织科学技术	44		6	38	28		5	23
食品科学技术	699	30	154	516	345	9	73	263
土木建筑工程	496	12	100	385	306	7	60	239
水利工程	1369	67	475	828	813	36	285	492
交通运输工程	4609	133	1946	2530	3094	93	1210	1791
航空、航天科学技术	52659	1587	14391	36681	31791	1143	9338	21310
环境科学技术及资源科学技术	4446	622	2077	1747	2383	286	1153	943
安全科学技术	1373	54	370	949	1056	42	300	714
管理学	282	27	181	74	145	14	81	50
社会、人文科学领域	1387	144	603	641	791	95	307	390
马克思主义								
哲学	20	1	19		7		7	
宗教学	51		12	39	22		5	17
语言学								
艺术学	45			45	20			20
历史学	62	60	2		43	41	2	
考古学	55	18	14	23	35	10	11	15
经济学	205	10	108	87	117	5	52	60
政治学								
法学	219		18	201	122		11	112
军事学	7		7		2		2	
社会学	107	19	76	12	51	12	31	8
新闻学与传播学	11	6	5		8	5	3	
图书馆、情报与文献学	386	25	298	62	240	22	158	60
教育学	67		3	64	36		2	34
体育科学	140		37	103	84		21	63
统计学	13	5	1	6	4	2	1	2
按课题服务的国民经济行业分								
农、林、牧、渔业	28996	2159	6568	20269	14935	977	3385	10573
农业	16429	847	3146	12438	8317	361	1591	6365
林业	2721	194	395	2133	1374	85	191	1098
畜牧业	2055	178	615	1262	1130	99	316	715
渔业	1772	302	591	878	936	130	331	475
农、林、牧、渔服务业	6019	639	1822	3558	3178	302	956	1920
采矿业	694	291	172	231	302	75	79	147
煤炭开采和洗选业	79	12	14	53	44	7	7	30
石油和天然气开采业	194	44	110	39	90	19	48	23
黑色金属矿采选业	34		12	22	16		6	10
有色金属矿采选业	138	6	20	112	94	4	10	80
非金属矿采选业	239	226	12	1	50	44	5	1
其他采矿业	12	4	3	5	7	2	2	3
制造业	13593	1413	5901	6279	6750	552	2821	3377
农副食品加工业	593	17	124	451	319	6	70	243
食品制造业	266	19	77	170	141	7	37	97

2-43 续表 3

单位：人年

项　目	投入人员合计	基础研究	应用研究	试验发展	投入研究人员	基础研究	应用研究	试验发展
饮料制造业	128	5	23	101	58	2	14	41
烟草制品业	12		5	7	8		3	4
纺织业	74		4	70	45		3	42
纺织服装、鞋、帽制造业	22		1	21	12			12
皮革、毛皮、羽毛(绒)及其制品业	7		1	6	6			6
木材加工及木、竹、藤、棕、草制品业	293	5	40	249	183	3	27	153
家具制造业	21		7	15	15		6	10
造纸及纸制品业	49		10	39	27		8	20
印刷业和记录媒介的复制	12	1	9	2	6	1	4	1
文教体育用品制造业	12			11	4			4
石油加工、炼焦及核燃料加工业	178	6	82	90	100	3	41	56
化学原料及化学制品制造业	1734	354	683	696	909	162	372	376
医药制造业	2619	475	897	1247	1067	167	390	511
化学纤维制造业	59		45	14	26		19	7
橡胶制品业	59	9	15	35	41	7	11	23
塑料制品业	60	12	14	34	32	7	8	17
非金属矿物制品业	233	21	136	76	108	5	62	41
黑色金属冶炼及压延加工业	62		18	45	36		10	26
有色金属冶炼及压延加工业	97		29	67	68		15	53
金属制品业	207		38	169	150		22	129
通用设备制造业	436	19	182	235	209	7	78	125
专用设备制造业	1122	28	281	814	600	17	154	430
交通运输设备制造业	1236	36	617	583	652	19	280	353
电气机械及器材制造业	438	50	262	126	201	14	122	65
通信设备、计算机及其他电子设备制造业	1467	171	1083	214	744	73	576	95
仪器仪表及文化、办公用机械制造业	1966	183	1162	621	911	50	459	402
工艺品及其他制造业	80	2	36	42	45	2	20	23
废弃资源和废旧材料回收加工业	54		23	31	27		12	16
电力、燃气及水的生产和供应业	817	73	396	348	383	24	177	182
电力、热力的生产和供应业	669	62	352	256	308	20	156	133
燃气生产和供应业	64	6	33	24	32	2	17	12
水的生产和供应业	85	5	11	68	43	2	5	37
建筑业	579	10	127	441	334	2	71	261
房屋和土木工程建筑业	511	9	121	381	287	2	66	220
建筑安装业	22			22	15			15
建筑装饰业								
其他建筑业	46	1	7	39	33		5	27
交通运输、仓储和邮政业	1033	4	173	856	742	2	116	624
铁路运输业	76		5	71	58		2	56
道路运输业	482	1	55	426	393		46	347
城市公共交通业	117		42	75	67		21	46
水上运输业	160	2	42	116	128	2	30	96
航空运输业	121		24	97	46		12	34
管道运输业	4			4	3			3
装卸搬运和其他运输服务业	11		4	7	11		4	7
仓储业	61		1	60	36		1	35
邮政业								
信息传输、计算机服务和软件业	1380	133	582	665	642	67	243	332
电信和其他信息传输服务业	708	43	190	476	356	24	80	253
计算机服务业	510	87	310	113	221	41	130	50
软件业	162	4	82	76	65	2	34	30

2-43 续表 4

单位：人年

项　目	投入人员 合　计	基础 研究	应用 研究	试验 发展	投入研究 人　员	基础 研究	应用 研究	试验 发展
批发和零售业	24	6	11	7	11	1	5	5
批发业	16	2	9	5	8		3	4
零售业	8	4	2	2	3	1	2	1
住宿和餐饮业	5			5	3			3
住宿业	5			5	3			3
金融业	23		7	17	7		3	4
银行业								
证券业								
保险业	20		3	17	4		1	4
其他金融活动	3		3		2		2	
房地产业								
房地产业								
租赁和商务服务业	24	3	16	4	10	1	7	2
商务服务业	24	3	16	4	10	1	7	2
科学研究、技术服务和地质勘查业	164984	25313	65330	74340	102488	14017	42356	46116
研究与试验发展	157670	24347	62216	71107	98121	13426	40500	44196
专业技术服务业	5680	740	2321	2619	3256	450	1317	1489
科技交流和推广服务业	301	33	110	158	168	13	54	101
地质勘查业	1333	193	684	457	944	129	486	330
水利、环境和公共设施管理业	4936	583	1883	2471	2574	264	917	1393
水利管理业	1103	76	433	594	643	41	256	346
环境管理业	3620	503	1287	1831	1831	222	591	1018
公共设施管理业	213	3	164	46	100	1	70	29
居民服务和其他服务业	25	1	2	23	12	1	1	10
居民服务业	11			11	6			6
其他服务业	14	1	2	11	7	1	1	5
教育	87	50	14	23	47	31	6	10
教育	87	50	14	23	47	31	6	10
卫生、社会保障和社会福利业	9520	1455	4295	3771	5216	812	2371	2033
卫生	9518	1455	4295	3769	5214	812	2371	2032
社会保障业	2			2	1			1
社会福利业								
文化、体育和娱乐业	434	24	87	323	257	14	55	188
新闻出版业	17	6	6	6	10	4	3	3
广播、电视、电影和音像业	32		4	28	18		2	17
文化艺术业	128	18	28	81	84	11	23	51
体育	149		44	104	88		24	63
娱乐业	108		5	104	58		4	54
公共管理和社会组织	714	3	82	628	376	2	60	314
中国共产党机关								
国家机构	708	3	79	626	374	2	59	313
人民政协和民主党派	3		3		1		1	
群众团体、社会团体和宗教组织	2			2	1			1
基层群众自治组织								
国际组织								
国际组织								

2-44 中央部门属自然科学与技术领域机构R&D课题投入人员按活动类型分

单位：人年

项目	投入人员合计	基础研究	应用研究	试验发展	投入研究人员	基础研究	应用研究	试验发展
中央部门属合计	**185284**	**28964**	**74662**	**81658**	**111926**	**15374**	**46613**	**49939**
按课题来源分								
中央政府部门下达课题	150112	23899	58869	67345	90785	12688	36717	41381
地方政府部门下达课题	6599	1284	3566	1749	3524	613	1852	1059
企业委托课题	7038	228	2486	4325	3937	135	1573	2229
自选课题	8239	2335	3383	2522	4663	1243	1847	1573
国际合作课题	1216	242	595	380	618	148	284	186
其它课题	12078	976	5765	5338	8400	548	4341	3512
按课题合作形式分								
与境外机构合作	1687	525	716	445	928	352	336	240
与国内高校合作	6861	1630	3157	2074	3428	778	1734	915
与国内独立研究机构合作	17366	2179	5808	9379	10212	1143	3442	5627
与境内注册的外商独资企业合作	58	17	32	10	37	11	22	4
与境内注册的其他企业合作	4455	95	1818	2542	2761	51	1156	1554
独立研究	145372	23875	61048	60450	88884	12690	38842	37352
其他	9486	644	2083	6759	5677	349	1081	4247
按课题学科分								
自然科学领域	31004	14928	12469	3607	15019	6875	6190	1954
数学	442	280	157	5	205	130	72	2
信息科学与系统科学	484	141	309	34	236	58	156	22
力学	577	169	401	7	281	87	190	5
物理学	5705	2027	3286	392	2659	916	1514	229
化学	4365	2069	1759	538	1928	793	884	251
天文学	811	506	290	15	446	291	142	13
地球科学	9802	4482	3530	1790	5599	2465	2036	1098
生物学	8495	5024	2645	825	3554	2068	1153	333
心理学	322	228	94		111	67	43	
农业科学领域	7626	1220	2555	3852	3576	505	1215	1855
农学	3492	530	1269	1694	1515	198	573	744
林学	1338	252	287	799	636	85	143	409
畜牧、兽医科学	1661	256	523	883	830	135	246	448
水产学	1135	183	477	476	595	87	254	254
医学科学领域	6065	1360	2603	2102	2954	597	1263	1095
基础医学	821	281	319	220	377	122	140	115
临床医学	1658	527	732	399	764	232	338	193
预防医学与公共卫生学	1150	41	452	658	744	23	277	444
军事医学与特种医学	33		23	10	9		6	3
药学	1380	314	645	421	480	99	263	118
中医学与中药学	1024	197	433	394	580	121	238	222
工程科学与技术领域	139488	11315	56538	71635	89739	7304	37691	44744
工程与技术科学基础学科	11334	1302	4754	5278	8071	867	3505	3700
信息与系统科学相关工程与技术	334	9	77	248	191	5	45	141
自然科学相关工程与技术	295	28	141	126	153	13	74	67
测绘科学技术	922	148	325	450	526	95	183	248

2-44 续表 1

单位：人年

项目	投入人员合计	基础研究	应用研究	试验发展	投入研究人员	基础研究	应用研究	试验发展
材料科学	5707	913	2444	2350	3741	440	1456	1845
矿山工程技术	154	2	21	132	100	1	10	89
冶金工程技术	101	3	18	80	74	1	10	63
机械工程	1924	225	579	1120	1228	166	417	645
动力与电气工程	3068	160	2580	329	1221	69	1053	99
能源科学技术	642	146	376	120	355	67	204	84
核科学技术	8636	2432	4385	1819	6969	1724	3642	1603
电子与通信技术	38635	2974	18780	16882	26361	2037	13511	10813
计算机科学技术	4171	478	2590	1103	2197	199	1242	757
化学工程	668	38	342	289	353	21	185	147
产品应用相关工程技术	285	49	201	36	157	32	100	25
纺织科学技术	2		2		2		2	
食品科学技术	167	7	25	134	65	3	10	52
土木建筑工程	172	10	50	113	137	6	27	104
水利工程	908	50	375	483	564	25	225	314
交通运输工程	4159	126	1827	2205	2774	91	1140	1543
航空、航天科学技术	52655	1587	14388	36679	31788	1143	9336	21310
环境科学技术及资源科学技术	3127	549	1788	789	1660	247	988	425
安全科学技术	1200	54	310	836	948	42	257	649
管理学	220	27	159	34	103	14	67	22
社会、人文科学领域	1102	142	498	462	640	94	253	292
马克思主义								
哲学	20	1	19		7		7	
艺术学	13			13	6			6
历史学	62	60	2		43	41	2	
考古学	55	18	14	23	35	10	11	15
经济学	163	10	87	66	89	5	38	47
法学	179		18	161	100		11	89
军事学	7		7		2		2	
社会学	61	17	34	10	32	11	14	7
新闻学与传播学	11	6	5		8	5	3	
图书馆、情报与文献学	383	25	298	60	238	22	158	58
教育学	65		2	63	34		1	33
体育科学	71		11	60	43		6	36
统计学	11	5		6	3	2		2
按课题服务的国民经济行业分								
农、林、牧、渔业	7200	1389	2476	3335	3269	556	1144	1569
农业	2728	444	858	1426	1060	152	332	577
林业	676	133	142	401	280	45	58	178
畜牧业	366	75	141	151	202	37	69	96
渔业	1103	278	422	403	585	116	241	228
农、林、牧、渔服务业	2327	460	913	954	1142	207	445	491
采矿业	583	285	148	150	245	71	69	105
煤炭开采和洗选业	29	12	6	11	16	7	3	7
石油和天然气开采业	185	44	106	35	86	19	46	21
黑色金属矿采选业	18		6	13	12		4	8
有色金属矿采选业	100		15	85	75		8	66
非金属矿采选业	239	226	12	1	50	44	5	1
其他采矿业	12	4	3	5	7	2	2	3

2-44 续表 2

单位：人年

项目	投入人员合计	基础研究	应用研究	试验发展	投入研究人员	基础研究	应用研究	试验发展
制造业	9320	1292	5128	2899	4329	488	2350	1492
农副食品加工业	227	7	66	155	111	3	37	71
食品制造业	39	2	13	24	18	1	7	9
饮料制造业	31	3	5	23	15	2	2	11
烟草制品业	10		5	5	6		3	3
纺织业	3			3	3			3
木材加工及木、竹、藤、棕、草制品业	244	5	33	207	158	3	22	133
家具制造业	7		7		6		6	
造纸及纸制品业	1		1		1		1	
印刷业和记录媒介的复制	7	1	5		3	1	2	
文教体育用品制造业	4			3	1			1
石油加工、炼焦及核燃料加工业	164	6	79	78	93	3	38	52
化学原料及化学制品制造业	1220	351	606	262	607	159	318	130
医药制造业	1641	405	668	568	541	126	249	166
化学纤维制造业	52		45	7	23		19	4
橡胶制品业	45	9	15	21	30	7	11	12
塑料制品业	13		11	2	7		6	1
非金属矿物制品业	174	19	128	28	76	4	57	15
黑色金属冶炼及压延加工业	29		18	11	17		10	6
有色金属冶炼及压延加工业	87		27	60	59		13	46
金属制品业	175		30	146	132		18	114
通用设备制造业	316	19	180	116	141	7	76	58
专用设备制造业	515	26	220	268	285	15	118	152
交通运输设备制造业	1091	36	600	455	543	19	266	258
电气机械及器材制造业	341	48	226	67	148	14	97	37
通信设备、计算机及其他电子设备制造业	1353	171	1080	102	693	73	575	46
仪器仪表及文化、办公用机械制造业	1475	183	1010	283	580	50	370	160
工艺品及其他制造业	39	2	36	1	23	2	20	1
废弃资源和废旧材料回收加工业	19		16	4	12		9	3
电力、燃气及水的生产和供应业	549	72	345	131	240	24	147	69
电力、热力的生产和供应业	487	62	312	113	213	20	133	59
燃气生产和供应业	41	6	25	10	19	2	11	5
水的生产和供应业	21	4	8	9	9	1	3	5
建筑业	63	4	12	47	48		9	40
房屋和土木工程建筑业	22	3	6	13	15		3	11
建筑安装业	5			5	5			5
其他建筑业	36	1	7	29	29		5	23
交通运输、仓储和邮政业	803	2	148	653	593	2	98	494
铁路运输业	76		5	71	58		2	56
道路运输业	375		39	335	319		36	283
城市公共交通业	37		33	4	14		12	2
水上运输业	157	2	42	114	126	2	30	93
航空运输业	121		24	97	46		12	34
管道运输业	2			2	2			2
装卸搬运和其他运输服务业	11		4	7	11		4	7
仓储业	24		1	23	18		1	17
邮政业								

2-44 续表 3

单位：人年

项　目	投入人员合　计	基础研究	应用研究	试验发展	投入研究人　员	基础研究	应用研究	试验发展
信息传输、计算机服务和软件业	1175	132	529	515	552	66	216	271
电信和其他信息传输服务业	690	43	185	462	347	24	76	247
计算机服务业	388	85	275	27	162	40	112	9
软件业	98	4	68	26	44	2	28	15
批发和零售业	21	6	10	5	10	1	4	4
批发业	15	2	8	5	7		3	4
零售业	6	4	2		3	1	2	
住宿和餐饮业	5			5	3			3
住宿业	5			5	3			3
金融业	22		6	17	6		3	4
保险业	20		3	17	4		1	4
其他金融活动	3		3		2		2	
租赁和商务服务业	15	3	11		6	1	5	
商务服务业	15	3	11		6	1	5	
科学研究、技术服务和地质勘查业	158756	24672	63296	70787	98932	13621	41221	44089
研究与试验发展	153130	23759	60574	68797	95565	13068	39596	42901
专业技术服务业	4281	695	2026	1560	2408	415	1133	860
科技交流和推广服务业	193	33	93	67	103	13	45	45
地质勘查业	1152	186	603	363	856	125	447	284
水利、环境和公共设施管理业	2827	440	1274	1113	1413	187	576	651
水利管理业	643	36	314	293	402	19	184	199
环境管理业	2164	404	949	811	997	168	385	444
公共设施管理业	20		11	9	14		6	8
居民服务和其他服务业	6		1	5	3		1	2
居民服务业	4			4	1			1
其他服务业	2		1	1	2		1	1
教育	70	50	10	9	41	31	5	6
教育	70	50	10	9	41	31	5	6
卫生、社会保障和社会福利业	2987	593	1169	1225	1768	314	702	752
卫生	2987	593	1169	1225	1768	314	702	752
社会保障业								
社会福利业								
文化、体育和娱乐业	267	22	48	198	169	13	33	123
新闻出版业	17	6	6	6	10	4	3	3
广播、电视、电影和音像业	19		4	15	13		2	12
文化艺术业	95	16	25	54	69	9	20	39
体育	71		11	60	43		6	36
娱乐业	65		2	63	35		2	33
公共管理和社会组织	615		52	562	299		32	267
中国共产党机关								
国家机构	612		52	560	298		32	266
群众团体、社会团体和宗教组织	2			2	1			1
基层群众自治组织								
国际组织								
国际组织								

2-45 地方部门属自然科学与技术领域机构R&D课题投入人员按活动类型分

单位：人年

项目	投入人员				投入研究			
	合计	基础研究	应用研究	试验发展	人员	基础研究	应用研究	试验发展
地方部门属合计	**42583**	**2556**	**10984**	**29043**	**23164**	**1468**	**6061**	**15634**
按地区分								
东部地区	18296	1280	5872	11143	10314	803	3319	6192
中部地区	13548	829	2467	10251	7214	418	1320	5477
西部地区	10740	447	2644	7648	5635	247	1423	3965
北　京	2198	137	760	1302	1147	55	379	713
天　津	769		158	610	390		90	300
河　北	772	6	128	638	510	3	79	427
山　西	1212	39	303	871	591	23	153	416
内蒙古	1126	62	263	802	541	30	128	383
辽　宁	1374	4	146	1223	800	4	85	711
#沈阳市	827	4	112	711	507	4	69	435
大连市	108		6	102	80		4	76
吉　林	2013	94	519	1400	723	26	195	503
#长春市	1610	94	495	1022	569	26	185	359
黑龙江	3728	234	544	2950	2098	77	288	1732
#哈尔滨市	2528	232	450	1846	1373	77	232	1064
上　海	1621	105	617	899	815	67	303	444
江　苏	2177	71	871	1236	1273	33	486	755
#南京市	1034	29	628	378	636	12	374	250
浙　江	1330	8	160	1162	699	7	88	605
#杭州市	926		102	824	482		62	420
宁波市	44		11	33	13		3	10
安　徽	572	49	227	296	360	32	154	173
福　建	1368	131	414	823	624	53	203	368
#厦门市	94	49	11	34	50	20	7	24
江　西	1666	73	179	1413	930	36	88	806
山　东	3923	587	1395	1941	2542	452	950	1141
#济南市	2583	534	1048	1002	1871	422	776	672
青岛市	411	39	161	211	174	20	67	87
河　南	772	5	63	704	474	3	39	432
湖　北	945		34	911	525		18	507
#武汉市	769		34	735	449		18	431
湖　南	2640	334	598	1708	1514	222	385	908
广　东	2644	230	1208	1206	1443	128	646	669
#广州市	2158	225	1056	876	1229	125	583	521
深圳市	16		6	10	11		4	7
广　西	2057	92	771	1193	899	42	370	487
海　南	121	2	16	102	72	2	10	60
重　庆	704	38	265	401	380	23	141	217
四　川	1202	1	89	1112	676	1	61	614
#成都市	580		57	523	345		36	309

2-45 续表

单位：人年

项目	投入人员合计	基础研究	应用研究	试验发展	投入研究人员	基础研究	应用研究	试验发展
贵　州	663	28	102	533	377	16	50	311
云　南	1508	55	243	1210	823	32	140	651
西　藏	233	13	83	137	105	11	30	64
陕　西	537	46	188	302	306	27	111	168
#西安市	401	44	168	189	238	26	103	109
甘　肃	1282	4	183	1095	696	2	107	588
青　海	35	12	6	17	7			6
宁　夏	172	9	92	71	99	6	50	43
新　疆	1221	88	359	775	728	58	234	436
按课题来源分								
中央政府部门下达课题	11415	976	3224	7216	6165	509	1684	3972
国家重大科技专项	744	26	217	500	404	15	117	272
国家自然科学基金课题	1459	554	688	217	740	291	335	114
863计划课题	1030	54	438	538	535	31	221	284
国家科技支撑(攻关)计划课题	3061	44	657	2360	1674	24	347	1304
国家火炬计划课题	19		5	14	11		2	9
国家星火计划课题	68		4	65	39		3	36
国家973计划课题	295	106	141	48	152	53	69	30
公益性行业科研专项	1017	36	245	736	560	22	138	400
国家社会科学基金课题	20		4	16	7		2	5
其它课题	3703	155	828	2721	2044	74	452	1518
地方政府部门下达课题	24537	1280	6156	17102	13470	777	3473	9220
地方自然科学基金课题	3105	485	1345	1275	1720	301	762	656
地方科技攻关计划课题	10156	264	1859	8033	5580	134	1086	4360
地方火炬计划课题	4			4	3			3
地方星火计划课题	116		23	92	51		9	42
地方社会科学基金课题	395	27	179	189	216	18	97	101
其它课题	10761	504	2749	7508	5902	323	1520	4059
企业委托课题	835	6	136	693	417	5	85	328
自选课题	3128	74	749	2305	1623	39	404	1181
国际合作课题	530	56	198	276	316	39	119	158
其它课题	2138	165	520	1453	1171	99	297	776
按课题合作形式分								
与境外机构合作	632	66	218	348	349	48	115	187
与国内高校合作	2899	159	970	1771	1624	87	527	1010
与国内独立研究机构合作	5672	243	1227	4202	3109	153	690	2266
与境内注册的外商独资企业合作	19		6	13	12		5	7
与境内注册的其他企业合作	1854	51	290	1513	1033	34	182	817
独立研究	30095	2017	8021	20058	16207	1129	4404	10674
其他	1411	21	251	1139	830	18	137	675

2-46 自然科学与技术领域机构专利及专利所有权转让

行业	专利申请受理数(件)	#发明专利	专利申请授权数(件)	#发明专利	#国外授权	有效发明专利总数(件)	专利所有权转让及许可数(件)	专利所有权转让及许可收入(万元)
全国	**15737**	**12349**	**6381**	**4072**	**52**	**17668**	**509**	**120824**
按隶属关系分								
地方部门属	2570	1602	1182	590	13	2548	168	81822
省级部门属	2215	1447	966	501	13	2272	133	80900
副省级城市属	71	42	39	18		50		
地市级部门属	284	113	177	71		226	35	922
中央部门属	13167	10747	5199	3482	39	15120	341	39002
中国科学院	5970	5455	2948	2449	30	11205	270	32079
按地区分								
东部地区	11038	8964	4488	2961	40	12896	380	114204
中部地区	2629	1866	1118	669	6	2817	55	3289
西部地区	2070	1519	775	442	6	1955	74	3331
北京	5182	4436	2051	1542	17	5129	153	18764
天津	368	214	121	44	1	282	2	22
河北	227	145	93	38		169	2	
山西	238	159	144	85	1	475	6	2652
内蒙古	55	52	24	15		42	1	7
辽宁	892	733	426	285	4	2258	38	7044
吉林	574	512	251	228	5	893	12	163
黑龙江	243	147	104	39		158	1	
上海	1692	1391	772	497	8	2457	54	1359
江苏	828	668	233	131		422	11	85
浙江	367	270	109	69	1	441	9	131
安徽	414	260	209	138		380	13	279
福建	212	171	54	34	1	131	5	17
江西	67	35	19	6		15		3
山东	554	400	324	181	8	764	74	80260
河南	370	287	104	52		179	5	15
湖北	584	387	214	91		551	14	174
湖南	139	79	73	30		166	4	3
广东	637	490	277	123		809	32	6522
广西	43	14	14	5		10		
海南	79	46	28	17		34		
重庆	84	48	34	18	1	58	1	10
四川	432	317	205	140	1	701	34	1568
贵州	48	31	10	9	1	20	1	144
云南	171	128	66	47		273	12	949
西藏								
陕西	713	544	226	122		354	5	8
甘肃	302	236	115	50	3	253	14	620
青海	45	43	10	10		33		
宁夏	18	6	15	4		4		
新疆	159	100	56	22		207	6	26

2-46 续表 1

行　业	专利申请受理数(件)	#发明专利	专利申请授权数(件)	#发明专利	#国外授权	有效发明专利总数(件)	专利所有权转让及许可数(件)	专利所有权转让及许可收入(万元)
按机构学科领域分								
自然科学领域	3727	3420	1878	1524	20	7988	184	19814
数学	9	9	4	4		6		
信息科学与系统科学	301	299	174	173	1	505	2	14
力学	105	77	64	40		252	25	1284
物理学	1075	952	745	577	1	2644	44	517
化学	1118	1085	402	376	13	2374	69	8001
天文学	47	38	25	18		54		
地球科学	377	315	204	124		612	9	33
生物学	695	645	257	209	5	1533	35	9965
心理学			3	3		8		
农业科学领域	2193	1457	965	501	3	1816	94	1454
农学	1402	905	667	362	1	1384	78	1393
林学	186	117	104	57		169	6	3
畜牧、兽医科学	214	175	74	38	1	130	7	54
水产学	391	260	120	44	1	133	3	5
医学科学领域	600	493	232	158	15	897	72	83580
基础医学	138	130	32	27	1	117	1	15
临床医学	143	70	84	29	9	245	6	240
预防医学与公共卫生学	31	23	12	7		71	1	13
军事医学与特种医学	6	1	1	1		1		
药学	177	176	64	59	5	332	58	83182
中医学与中药学	105	93	39	35		131	6	131
工程科学与技术领域	9208	6975	3297	1887	14	6961	159	15975
工程与技术科学基础学科	560	422	180	80	2	327	12	3780
信息与系统科学相关工程与技术	3	1				9		
自然科学相关工程与技术	33	20	18	9		26		
测绘科学技术			5	4		4		
材料科学	683	596	287	224		854	10	145
矿山工程技术	3	1	2					
冶金工程技术						4		
机械工程	172	84	48	18		53		
动力与电气工程	211	162	170	109	1	243	6	148
能源科学技术	206	161	108	74		617	12	5651
核科学技术	314	198	145	63		430	12	600
电子与通信技术	2067	1523	757	438	1	1767	17	440
计算机科学技术	290	242	197	170	3	205	30	1400
化学工程	292	269	166	147	3	570	26	504
产品应用相关工程技术			1	1		1		
纺织科学技术	5	2	2	1		1		
食品科学技术	152	116	33	24	1	62		
土木建筑工程	24	7	20	4		37	5	6
水利工程	138	49	101	38		171		
交通运输工程	872	594	278	104		415	3	3005
航空、航天科学技术	2813	2259	663	322	3	938	12	58
环境科学技术及资源科学技术	269	210	71	49		187	11	158
安全科学技术	96	54	45	8		40	3	80
管理学	5	5						
社会、人文科学领域	9	4	9	2		6		
艺术学						3		
历史学								

2-46 续表 2

行　业	专利申请受理数(件)	#发明专利	专利申请授权数(件)	#发明专利	#国外授权	有效发明专利总数(件)	专利所有权转让及许可数(件)	专利所有权转让及许可收入(万元)
考古学	4	4	4					
经济学								
法学								
社会学								
新闻学与传播学			1	1		1		
图书馆、情报与文献学								
教育学								
体育科学	5		4	1		2		
按机构服务的国民经济行业分								
农、林、牧、渔业	2120	1460	830	444	3	1570	90	1434
农业	990	666	402	227		747	66	1228
林业	112	82	45	31		65	4	
畜牧业	138	107	51	22	1	99	7	54
渔业	311	204	108	39	1	118	3	5
农、林、牧、渔服务业	569	401	224	125	1	541	10	148
采矿业	30	23	14	7		41	3	8
煤炭开采和洗选业	3	1	2					
有色金属矿采选业	27	22	12	7		41	3	8
其他采矿业								
制造业	1234	934	457	295	2	1312	87	81856
农副食品加工业	51	29	20	12		39		
食品制造业	31	30	16	16		135	8	4
饮料制造业	2	2	1	1		5		
纺织业	20	14	7	5		5		
纺织服装、鞋、帽制造业								
皮革、毛皮、羽毛(绒)及其制品业								
木材加工及木、竹、藤、棕、草制品业	33	19	33	15		90	2	3
家具制造业	3	3	2	2		3		
造纸及纸制品业								
印刷业和记录媒介的复制								
石油加工、炼焦及核燃料加工业								
化学原料及化学制品制造业	81	74	40	39	1	337	6	254
医药制造业	218	208	73	62	1	365	60	81595
化学纤维制造业								
橡胶制品业								
塑料制品业	11	9	2	2		14		
非金属矿物制品业	11	6	2			6		
黑色金属冶炼及压延加工业								
有色金属冶炼及压延加工业						4		
金属制品业	2							
通用设备制造业	15	4	13	1		23		
专用设备制造业	184	83	103	39		148		
交通运输设备制造业	8	2	7	1		8		
电气机械及器材制造业	18	9	9	5		11		
通信设备、计算机及其他电子设备制造业	427	397	66	64		66		
仪器仪表及文化、办公用机械制造业	118	45	63	31		53	11	
工艺品及其他制造业	1							

2-46 续表 3

行业	专利申请受理数（件）	#发明专利	专利申请授权数（件）	#发明专利	#国外授权	有效发明专利总数（件）	专利所有权转让及许可数（件）	专利所有权转让及许可收入（万元）
电力、燃气及水的生产和供应业	119	68	70	31		308	8	3000
电力、热力的生产和供应业	116	68	65	31		307	8	3000
燃气生产和供应业	3		5			1		
水的生产和供应业								
建筑业	36	14	27	5		35	5	6
房屋和土木工程建筑业	36	14	27	5		35	5	6
建筑安装业								
建筑装饰业								
其他建筑业								
交通运输、仓储和邮政业	55	28	38	14		35		
铁路运输业						1		
道路运输业	46	23	34	12		32		
城市公共交通业	9	5	4	2		2		
水上运输业								
航空运输业								
装卸搬运和其他运输服务业								
信息传输、计算机服务和软件业	214	197	182	156	3	176	29	1400
电信和其他信息传输服务业	58	54	17	14		23		
计算机服务业	141	140	146	140	3	151	29	1400
软件业	15	3	19	2		2		
批发和零售业								
批发业								
房地产业								
房地产业								
租赁和商务服务业								
商务服务业								
科学研究、技术服务和地质勘查业	11222	9179	4454	2977	34	13497	271	32701
研究与试验发展	10591	8717	4146	2821	32	12857	263	32291
专业技术服务业	481	352	248	130	2	507	8	130
科技交流和推广服务业	133	100	44	21		118		
地质勘查业	17	10	16	5		15		280
水利、环境和公共设施管理业	379	244	166	85		287	5	38
水利管理业	91	34	67	23		85		
环境管理业	270	205	86	62		191	5	38
公共设施管理业	18	5	13			11		
居民服务和其他服务业	6	3	1	1		1		
居民服务业	6	3	1	1		1		
其他服务业								
教育								
教育								
卫生、社会保障和社会福利业	256	159	123	53	10	365	11	381
卫生	256	159	123	53	10	365	11	381
文化、体育和娱乐业	10	5	8	1		7		
广播、电视、电影和音像业	1	1				5		
文化艺术业	4	4	4					
体育	5		4	1		2		
公共管理和社会组织	56	35	11	3		34		
国家机构	56	35	11	3		34		

2-47 中央部门属自然科学与技术领域机构专利及专利所有权转让

行业	专利申请受理数(件)	#发明专利	专利申请授权数(件)	#发明专利	#国外授权	有效发明专利总数(件)	专利所有权转让及许可数(件)	专利所有权转让及许可收入(万元)
中央部门属合计	**13167**	**10747**	**5199**	**3482**	**39**	**15120**	**341**	**39002**
按机构学科领域分								
自然科学领域	3488	3215	1792	1462	20	7657	167	19612
数学	3	3	2	2		4		
信息科学与系统科学	299	297	172	171	1	503	2	14
力学	105	77	64	40		252	25	1284
物理学	1075	952	745	577	1	2644	44	517
化学	1089	1065	390	373	13	2328	69	8001
天文学	41	32	13	6		38		
地球科学	367	310	203	124		595	9	33
生物学	509	479	200	166	5	1285	18	9763
心理学			3	3		8		
农业科学领域	752	547	330	195	1	550	21	234
农学	228	166	141	103		242	9	182
林学	93	60	52	32		127	5	3
畜牧、兽医科学	114	108	42	25	1	75	4	44
水产学	317	213	95	35		106	3	5
医学科学领域	334	310	109	82	4	444	18	3312
基础医学	121	119	28	25		110		
临床医学	23	7	28	5		42		
预防医学与公共卫生学	5	3						
军事医学与特种医学	1							
药学	143	143	42	42	4	246	13	3182
中医学与中药学	41	38	11	10		46	5	131
工程科学与技术领域	8586	6671	2961	1743	14	6468	135	15844
工程与技术科学基础学科	512	397	159	72	2	311	12	3780
自然科学相关工程与技术	22	17	14	8		25		
测绘科学技术			2	1		1		
材料科学	658	580	282	221		789	7	145
冶金工程技术						4		
机械工程	101	60	21	10		20		
动力与电气工程	209	160	170	109	1	243	6	148
能源科学技术	185	153	94	70		591	12	5651
核科学技术	303	193	141	61		428	12	600
电子与通信技术	1933	1473	675	405	1	1703	6	440
计算机科学技术	282	240	183	168	3	197	30	1400

2-47 续表 1

行业	专利申请受理数(件)	#发明专利	专利申请授权数(件)	#发明专利	#国外授权	有效发明专利总数(件)	专利所有权转让及许可数(件)	专利所有权转让及许可收入(万元)
化学工程	249	234	141	128	3	520	26	504
食品科学技术	124	95	24	17	1	30		
土木建筑工程								
水利工程	79	28	55	19		120		
交通运输工程	846	581	263	95		391	3	3005
航空、航天科学技术	2813	2259	663	322	3	938	12	58
环境科学技术及资源科学技术	205	164	44	31		125	6	33
安全科学技术	65	37	30	6		32	3	80
管理学								
社会、人文科学领域	7	4	7			1		
艺术学								
历史学								
考古学	4	4	4					
经济学								
法学								
社会学								
图书馆、情报与文献学								
教育学								
体育科学	3		3			1		
按机构服务的国民经济行业分								
农、林、牧、渔业	695	520	278	170	1	407	17	214
农业	171	131	90	68		151	2	60
林业	44	30	14	11		30	3	
畜牧业	73	67	32	15	1	65	4	44
渔业	254	167	92	34		101	3	5
农、林、牧、渔服务业	153	125	50	42		60	5	105
采矿业	27	22	12	7		41	3	8
有色金属矿采选业	27	22	12	7		41	3	8
制造业	780	670	193	147	2	658	14	1662
农副食品加工业	33	18	12	8		26		
饮料制造业								
木材加工及木、竹、藤、棕、草制品业	32	18	28	14		89	2	3
化学原料及化学制品制造业	58	55	29	29	1	251	6	254
医药制造业	136	136	28	28	1	198	6	1405
有色金属冶炼及压延加工业						4		
通用设备制造业								

2-47 续表 2

行业	专利申请受理数（件）	#发明专利	专利申请授权数（件）	#发明专利	#国外授权	有效发明专利总数（件）	专利所有权转让及许可数（件）	专利所有权转让及许可收入（万元）
专用设备制造业	94	46	30	4		19		
交通运输设备制造业						5		
通信设备、计算机及其他电子设备制造业	427	397	66	64		66		
电力、燃气及水的生产和供应业	112	65	64	30		299	8	3000
电力、热力的生产和供应业	112	65	64	30		299	8	3000
建筑业	9	6	7	1		1		
房屋和土木工程建筑业	9	6	7	1		1		
其他建筑业								
交通运输、仓储和邮政业	30	14	25	6		12		
铁路运输业						1		
道路运输业	30	14	25	6		11		
水上运输业								
航空运输业								
信息传输、计算机服务和软件业	192	191	158	153	3	165	29	1400
电信和其他信息传输服务业	51	51	13	13		20		
计算机服务业	141	140	145	140	3	145	29	1400
科学研究、技术服务和地质勘查业	10986	9030	4327	2908	33	13258	262	32560
研究与试验发展	10489	8638	4088	2777	31	12713	258	32270
专业技术服务业	365	287	185	108	2	435	4	10
科技交流和推广服务业	116	95	39	18		96		
地质勘查业	16	10	15	5		14		280
水利、环境和公共设施管理业	196	137	64	36		132	4	33
水利管理业	34	12	22	4		34		
环境管理业	162	125	42	32		98	4	33
居民服务和其他服务业	6	3	1	1		1		
居民服务业	6	3	1	1		1		
教育								
教育								
卫生、社会保障和社会福利业	75	50	53	21		107	4	126
卫生	75	50	53	21		107	4	126
文化、体育和娱乐业	8	5	7			6		
广播、电视、电影和音像业	1	1				5		
文化艺术业	4	4	4					
体育	3		3			1		
公共管理和社会组织	51	34	10	2		33		
国家机构	51	34	10	2		33		

2-48 地方部门属自然科学与技术领域机构专利及专利所有权转让

行　业	专利申请受理数（件）	#发明专利	专利申请授权数（件）	#发明专利	#国外授权	有效发明专利总数（件）	专利所有权转让及许可数（件）	专利所有权转让及许可收入（万元）
地方部门属合计	**2570**	**1602**	**1182**	**590**	**13**	**2548**	**168**	**81822**
东部地区	1593	1108	765	411	12	1841	111	80725
中部地区	582	300	231	103		423	26	247
西部地区	395	194	186	76	1	284	31	850
北　京	164	111	92	43	1	163	12	246
天　津	133	79	39	17	1	124	1	2
河　北	58	35	35	21		57	2	
山　西	63	32	31	16		46		
内蒙古			2	2		2		
辽　宁	68	34	51	24		66	2	
#沈阳市	32	19	30	17		57		
大连市	5	4	3					
吉　林	67	18	12	4		40		
#长春市	64	17	10	2		35		
黑龙江	145	82	66	26		136	1	
#哈尔滨市	100	58	51	21		73	1	
上　海	186	152	51	22		162	2	80
江　苏	241	201	90	69		186	5	10
#南京市	169	151	55	45		95	5	10
浙　江	164	128	57	39	1	329	7	114
#杭州市	120	101	45	31		295	5	54
宁波市	4	4	1	1		1		
安　徽	146	78	44	25		51	7	81
福　建	88	52	32	12	1	60	2	9
#厦门市	12	9	4	1	1	10		
江　西	28	14	14	6		15		3
山　东	328	201	231	116	8	427	70	80260
#济南市	192	121	151	75	8	354	63	80140
青岛市	66	44	37	22		34		
河　南	37	28	17	8		42	5	15
湖　北	56	22	17	5		40	9	145
#武汉市	41	16	14	3		19	8	137
湖　南	40	26	30	13		53	4	3
广　东	160	113	85	46		265	8	4
#广州市	140	100	72	41		248	8	4
深圳市	2	2						
广　西	22	12	14	5		10		
海　南	3	2	2	2		2		
重　庆	41	19	18	7		29	1	10
四　川	50	29	30	17		108	19	688
#成都市	33	21	9	8		36		
贵　州	26	15	8	7	1	16	1	144
云　南	72	39	25	13		17	9	
西　藏								
陕　西	20	14	4	2		27	1	8
#西安市	19	13	4	2		26	1	8
甘　肃	53	22	24	5		22		
青　海	2	2						
宁　夏	18	6	15	4		4		
新　疆	91	36	46	14		49		

2-49 自然科学与技术领域机构论文、著作及其他科技成果

项　目	发表科技论文(篇)	#国外发表	出版科技著作(种)	形成国家或行业标准(件)	集成电路布图设计登记数(件)	植物新品种权授予(项)	软件著作权(件)	新药证书(件)
全　国	**113816**	**25080**	**2849**	**2177**	**21**	**813**	**1250**	**1340**
按隶属关系分								
地方部门属	41544	2653	1233	702	1	517	315	52
省级部门属	32771	2184	984	548	1	384	294	51
副省级城市属	2078	49	106	25		24	15	
地市级部门属	6695	420	143	129		109	6	1
中央部门属	72272	22427	1616	1475	20	296	935	1288
中国科学院	30671	16647	344	137	9	211	645	1284
按地区分								
东部地区	72067	20211	1973	1707	19	479	1103	1313
中部地区	20333	2539	467	191	2	171	73	23
西部地区	21416	2330	409	279		163	74	4
北　京	34142	11796	1080	1096	10	257	832	1277
天　津	1602	104	76	67		5	15	
河　北	1626	63	53	44	1	11	5	
山　西	1674	172	65	10		17	2	
内蒙古	548	34	9	2		6		
辽　宁	4310	1299	39	41	1	24	54	2
吉　林	3409	893	49	16		37	5	
黑龙江	3252	156	72	29		9	1	
上　海	6260	2718	151	80			42	20
江　苏	7354	1067	215	111	7	45	42	7
浙　江	2933	317	64	31		39	24	1
安　徽	1879	493	9	38		28	34	14
福　建	2071	554	25	83		15	2	
江　西	957	56	28	21	1	6	4	
山　东	5274	920	142	72		58	31	3
河　南	3083	121	87	23		23	1	9
湖　北	4682	576	126	33		32	25	
湖　南	1397	72	31	21	1	19	1	
广　东	5465	1272	90	61		25	48	3
广　西	2057	79	24	1		10		
海　南	1030	101	38	21			8	
重　庆	919	39	20	22		21	4	
四　川	4578	566	150	129		52	6	2
贵　州	1283	143	8	18		6		
云　南	2445	461	52	7		36	4	
西　藏	121		10			2		
陕　西	3622	189	48	51		1	37	
甘　肃	3218	649	37	16		3	5	
青　海	341	60	7			4		
宁　夏	252		14	13		7		
新　疆	2032	110	30	20		15	18	2

2-49 续表 1

项　　目	发表科技论文（篇）	#国外发表	出版科技著作（种）	形成国家或行业标准（件）	集成电路布图设计登记数（件）	植物新品种权授予（项）	软件著作权（件）	新药证书（件）
按机构学科领域分								
自然科学领域	27514	12330	379	88	7	70	388	13
数学	678	440	18	8			2	
信息科学与系统科学	783	365	9		7		1	
力学	469	165	6	1			30	
物理学	5533	2793	11	8		3	108	10
化学	3694	2692	23	35			12	1
天文学	767	368	5				39	
地球科学	9377	2550	160	17		17	174	
生物学	5946	2822	128	16		42	22	2
心理学	267	135	19	3		8		
农业科学领域	30307	2038	873	585	1	544	305	37
农学	19423	1175	623	361	1	491	258	37
林学	3517	296	71	85		46	22	
畜牧、兽医科学	4160	322	112	57		5	10	
水产学	3207	245	67	82		2	15	
医学科学领域	16082	3782	735	265		29	12	20
基础医学	1654	416	36	9		22		
临床医学	6454	2519	401				1	
预防医学与公共卫生学	2714	259	95	5			3	8
军事医学与特种医学	117	10	5					
药学	1083	391	34	182			4	7
中医学与中药学	4060	187	164	69		7	4	5
工程科学与技术领域	39055	6913	803	1215	13	170	545	1270
工程与技术科学基础学科	3692	678	77	61			15	
信息与系统科学相关工程与技术	3							
自然科学相关工程与技术	88	22		1				
测绘科学技术	454	47	5	8			35	
材料科学	1812	1150	13	17			1	
矿山工程技术	49	2	2	3			4	
冶金工程技术	63	1						
机械工程	437	23	59	110			4	
动力与电气工程	792	269	9	86		166	4	1270
能源科学技术	758	228	9					
核科学技术	2669	483	34	162				
电子与通信技术	6368	1145	209	92	9		156	
计算机科学技术	1273	564	14	17			164	
化学工程	1022	548	24	5			6	
产品应用相关工程技术	19		2					
纺织科学技术	23		1	2				
食品科学技术	496	42	22	51		4	4	
土木建筑工程	1002	64	19	33				
水利工程	2780	264	70	21			22	
交通运输工程	4291	184	50	89	2		46	
航空、航天科学技术	6151	357	52	279	2		15	
环境科学技术及资源科学技术	3223	755	101	63			23	
安全科学技术	1001	44	21	105			46	
管理学	589	43	10	10				
社会、人文科学领域	858	17	59	24				
艺术学	6							
历史学	58	3	22					

2-49 续表 2

项　　目	发表科技论文（篇）	#国外发表	出版科技著作（种）	形成国家或行业标准（件）	集成电路布图设计登记数（件）	植物新品种权授予（项）	软件著作权（件）	新药证书（件）
考古学	53	1	13	2				
经济学	126	2	12					
法学	331	11	3	17				
社会学	29			5				
新闻学与传播学	3							
图书馆、情报与文献学	35							
教育学	25		3					
体育科学	192		6					
按机构服务的国民经济行业分								
农、林、牧、渔业	29582	2063	885	545	1	537	294	37
农业	15501	971	516	265		455	97	10
林业	2932	231	58	45		46	22	
畜牧业	2643	188	66	44		4	8	
渔业	1864	135	35	70		2	5	
农、林、牧、渔服务业	6642	538	210	121	1	30	162	27
采矿业	180	8	2				4	
煤炭开采和洗选业	44		2				4	
有色金属矿采选业	136	8						
其他采矿业								
制造业	4954	806	117	438	1	11	37	6
农副食品加工业	394	18	16	24		4		
食品制造业	139	16		8				
饮料制造业	31			2				
纺织业	63		12	2				
纺织服装、鞋、帽制造业	9		1					
皮革、毛皮、羽毛(绒)及其制品业	6			1				
木材加工及木、竹、藤、棕、草制品业	102	12	4	30				
家具制造业								
造纸及纸制品业	15							
印刷业和记录媒介的复制	5							
石油加工、炼焦及核燃料加工业	1							
化学原料及化学制品制造业	407	255	10	22			5	1
医药制造业	2118	329	67	250		7	2	5
化学纤维制造业	1							
橡胶制品业								
塑料制品业	111	59						
非金属矿物制品业	70	2	1	9				
黑色金属冶炼及压延加工业	3							
有色金属冶炼及压延加工业	60	1						
金属制品业	12			57				
通用设备制造业	199	4	1	5			1	
专用设备制造业	802	18	5	26			28	
交通运输设备制造业	14			2				
电气机械及器材制造业	37	6						
通信设备、计算机及其他电子设备制造业	200	75			1			
仪器仪表及文化、办公用机械制造业	150	11					1	
工艺品及其他制造业	5							

2-49 续表 3

项 目	发表科技论文(篇)	#国外发表	出版科技著作(种)	形成国家或行业标准(件)	集成电路布图设计登记数(件)	植物新品种权授予(项)	软件著作权(件)	新药证书(件)
电力、燃气及水的生产和供应业	983	227	32	3			8	
电力、热力的生产和供应业	976	227	32	3			8	
燃气生产和供应业	6							
水的生产和供应业	1							
建筑业	1075	90	11	23				
房屋和土木工程建筑业	1021	89	11	20				
建筑安装业	2							
建筑装饰业	23							
其他建筑业	29	1		3				
交通运输、仓储和邮政业	952	94	30	40			46	
铁路运输业								
道路运输业	735	81	24	39			43	
城市公共交通业	54	5	3				1	
水上运输业	115	2	3	1			2	
航空运输业	48	6						
装卸搬运和其他运输服务业								
信息传输、计算机服务和软件业	838	366	4	27			121	
电信和其他信息传输服务业	168	4	3	19			5	
计算机服务业	498	354		7			97	
软件业	172	8	1	1			19	
批发和零售业								
批发业								
房地产业								
房地产业								
租赁和商务服务业	4							
商务服务业	4							
科学研究、技术服务和地质勘查业	56281	17576	975	964	19	243	662	1284
研究与试验发展	47915	16149	783	737	19	227	500	1284
专业技术服务业	6292	1146	132	224		16	138	
科技交流和推广服务业	609	143	13				17	
地质勘查业	1465	138	47	3			7	
水利、环境和公共设施管理业	5281	766	146	99			25	
水利管理业	1872	87	37	20			15	
环境管理业	3244	651	104	77			10	
公共设施管理业	165	28	5	2				
居民服务和其他服务业	24		4	4				
居民服务业	24		4	4				
其他服务业								
教育	25		3					
教育	25		3					
卫生、社会保障和社会福利业	12638	2996	608	8		22	4	13
卫生	12638	2996	608	8		22	4	13
文化、体育和娱乐业	338	8	25	2				
广播、电视、电影和音像业	22	1						
文化艺术业	124	7	19	2				
体育	192		6					
公共管理和社会组织	661	80	7	24			49	
国家机构	661	80	7	24			49	

2-50 中央部门属自然科学与技术领域机构论文、著作及其他科技成果

项目	发表科技论文（篇）	#国外发表	出版科技著作（种）	形成国家或行业标准（件）	集成电路布图设计登记数（件）	植物新品种权授予（项）	软件著作权（件）	新药证书（件）
中央部门属合计	**72272**	**22427**	**1616**	**1475**	**20**	**296**	**935**	**1288**
按机构学科领域分								
自然科学领域	25174	11977	328	53	7	45	381	12
数学	500	400	15	8				
信息科学与系统科学	740	359	2		7			
力学	469	165	6	1			30	
物理学	5464	2756	11	8		3	108	10
化学	3496	2678	20	11			9	
天文学	738	358	5				39	
地球科学	8775	2494	150	17		1	173	
生物学	4725	2632	100	5		33	22	2
心理学	267	135	19	3		8		
农业科学领域	7698	1017	207	171		52	71	
农学	3166	523	105	58		33	33	
林学	945	70	34	54		17	18	
畜牧、兽医科学	1429	207	40	19		2	5	
水产学	2158	217	28	40			15	
医学科学领域	7069	2850	363	258		29	8	6
基础医学	1045	306	21	9		22		
临床医学	2756	1893	186					
预防医学与公共卫生学	847	132	65	1				
军事医学与特种医学	111	7	5					
药学	843	369	32	182			4	3
中医学与中药学	1467	143	54	66		7	4	3
工程科学与技术领域	31903	6566	666	974	13	170	475	1270
工程与技术科学基础学科	2872	664	57	11			6	
自然科学相关工程与技术	56	21						
测绘科学技术	157	42	3	8			32	
材料科学	1620	1126	7	13			1	
冶金工程技术	58							
机械工程	159	13	54	52				
动力与电气工程	777	269	9	83		166	4	1270
能源科学技术	542	217	6					
核科学技术	2610	476	34	162				
电子与通信技术	5926	1131	208	88	9		149	
计算机科学技术	1104	556	13	16			143	

2-50 续表 1

项　目	发表科技论文（篇）	#国外发表	出版科技著作（种）	形成国家或行业标准（件）	集成电路布图设计登记数（件）	植物新品种权授予（项）	软件著作权（件）	新药证书（件）
化学工程	808	494	21	4			6	
食品科学技术	333	38	19	47		4	4	
土木建筑工程	174	6	4	4				
水利工程	1798	250	57	21			12	
交通运输工程	4024	181	46	88	2		45	
航空、航天科学技术	6151	357	52	279	2		15	
环境科学技术及资源科学技术	1873	698	65	39			20	
安全科学技术	568	17	5	59			38	
管理学	293	10	6					
社会、人文科学领域	428	17	52	19				
艺术学								
历史学	58	3	22					
考古学	53	1	13	2				
经济学	116	2	12					
法学	98	11	2	17				
社会学								
图书馆、情报与文献学	17							
教育学	25		3					
体育科学	61							
按机构服务的国民经济行业分								
农、林、牧、渔业	7351	978	229	145		52	65	
农业	2370	437	94	37		33	10	
林业	690	56	28	21		17	18	
畜牧业	913	127	29	16		2	5	
渔业	1144	108	15	37			5	
农、林、牧、渔服务业	2234	250	63	34			27	
采矿业	136	8						
有色金属矿采选业	136	8						
制造业	2293	617	68	324	1	11	32	1
农副食品加工业	277	16	13	20		4		
饮料制造业	28			2				
木材加工及木、竹、藤、棕、草制品业	85	12	4	29				
化学原料及化学制品制造业	271	254	3				5	
医药制造业	1085	255	44	247		7	2	1
有色金属冶炼及压延加工业	58							
通用设备制造业	3							

2-50 续表 2

项 目	发表科技论文（篇）	#国外发表	出版科技著作（种）	形成国家或行业标准（件）	集成电路布图设计登记数（件）	植物新品种权授予（项）	软件著作权（件）	新药证书（件）
专用设备制造业	373	5	4	24			25	
交通运输设备制造业	2			2				
通信设备、计算机及其他电子设备制造业	111	75			1			
电力、燃气及水的生产和供应业	926	224	31	3			8	
电力、热力的生产和供应业	926	224	31	3			8	
建筑业	394	35	7	3				
房屋和土木工程建筑业	370	35	7					
其他建筑业	24			3				
交通运输、仓储和邮政业	784	88	26	40			45	
铁路运输业								
道路运输业	621	80	23	39			43	
水上运输业	115	2	3	1			2	
航空运输业	48	6						
信息传输、计算机服务和软件业	607	358	2	26			97	
电信和其他信息传输服务业	118	4	2	19			1	
计算机服务业	489	354		7			96	
科学研究、技术服务和地质勘查业	51874	17246	875	847	19	211	629	1284
研究与试验发展	46448	15947	742	720	19	211	494	1284
专业技术服务业	3977	1073	93	127			113	
科技交流和推广服务业	382	136	1				15	
地质勘查业	1067	90	39				7	
水利、环境和公共设施管理业	2295	613	79	55			10	
水利管理业	786	73	23	18			4	
环境管理业	1509	540	56	37			6	
居民服务和其他服务业	24		4	4				
居民服务业	24		4	4				
教育	25		3					
教育	25		3					
卫生、社会保障和社会福利业	4987	2177	271	7		22	1	3
卫生	4987	2177	271	7		22	1	3
文化、体育和娱乐业	165	5	16	2				
广播、电视、电影和音像业	22	1						
文化艺术业	82	4	16	2				
体育	61							
公共管理和社会组织	411	78	5	19			48	
国家机构	411	78	5	19			48	

2-51 地方部门属自然科学与技术领域机构论文、著作及其他科技成果

项 目	发表科技论文（篇）	#国外发表	出版科技著作（种）	形成国家或行业标准（件）	集成电路布图设计登记数（件）	植物新品种权授予（项）	软件著作权（件）	新药证书（件）
地方部门属合计	**41544**	**2653**	**1233**	**702**	**1**	**517**	**315**	**52**
按地区分								
东部地区	20676	1919	661	407		203	296	27
中部地区	10187	422	355	112	1	166	9	23
西部地区	10681	312	217	183		148	10	2
北京市	2335	426	90	61		8	167	3
天津市	950	31	40	11		5	1	
河北省	981	43	41	22		11	4	
山西省	1096	62	64	10		17	2	
内蒙古自治区	418	31	6	2		5		
辽宁省	1585	82	26	32		24	4	2
沈阳市	981	18	18	26		8	2	1
大连市	170	6	2	3				
吉林省	1383	55	42	15		36		
长春市	1003	47	33	11		35		
黑龙江省	2401	77	48	20		9	1	
哈尔滨市	1524	34	27	18		5	1	
上海市	1605	322	47	37			19	8
江苏省	3646	321	161	73		45	18	7
南京市	1862	151	141	61		17	17	2
浙江省	1960	155	43	15		19	21	1
杭州市	1286	121	38	13		7	20	1
宁波市	108	6	1	1		6		
安徽省	566	17	9	12		28	1	14
福建省	1362	70	21	83		15	2	
厦门市	111	9		5				
江西省	817	56	28	8		6	4	
山东省	3735	365	117	57		56	24	3
济南市	2207	258	47	36		53	20	3
青岛市	753	32	49	2		1	4	
河南省	1477	22	63	18		23	1	9
湖北省	1344	90	75	11		30		
武汉市	860	84	66	7		10		
湖南省	1103	43	26	18	1	17		
广东省	2344	102	59	16		20	35	3
广州市	2025	97	57	13		14	30	3
深圳市	18							
广西壮族自治区	1936	71	22	1		10		
海南省	173	2	16				1	
重庆市	749	15	17	10		21	4	
四川省	1312	41	49	122		47	1	
成都市	774	34	38	53		22	1	
贵州省	908	50	7			6		
云南省	1511	40	38	1		36	4	
西藏自治区	121		10			2		
陕西省	734	28	15	2		1		
西安市	434	6	11	2				
甘肃省	1162	24	14	13				
青海省	48							
宁夏回族自治区	252		14	13		7		
新疆维吾尔自治区	1530	12	25	19		13	1	2

三、社会与人文科学领域研究机构

3-1　社会与人文科学领域机构从业人员和科技活动人员按性别和工作性质分

项　目	机构数（个）	从业人员（人）	科技活动人员（人）	#女性	科技管理人员	课题活动人员	科技服务人员
全　国	**308**	**20905**	**20372**	**7832**	**3714**	**14127**	**2531**
按隶属关系分							
地方部门属	240	14657	13297	5364	2708	8596	1993
省级部门属	175	11893	10846	4288	2137	7036	1673
副省级城市属	20	881	746	293	201	472	73
地市级部门属	45	1883	1705	783	370	1088	247
中央部门属	68	6248	7075	2468	1006	5531	538
中国社会科学院	35	3066	4364	1206	429	3680	255
按地区分							
东部地区	154	11698	12225	4521	2043	9101	1081
中部地区	78	4221	3628	1451	782	2298	548
西部地区	76	4986	4519	1860	889	2728	902
北　京	73	6706	7544	2710	1094	5842	608
天　津	3	361	308	144	63	223	22
河　北	2	631	549	210	171	336	42
山　西	20	907	751	344	125	489	137
内蒙古	11	572	501	274	109	287	105
辽　宁	11	600	555	254	109	391	55
#沈阳市	5	439	397	190	84	271	42
大连市	4	98	95	39	14	71	10
吉　林	15	738	561	271	171	329	61
#长春市	15	738	561	271	171	329	61
黑龙江	10	519	546	233	65	395	86
#哈尔滨市	10	519	546	233	65	395	86
上　海	27	1268	1327	471	159	1052	116
江　苏	6	344	371	128	105	241	25
#南京市	5	318	345	113	102	218	25
浙　江	4	254	241	76	45	175	21
#杭州市	4	254	241	76	45	175	21
宁波市							
安　徽	7	343	310	93	68	221	21
福　建	3	214	181	73	33	126	22
#厦门市							
江　西	1	231	159	71	43	107	9
山　东	14	661	545	207	111	345	89
#济南市	10	524	447	175	93	283	71
青岛市	3	105	81	25	16	57	8
河　南	11	505	424	156	90	309	25
湖　北	10	576	492	153	103	294	95
#武汉市	9	543	463	144	98	294	71

3-1 续表

项 目	机构数 (个)	从业人员 (人)	科技活动人员 (人)	#女性	科技管理人员	课题活动人员	科技服务人员
湖 南	4	402	385	130	117	154	114
广 东	11	659	604	248	153	370	81
#广州市	10	627	576	236	144	355	77
深圳市	1	32	28	12	9	15	4
广 西	9	358	335	149	96	218	21
海 南							
重 庆	5	384	320	129	93	194	33
四 川	12	738	722	290	148	518	56
#成都市	10	698	683	278	118	514	51
贵 州	3	207	204	79	63	108	33
云 南	4	387	375	169	47	306	22
西 藏	1	130	93	27	16	57	20
陕 西	4	377	307	124	55	209	43
#西安市	4	377	307	124	55	209	43
甘 肃	9	1022	910	345	135	377	398
青 海	5	164	135	51	30	76	29
宁 夏	6	259	226	76	34	150	42
新 疆	7	388	391	147	63	228	100
按机构学科领域分							
工程科学与技术领域	10	273	282	109	103	135	44
管理学	10	273	282	109	103	135	44
社会、人文科学领域	298	20632	20090	7723	3611	13992	2487
马克思主义	5	835	794	317	152	551	91
哲学	7	1249	1308	475	276	920	112
宗教学	2	94	124	36	19	98	7
语言学	1	81	105	31	9	93	3
文学	5	322	424	142	43	365	16
艺术学	30	1645	1479	706	227	1113	139
历史学	8	611	691	221	77	555	59
考古学	23	1823	1589	476	266	808	515
经济学	90	4355	4381	1520	810	3140	431
政治学	10	599	752	244	65	639	48
法学	8	354	632	136	74	526	32
社会学	45	5133	4689	1964	994	3131	564
民族学与文化学	11	487	484	197	80	338	66
新闻学与传播学	6	267	216	88	29	165	22
图书馆、情报与文献学	2	174	156	74	19	126	11
教育学	39	2516	2195	1063	462	1378	355
体育科学	1	13	7	5	1	3	3
统计学	5	74	64	28	8	43	13

3-2 社会与人文科学领域机构科技活动人员按学历和职称分

单位：人

项目	科技活动人员	学历				职称		
		博士	硕士	大学	其他	高级	中级	其他
全 国	**20372**	**2992**	**4622**	**8759**	**3999**	**7872**	**5647**	**6853**
按隶属关系分								
地方部门属	13297	1020	3200	6007	3070	5038	3855	4404
省级部门属	10846	869	2664	4827	2486	3995	3102	3749
副省级城市属	746	47	203	343	153	318	254	174
地市级部门属	1705	104	333	837	431	725	499	481
中央部门属	7075	1972	1422	2752	929	2834	1792	2449
中国社会科学院	4364	1311	685	1925	443	1619	923	1822
按地区分								
东部地区	12225	2671	2836	4707	2011	4939	3356	3930
中部地区	3628	144	828	1921	735	1365	1142	1121
西部地区	4519	177	958	2131	1253	1568	1149	1802
北 京	7544	2036	1578	2934	996	3053	1919	2572
天 津	308	48	78	111	71	143	114	51
河 北	549	31	142	261	115	155	144	250
山 西	751	9	119	413	210	254	286	211
内蒙古	501	21	104	258	118	172	118	211
辽 宁	555	17	169	254	115	276	122	157
#沈阳市	397	14	140	189	54	206	89	102
大连市	95	3	24	48	20	51	24	20
吉 林	561	20	114	288	139	202	168	191
#长春市	561	20	114	288	139	202	168	191
黑龙江	546	18	109	399	20	178	144	224
#哈尔滨市	546	18	109	399	20	178	144	224
上 海	1327	352	318	405	252	469	444	414
江 苏	371	40	98	125	108	175	101	95
#南京市	345	40	97	119	89	175	91	79
浙 江	241	24	83	93	41	130	85	26
#杭州市	241	24	83	93	41	130	85	26
宁波市								
安 徽	310	5	69	139	97	110	79	121
福 建	181	19	59	74	29	92	46	43
#厦门市								
江 西	159	7	55	77	20	62	41	56
山 东	545	30	109	253	153	240	177	128
#济南市	447	25	93	214	115	207	142	98
青岛市	81	5	16	34	26	32	30	19
河 南	424	23	122	179	100	156	174	94
湖 北	492	23	134	250	85	225	135	132
#武汉市	463	23	134	227	79	203	130	130

3-2 续表

单位：人

项　目	科技活动人　员	学历				职称		
		博士	硕士	大学	其他	高级	中级	其他
湖　南	385	39	106	176	64	178	115	92
广　东	604	74	202	197	131	206	204	194
#广州市	576	71	197	183	125	201	195	180
深圳市	28	3	5	14	6	5	9	14
广　西	335	5	85	128	117	170	90	75
海　南								
重　庆	320	12	50	188	70	130	76	114
四　川	722	68	215	282	157	302	202	218
#成都市	683	68	215	262	138	281	197	205
贵　州	204	1	35	132	36	22	19	163
云　南	375	18	117	166	74	144	99	132
西　藏	93	2	26	38	27	38	14	41
陕　西	307	12	91	161	43	92	102	113
#西安市	307	12	91	161	43	92	102	113
甘　肃	910	29	92	380	409	186	229	495
青　海	135	2	16	69	48	59	43	33
宁　夏	226	3	48	120	55	78	47	101
新　疆	391	4	79	209	99	175	110	106
按机构学科领域分								
工程科学与技术领域	282	57	74	94	57	132	80	70
管理学	282	57	74	94	57	132	80	70
社会、人文科学领域	20090	2935	4548	8665	3942	7740	5567	6783
马克思主义	794	134	262	260	138	288	283	223
哲学	1308	135	288	712	173	392	277	639
宗教学	124	53	19	45	7	48	27	49
语言学	105	36	21	31	17	45	26	34
文学	424	143	76	175	30	183	77	164
艺术学	1479	147	260	557	515	521	499	459
历史学	691	217	127	266	81	275	162	254
考古学	1589	82	189	599	719	414	394	781
经济学	4381	854	917	1899	711	1784	1174	1423
政治学	752	220	120	301	111	298	200	254
法学	632	135	94	364	39	157	120	355
社会学	4689	481	1476	1873	859	1910	1400	1379
民族学与文化学	484	76	110	233	65	188	139	157
新闻学与传播学	216	27	59	97	33	58	68	90
图书馆、情报与文献学	156	12	33	66	45	34	66	56
教育学	2195	172	483	1145	395	1114	631	450
体育科学	7	1	2	4		1	4	2
统计学	64	10	12	38	4	30	20	14

3-3 社会与人文科学领域机构科技经费筹集额按来源分

单位：万元

项 目	科技经费筹集额	政府资金	企业资金	金融机构贷款	国外资金	其他
全 国	**384778**	**341337**	**4313**	**15**	**2606**	**36507**
按隶属关系分						
地方部门属	254012	232308	431	15	194	21064
省级部门属	195957	175550	229	15	194	19969
副省级城市属	14290	13314	165			811
地市级部门属	43765	43444	37			284
中央部门属	130766	109029	3883		2412	15443
中国社会科学院	45215	42727	229		334	1926
按地区分						
东部地区	252343	222817	4263		2606	22658
中部地区	48246	43148	13			5085
西部地区	84189	75373	37	15		8764
北 京	157621	137490	3906		2412	13814
天 津	4593	4419				174
河 北	9554	7926				1629
山 西	7926	6678				1248
内蒙古	9590	9281	37			272
辽 宁	5535	5333	180		2	20
#沈阳市	3533	3331	180		2	20
大连市	1567	1567				
吉 林	7059	7054				6
#长春市	7059	7054				6
黑龙江	6260	5966				294
#哈尔滨市	6260	5966				294
上 海	34384	30536			192	3656
江 苏	5579	5579				
#南京市	5208	5208				
浙 江	7059	7059				
#杭州市	7059	7059				
宁波市						
安 徽	6543	4455	3			2085
福 建	3185	3172	13			
#厦门市						
江 西	1942	1942				
山 东	9604	9322				282
#济南市	8197	7933				264
青岛市	1390	1372				18
河 南	6248	5302	10			936
湖 北	6277	6106				171
#武汉市	6172	6001				171

3-3　续表

单位：万元

项　目	科技经费筹集额	政府资金	企业资金	金融机构贷款	国外资金	其他
湖　南	5991	5646				345
广　东	15229	11981	165			3084
#广州市	14193	10945	165			3084
深圳市	1036	1036				
广　西	5264	5101		15		148
海　南						
重　庆	6947	5557				1391
四　川	8837	8244				593
#成都市	8422	7829				593
贵　州	2992	2366				626
云　南	4457	3615				842
西　藏	21266	21266				
陕　西	3723	3723				
#西安市	3723	3723				
甘　肃	11153	6575				4578
青　海	1593	1420				173
宁　夏	3232	3232				
新　疆	5135	4995				140
按机构学科领域分						
工程科学与技术领域	6780	5930	305		63	482
管理学	6780	5930	305		63	482
社会、人文科学领域	377998	335407	4008	15	2543	36025
马克思主义	12606	12606				
哲学	15322	14827	104			391
宗教学	1866	1852				14
语言学	1224	1061				163
文学	3784	3568				216
艺术学	37465	36479				986
历史学	8053	7618			72	363
考古学	35963	23584				12379
经济学	82618	64777	3398	15	2129	12299
政治学	10606	9861	24		192	528
法学	4440	4189			90	161
社会学	95844	92500	348		61	2936
民族学与文化学	5958	5955				3
新闻学与传播学	3988	2735				1253
图书馆、情报与文献学	1712	1201	97			414
教育学	54924	50968	37			3919
体育科学	107	107				
统计学	1521	1521				

3-4　社会与人文科学领域机构科技经费内部支出按费用类别分

单位：万元

项　目	科技经费内部支出	日常性支出	劳务费	其他日常支出	资产性支出	仪器设备费	土建费	科技经费外部支出
全　国	**352009**	**304697**	**125888**	**178809**	**47312**	**22483**	**24829**	**3228**
按隶属关系分								
地方部门属	222234	187556	86921	100635	34679	13689	20990	1874
省级部门属	182915	150609	68060	82549	32306	11320	20986	1605
副省级城市属	14489	12807	6512	6296	1682	1678	4	
地市级部门属	24831	24140	12349	11791	691	691		270
中央部门属	129775	117141	38967	78175	12633	8794	3840	1354
中国社会科学院	57246	52460	18651	33809	4786	4786		53
按地区分								
东部地区	230017	211523	81676	129847	18494	14582	3912	1354
中部地区	43613	40704	21863	18841	2909	1796	1114	1560
西部地区	78379	52470	22349	30122	25909	6105	19804	314
北　京	138896	126249	44204	82046	12647	8807	3840	1354
天　津	5357	5068	2450	2618	289	289		
河　北	6364	6131	2817	3315	233	233		
山　西	8619	8386	3853	4533	234	234		470
内蒙古	5784	5514	2044	3470	270	270		
辽　宁	6246	6077	3985	2093	169	147	22	
#沈阳市	4210	4048	2596	1452	162	140	22	
大连市	1559	1555	1057	498	4	4		
吉　林	6071	5687	2955	2732	385	385		
#长春市	6071	5687	2955	2732	385	385		
黑龙江	4763	4727	3249	1478	35	35		
#哈尔滨市	4763	4727	3249	1478	35	35		
上　海	32125	29586	10938	18649	2539	2539		
江　苏	6847	6495	3757	2739	352	352		
#南京市	6460	6117	3539	2578	343	343		
浙　江	6682	6375	2021	4355	306	306		
#杭州市	6682	6375	2021	4355	306	306		
宁波市								
安　徽	5364	5315	1979	3337	48	48		
福　建	3338	2666	924	1742	672	672		
#厦门市								
江　西	1655	1619	827	792	36	36		
山　东	8582	8123	3851	4272	459	409	50	
#济南市	7257	6819	2932	3887	438	388	50	
青岛市	1316	1295	909	386	21	21		
河　南	5085	4940	3734	1207	145	145		1090
湖　北	6475	5754	3254	2500	721	721		
#武汉市	6332	5611	3116	2495	721	721		

3-4 续表

单位：万元

项目	科技经费内部支出	日常性支出	劳务费	其他日常支出	资产性支出	仪器设备费	土建费	科技经费外部支出
湖南	5581	4275	2013	2262	1306	192	1114	
广东	15579	14751	6731	8019	829	829		
#广州市	14545	13716	5697	8019	829	829		
深圳市	1035	1035	1035					
广西	4104	3687	1787	1900	418	306	112	145
海南								
重庆	6343	4247	1855	2392	2096	1129	967	45
四川	7407	7101	3031	4070	306	302	4	
#成都市	6894	6587	2822	3765	306	302	4	
贵州	1552	1416	848	568	136	136		
云南	4670	4065	1637	2428	606	606		
西藏	19910	1319	848	471	18591	481	18110	
陕西	3843	3174	2129	1045	669	628	41	
#西安市	3843	3174	2129	1045	669	628	41	
甘肃	16584	14176	4877	9299	2408	1926	482	125
青海	1573	1504	1056	449	69	69		
宁夏	2937	2901	1106	1794	37	37		
新疆	3672	3367	1132	2235	304	216	89	
按机构学科领域分								
工程科学与技术领域	6627	6476	2319	4157	152	152		686
管理学	6627	6476	2319	4157	152	152		686
社会、人文科学领域	345382	298221	123569	174652	47161	22331	24829	2542
马克思主义	13301	12686	6661	6025	615	581	35	
哲学	12592	12376	8775	3601	216	216		
宗教学	2286	2235	457	1779	51	51		
语言学	1325	1063	370	693	263	263		
文学	4769	4471	1928	2543	298	298		
艺术学	32540	26303	9640	16663	6237	2539	3698	
历史学	10342	9101	3204	5896	1242	1242		
考古学	39274	33633	9884	23749	5640	4097	1544	1605
经济学	70030	66952	23587	43364	3078	3078		668
政治学	13031	11028	4252	6776	2003	2003		
法学	4419	4236	2044	2192	183	183		
社会学	88813	65890	28938	36952	22923	4737	18186	125
民族学与文化学	6167	5814	2066	3747	353	242	112	
新闻学与传播学	2346	1831	824	1007	516	516		
图书馆、情报与文献学	2261	2025	943	1083	236	94	142	
教育学	40236	37157	19320	17837	3079	1966	1114	145
体育科学	160	155	66	90	4	4		
统计学	1491	1267	610	657	224	224		

3-5 社会与人文科学领域机构科研仪器设备

单位：万元

项目	科研仪器设备原价	#进口
全国	**53869**	**1729**
按隶属关系分		
地方部门属	28364	1545
省级部门属	21759	1428
副省级城市属	2571	65
地市级部门属	4034	51
中央部门属	25504	185
中国社会科学院	11309	
按地区分		
东部地区	40592	539
中部地区	2760	346
西部地区	10517	845
北京	24143	185
天津	931	
河北	2966	
山西	1125	160
内蒙古	1753	32
辽宁	69	
#沈阳市	69	
大连市		
吉林	179	
#长春市	179	
黑龙江	98	
#哈尔滨市	98	
上海	5131	
江苏	1361	10
#南京市	1349	10
浙江	918	40
#杭州市	918	40
宁波市		
安徽	775	185
福建	996	60
#厦门市		
江西		
山东	188	
#济南市	105	
青岛市	83	
河南	139	
湖北	265	
#武汉市	261	
湖南	181	
广东	3888	245
#广州市	3888	245
深圳市		
广西	545	
海南		
重庆	644	
四川	367	
#成都市	367	
贵州	40	
云南	80	51
西藏	1745	
陕西	221	
#西安市	221	
甘肃	3631	713
青海	276	
宁夏	145	49
新疆	1070	
按机构学科领域分		
工程科学与技术领域	1410	
管理学	1410	
社会、人文科学领域	52459	1729
马克思主义	2294	
哲学	38	
宗教学		
语言学	263	
文学	599	
艺术学	4989	186
历史学	2356	
考古学	7018	1219
经济学	13051	14
政治学	1531	
法学	461	
社会学	12132	75
民族学与文化学	1705	51
新闻学与传播学	598	185
图书馆、情报与文献学	621	
教育学	3890	
体育科学	639	
统计学	277	

3-6 社会与人文科学领域机构课题人员与经费

项目	课题数 合计 (个)	课题经费 内部支出 (万元)	#政府资金	投入人员 (人年)	#研究人员
全国	**6553**	**109129**	**99007**	**10681**	**8538**
按隶属关系分					
地方部门属	3063	41521	36376	6249	5076
省级部门属	2432	35612	31037	5269	4330
副省级城市属	208	1347	1061	339	269
地市级部门属	423	4562	4279	640	478
中央部门属	3490	67608	62630	4433	3462
中国社会科学院	2495	42960	42145	2659	2204
按地区分					
东部地区	5229	92254	85388	7163	5716
中部地区	566	6850	4153	1531	1250
西部地区	758	10024	9465	1987	1573
北京	3714	69430	64102	4570	3613
天津	153	1827	1607	223	223
河北	25	1594	1594	362	171
山西	113	2397	1121	314	208
内蒙古	73	2615	2615	224	182
辽宁	82	686	682	185	160
#沈阳市	65	568	564	140	127
大连市	8	25	25	11	11
吉林	122	1253	1253	318	310
#长春市	122	1253	1253	318	310
黑龙江	83	954	267	234	166
#哈尔滨市	83	954	267	234	166
上海	610	7838	7172	826	773
江苏	39	588	588	109	74
#南京市	39	588	588	109	74
浙江	84	4492	4472	172	157
#杭州市	84	4492	4472	172	157
宁波市					
安徽	27	331	331	71	66
福建	168	2302	2289	154	53
#厦门市					
江西	18	196	196	144	108
山东	205	1308	1265	288	264
#济南市	170	1168	1128	257	236
青岛市	35	140	137	31	28
河南	104	743	495	184	160
湖北	45	572	172	115	88
#武汉市	45	572	172	115	88
湖南	54	403	319	151	144
广东	149	2189	1617	275	229
#广州市	149	2189	1617	275	229
深圳市					
广西	70	1185	1127	160	133
海南					

3-6 续表 1

项 目	课题数 合 计 (个)	课题经费 内部支出 (万元)	#政府资金	投入人员 (人年)	#研究人员
重 庆	112	607	531	163	88
四 川	147	1112	1084	229	218
#成都市	147	1112	1084	229	218
贵 州	45	136	135	58	54
云 南	27	576	576	202	190
西 藏	9	380	380	39	17
陕 西	68	373	243	122	81
#西安市	68	373	243	122	81
甘 肃	74	1535	1424	399	344
青 海	20	296	296	44	16
宁 夏	36	622	622	82	76
新 疆	77	588	434	264	176
按课题活动类型分					
基础研究	2135	36225	35459	3105	2496
应用研究	2317	36450	34132	3805	3156
试验发展	476	9748	8238	1307	1003
R&D成果应用	225	3883	3552	486	334
科技服务	1400	22822	17627	1979	1549
按课题来源分					
中央政府部门下达课题	2682	54251	53075	4439	3397
国家重大科技专项	6	127	127	17	16
国家自然科学基金课题	22	666	665	48	37
863计划课题					
国家科技支撑(攻关)计划课题	10	2804	2804	147	98
国家火炬计划课题					
国家星火计划课题					
国家973计划课题					
公益性行业科研专项	78	1308	1260	122	70
国家社会科学基金课题	610	8714	8351	1183	958
其它课题	1956	40632	39868	2921	2217
地方政府部门下达课题	1749	24695	22940	3181	2612
地方自然科学基金课题	1	2	2	1	1
地方科技攻关计划课题	31	450	446	128	74
地方火炬计划课题					
地方星火计划课题					
地方社会科学基金课题	470	5189	4836	952	831
其它课题	1247	19053	17655	2101	1707
企业委托课题	142	2771	786	192	148
自选课题	1633	19931	19232	2339	1996
国际合作课题	114	3987	1909	148	124
其它课题	233	3494	1065	383	261
按课题合作形式分					
与境外机构合作	45	2465	1872	102	80
与国内高校合作	77	3520	3210	314	229
与国内独立研究机构合作	81	4378	3900	233	143
与境内注册的外商独资企业合作	1	6	6	1	1

3-6 续表 2

项　目	课题数 合 计 (个)	课题经费 内部支出 (万元)	#政府资金	投入人员 (人年)	#研究人员
与境内注册的其他企业合作	62	2255	1340	171	65
独立研究	5853	91402	84379	9140	7493
其他	434	5104	4299	722	528
按课题学科分					
自然科学领域	32	788	749	196	138
信息科学与系统科学	1	4	4	2	1
化学	9	408	408	150	113
地球科学	4	94	94	14	11
心理学	18	282	243	30	14
农业科学领域	4	26	26	8	6
农学	3	11	11	2	2
林学	1	15	15	6	4
医学科学领域	1	15	15	2	2
预防医学与公共卫生学	1	15	15	2	2
工程科学与技术领域	346	5840	5484	466	391
信息与系统科学相关工程与技术	2	1063	1063	11	7
能源科学技术	4	61	61	12	10
电子与通信技术	4	166	166	4	2
计算机科学技术	6	81	81	9	6
化学工程	1	14	14	5	3
土木建筑工程	3	29	4	3	2
水利工程	1	10	10	1	1
交通运输工程	32	254	254	25	25
航空、航天科学技术	1	7	7	1	1
环境科学技术及资源科学技术	3	32	32	4	4
安全科学技术	8	72	72	10	9
管理学	281	4052	3720	382	322
社会、人文科学领域	6170	102460	92733	10009	8001
马克思主义	173	2857	2857	212	193
哲学	135	2401	2386	201	168
宗教学	148	2217	2217	151	128
语言学	118	1434	1291	160	139
文学	259	3222	3166	347	299
艺术学	126	1836	1796	379	283
历史学	509	8896	8680	770	633
考古学	178	7664	6230	542	307
经济学	2150	38023	32649	3743	3059
政治学	431	7051	6939	620	512
法学	325	3448	3290	325	287
军事学	3	19	19	4	2
社会学	614	8538	7781	961	857
民族学与文化学	228	3138	3118	376	288
新闻学与传播学	96	3011	3006	250	139
图书馆、情报与文献学	41	263	207	50	47
教育学	626	8192	6852	898	654
统计学	10	249	249	23	6

3-7 社会与人文科学领域机构各类R&D人员数

单位：人

项　目	R&D人员	#全时人员	#女性	学　历			
				博士	硕士	大学	其他
全　国	**10860**	**8849**	**4320**	**2321**	**3082**	**3977**	**1480**
按隶属关系分							
地方部门属	6960	5487	2700	784	2011	3156	1009
省级部门属	6358	5042	2457	714	1824	2893	927
副省级城市属	265	188	112	32	98	121	14
地市级部门属	337	257	131	38	89	142	68
中央部门属	3900	3362	1620	1537	1071	821	471
中国社会科学院	2953	2619	1185	1327	714	536	376
按地区分							
东部地区	6698	5570	2780	2091	1950	1781	876
中部地区	1440	1333	608	85	446	804	105
西部地区	2722	1946	932	145	686	1392	499
北　京	3820	3279	1586	1542	1048	768	462
天　津	241	205	113	46	73	93	29
河　北	440	320	190	31	109	204	96
山　西	181	155	69	4	63	105	9
内蒙古	322	193	170	18	86	179	39
辽　宁	197	114	102	5	74	108	10
#沈阳市	197	114	102	5	74	108	10
大连市							
吉　林	310	293	169	16	85	155	54
#长春市	310	293	169	16	85	155	54
黑龙江	398	367	209	17	98	277	6
#哈尔滨市	398	367	209	17	98	277	6
上　海	889	882	362	323	264	185	117
江　苏	135	87	45	15	45	45	30
#南京市	135	87	45	15	45	45	30
浙　江	175	125	53	23	58	77	17
#杭州市	175	125	53	23	58	77	17
宁波市							
安　徽	33	26	11	3	12	10	8
福　建	177	141	66	19	58	71	29
#厦门市							
江　西	146	146	66	7	55	75	9
山　东	279	194	115	23	67	136	53
#济南市	270	185	113	19	62	136	53
青岛市	9	9	2	4	5		
河　南	171	159	39	7	64	92	8
湖　北	18	18		8	10		
#武汉市	18	18		8	10		

3-7 续表

单位：人

项目	R&D人员	#全时人员	#女性	学历			
				博士	硕士	大学	其他
湖　南	183	169	45	23	59	90	11
广　东	345	223	148	64	154	94	33
#广州市	345	223	148	64	154	94	33
深圳市							
广　西	160	116	61	4	49	78	29
海　南							
重　庆	194	133	63	11	32	93	58
四　川	216	117	3	51	57	102	6
#成都市	216	117	3	51	57	102	6
贵　州	144		50	1	32	95	16
云　南	313	228	119	18	113	157	25
西　藏	120	83	27	2	26	33	59
陕　西	190	91	56	6	68	91	25
#西安市	190	91	56	6	68	91	25
甘　肃	562	538	188	28	80	311	143
青　海	123	83	47	2	16	61	44
宁　夏	127	127	46	1	31	80	15
新　疆	251	237	102	3	96	112	40
按机构学科领域分							
工程科学与技术领域	66	48	30	17	25	19	5
管理学	66	48	30	17	25	19	5
社会、人文科学领域	10794	8801	4290	2304	3057	3958	1475
马克思主义	524	372	208	125	219	149	31
哲学	890	623	378	123	221	443	103
宗教学	89	78	33	53	19	11	6
语言学	80	80	31	36	21	7	16
文学	290	277	128	139	74	51	26
艺术学	488	353	186	35	111	230	112
历史学	517	455	209	213	125	106	73
考古学	950	783	270	76	142	419	313
经济学	2366	1962	919	671	607	794	294
政治学	541	512	232	220	136	120	65
法学	213	181	79	95	60	40	18
社会学	2672	2157	1090	328	958	1090	296
民族学与文化学	417	354	158	76	108	186	47
新闻学与传播学	106	90	53	25	53	21	7
图书馆、情报与文献学	56	51	22	12	32	6	6
教育学	587	465	290	76	167	282	62
体育科学							
统计学	8	8	4	1	4	3	

3-8 社会与人文科学领域机构各类R&D人员折合全时工作量

单位：人年

项目	R&D人员折合全时工作量	#研究人员	基础研究人员	应用研究人员	试验发展人员
全　国	**9679**	**7657**	**3622**	**4581**	**1476**
按隶属关系分					
地方部门属	6112	4838	1800	3319	993
省级部门属	5575	4422	1745	2942	888
副省级城市属	236	185	7	198	31
地市级部门属	301	231	48	179	74
中央部门属	3567	2819	1822	1262	483
中国社会科学院	2755	2309	1700	1054	1
按地区分					
东部地区	6010	4843	2477	2665	868
中部地区	1384	1155	372	764	248
西部地区	2285	1659	773	1152	360
北　京	3489	2798	1850	1272	367
天　津	218	215	156	54	8
河　北	333	166	44	71	218
山　西	159	123	24	135	
内蒙古	262	204	73	175	14
辽　宁	138	110	6	53	79
#沈阳市	138	110	6	53	79
大连市					
吉　林	304	296	114	185	5
#长春市	304	296	114	185	5
黑龙江	386	274	105	237	44
#哈尔滨市	386	274	105	237	44
上　海	888	823	148	739	1
江　苏	111	102	21	66	24
#南京市	111	102	21	66	24
浙　江	154	128	80	44	30
#杭州市	154	128	80	44	30
宁波市					
安　徽	31	20	8	23	
福　建	163	57	80	80	3
#厦门市					
江　西	146	125	24	24	98
山　东	251	223	61	60	130
#济南市	242	217	61	54	127
青岛市	9	6		6	3
河　南	163	133	74	89	
湖　北	18	18			18
#武汉市	18	18			18

3-8 续表

单位：人年

项　目	R&D人员折合全时工作量	#研究人员	基础研究人员	应用研究人员	试验发展人员
湖　南	177	166	23	71	83
广　东	265	221	31	226	8
#广州市	265	221	31	226	8
深圳市					
广　西	145	122	9	89	47
海　南					
重　庆	154	94	55	99	
四　川	143	114	6	61	76
#成都市	143	114	6	61	76
贵　州	85	77	2	83	
云　南	267	190	20	239	8
西　藏	83	45	69	6	8
陕　西	131	93	73	7	51
#西安市	131	93	73	7	51
甘　肃	551	383	269	142	140
青　海	93	50	48	43	2
宁　夏	127	107	48	79	
新　疆	244	180	101	129	14
按机构学科领域分					
工程科学与技术领域	58	37		12	46
管理学	58	37		12	46
社会、人文科学领域	9621	7620	3622	4569	1430
马克思主义	424	389	141	140	143
哲学	725	537	278	387	60
宗教学	82	72	45	37	
语言学	80	74	80		
文学	281	246	234	47	
艺术学	422	317	292	99	31
历史学	480	405	452	28	
考古学	857	465	630	172	55
经济学	2122	1627	362	1399	361
政治学	527	444	254	273	
法学	200	170	67	101	32
社会学	2368	2041	565	1318	485
民族学与文化学	376	314	191	165	20
新闻学与传播学	94	75	29	44	21
图书馆、情报与文献学	54	38		35	19
教育学	521	402	2	316	203
体育科学					
统计学	8	4		8	

3-9 社会与人文科学领域机构R&D经费内部支出按来源分布

单位：万元

项目	R&D经费内部支出	政府资金	企业资金	国外资金	其他资金
全　国	**157895**	**140862**	**1773**	**1194**	**14066**
按隶属关系分					
地方部门属	90967	76520	955	183	13309
省级部门属	82602	69074	500	183	12845
副省级城市属	4421	4003	418		
地市级部门属	3944	3443	37		464
中央部门属	66928	64342	818	1011	757
中国社会科学院	49924	48431	542	461	491
按地区分					
东部地区	117321	109283	1321	1188	5529
中部地区	13021	10136	270		2615
西部地区	27553	21444	182	6	5922
北　京	65647	63003	818	1011	815
天　津	4821	3826			995
河　北	3741	3741			
山　西	843	518	270		56
内蒙古	3855	3818	37		
辽　宁	1766	1766			
#沈阳市	1766	1766			
大连市					
吉　林	3013	3013			
#长春市	3013	3013			
黑龙江	3999	3159			840
#哈尔滨市	3999	3159			840
上　海	22261	18549	72	177	3462
江　苏	1707	1707			
#南京市	1707	1707			
浙　江	5341	5341			
#杭州市	5341	5341			
宁波市					
安　徽	396	340			55
福　建	2956	2880	13		63
#厦门市					
江　西	863	863			
山　东	3074	2880			194
#济南市	2905	2711			194
青岛市	168	168			
河　南	1955	1193			761
湖　北	480	80			400
#武汉市	480	80			400

3-9 续表

单位：万元

项目	R&D经费内部支出	政府资金	企业资金	国外资金	其他资金
湖 南	1472	969			503
广 东	6008	5590	418		
#广州市	6008	5590	418		
深圳市					
广 西	1728	1525			203
海 南					
重 庆	2741	1607	72	6	1057
四 川	1369	1341			28
#成都市	1369	1341			28
贵 州	584	582			1
云 南	2233	2233			
西 藏	1120	1120			
陕 西	1003	1003			
#西安市	1003	1003			
甘 肃	8383	4321		1	4061
青 海	1171	1171			
宁 夏	1624	1624			
新 疆	1744	1099	73		572
按机构学科领域分					
工程科学与技术领域	1332	1325		7	
管理学	1332	1325		7	
社会、人文科学领域	156563	139537	1773	1187	14066
马克思主义	7662	7662			
哲学	7549	7192			357
宗教学	1944	1930			14
语言学	686	544			143
文学	4303	4193			110
艺术学	7440	7440			
历史学	9135	8763			373
考古学	17734	11270	343	6	6116
经济学	36833	33803	680	668	1682
政治学	11482	11084	229	169	
法学	2939	2600	66	147	128
社会学	31996	28525	418	18	3035
民族学与文化学	5172	5171			1
新闻学与传播学	1680	1570			110
图书馆、情报与文献学	732	224			507
教育学	9066	7359	37	180	1491
体育科学					
统计学	209	209			

3-10 社会与人文科学领域机构R&D经费内部支出按活动类型分

单位：万元

项目	R&D经费内部支出	基础研究	应用研究	试验发展
全　国	**157895**	**62238**	**75358**	**20299**
按隶属关系分				
地方部门属	90967	28727	51726	10514
省级部门属	82602	27451	45752	9400
副省级城市属	4421	225	3867	329
地市级部门属	3944	1052	2107	785
中央部门属	66928	33512	23632	9784
中国社会科学院	49924	29311	20608	6
按地区分				
东部地区	117321	47026	55164	15131
中部地区	13021	3671	7195	2154
西部地区	27553	11541	12999	3013
北　京	65647	34045	23512	8090
天　津	4821	3464	1218	139
河　北	3741	332	661	2748
山　西	843	98	745	
内蒙古	3855	2327	1451	77
辽　宁	1766	52	735	979
#沈阳市	1766	52	735	979
大连市				
吉　林	3013	936	2052	26
#长春市	3013	936	2052	26
黑龙江	3999	1053	2522	425
#哈尔滨市	3999	1053	2522	425
上　海	22261	3088	19167	6
江　苏	1707	230	1062	415
#南京市	1707	230	1062	415
浙　江	5341	2946	1427	968
#杭州市	5341	2946	1427	968
宁波市				
安　徽	396	92	304	
福　建	2956	1502	1429	26
#厦门市				
江　西	863	300	200	363
山　东	3074	671	727	1676
#济南市	2905	671	608	1627
青岛市	168		119	49
河　南	1955	1082	873	
湖　北	480			480
#武汉市	480			480

3-10 续表

单位：万元

项　目	R&D经费内部支出	基础研究	应用研究	试验发展
湖　南	1472	112	500	861
广　东	6008	697	5227	84
#广州市	6008	697	5227	84
深圳市				
广　西	1728	69	1108	551
海　南				
重　庆	2741	1226	1516	
四　川	1369	51	590	728
#成都市	1369	51	590	728
贵　州	584	23	560	
云　南	2233	234	1842	157
西　藏	1120	1031	42	48
陕　西	1003	418	54	530
#西安市	1003	418	54	530
甘　肃	8383	3742	3777	864
青　海	1171	552	602	17
宁　夏	1624	625	999	
新　疆	1744	1243	459	41
按机构学科领域分				
工程科学与技术领域	1332		270	1062
管理学	1332		270	1062
社会、人文科学领域	156563	62238	75088	19236
马克思主义	7662	2239	3441	1983
哲学	7549	3455	3598	495
宗教学	1944	751	1193	
语言学	686	686		
文学	4303	3565	738	
艺术学	7440	5887	1142	411
历史学	9135	8540	595	
考古学	17734	13098	4556	80
经济学	36833	6360	24554	5919
政治学	11482	4531	6951	
法学	2939	1078	1350	511
社会学	31996	8634	18516	4846
民族学与文化学	5172	2852	2077	243
新闻学与传播学	1680	541	767	372
图书馆、情报与文献学	732		521	211
教育学	9066	21	4880	4165
体育科学				
统计学	209		209	

3-11 社会与人文科学领域机构R&D经费内部支出按费用类别分

单位：万元

项目	R&D经费内部支出	日常性支出	劳务费	其他日常支出	资产性支出	仪器设备费	土建费
全国	**157895**	**142870**	**65529**	**77341**	**15025**	**13760**	**1265**
按隶属关系分							
地方部门属	90967	83140	43033	40107	7827	7190	637
省级部门属	82602	75385	39329	36056	7217	6580	637
副省级城市属	4421	4038	1730	2308	383	383	
地市级部门属	3944	3717	1974	1743	227	227	
中央部门属	66928	59730	22496	37234	7198	6570	628
中国社会科学院	49924	45379	17417	27962	4546	4546	
按地区分							
东部地区	117321	105932	43309	62623	11389	10699	690
中部地区	13021	12585	8849	3737	435	435	
西部地区	27553	24353	13372	10981	3201	2626	575
北京	65647	58626	22315	36311	7021	6393	628
天津	4821	4533	2136	2397	289	289	
河北	3741	3519	1650	1869	223	223	
山西	843	731	529	201	112	112	
内蒙古	3855	3662	1108	2554	193	193	
辽宁	1766	1707	1204	503	59	37	22
#沈阳市	1766	1707	1204	503	59	37	22
大连市							
吉林	3013	2939	1748	1191	74	74	
#长春市	3013	2939	1748	1191	74	74	
黑龙江	3999	3964	2810	1154	35	35	
#哈尔滨市	3999	3964	2810	1154	35	35	
上海	22261	20186	7999	12188	2074	2074	
江苏	1707	1646	1110	536	61	61	
#南京市	1707	1646	1110	536	61	61	
浙江	5341	5088	1507	3581	254	254	
#杭州市	5341	5088	1507	3581	254	254	
宁波市							
安徽	396	396	195	201			
福建	2956	2288	907	1381	668	668	
#厦门市							
江西	863	827	527	300	36	36	
山东	3074	2806	1720	1086	268	228	40
#济南市	2905	2638	1586	1052	268	228	40
青岛市	168	168	134	34			
河南	1955	1834	1331	503	120	120	
湖北	480	480	480				
#武汉市	480	480	480				

3-11 续表

单位：万元

项 目	R&D经费内部支出	日常性支出	劳务费	其他日常支出	资产性支出	仪器设备费	土建费
湖 南	1472	1415	1228	187	58	58	
广 东	6008	5534	2762	2772	474	474	
#广州市	6008	5534	2762	2772	474	474	
深圳市							
广 西	1728	1599	962	637	129	101	28
海 南							
重 庆	2741	2721	1393	1328	20	20	
四 川	1369	1337	550	787	32	32	
#成都市	1369	1337	550	787	32	32	
贵 州	584	531	515	16	53	53	
云 南	2233	2034	1175	860	199	199	
西 藏	1120	1020	772	248	100	100	
陕 西	1003	906	698	208	97	91	6
#西安市	1003	906	698	208	97	91	6
甘 肃	8383	6237	4253	1984	2146	1694	452
青 海	1171	1103	748	355	67	67	
宁 夏	1624	1624	491	1134			
新 疆	1744	1579	707	872	165	77	89
按机构学科领域分							
工程科学与技术领域	1332	1299	460	839	33	33	
管理学	1332	1299	460	839	33	33	
社会、人文科学领域	156563	141571	65070	76501	14992	13727	1265
马克思主义	7662	7395	3513	3883	267	267	
哲学	7549	7420	5494	1926	128	128	
宗教学	1944	1901	427	1474	43	43	
语言学	686	424	370	54	263	263	
文学	4303	4054	1776	2278	249	249	
艺术学	7440	5708	2683	3025	1732	1129	604
历史学	9135	7986	2794	5192	1149	1149	
考古学	17734	13820	6876	6944	3915	3368	547
经济学	36833	34628	13204	21425	2204	2204	
政治学	11482	9492	4101	5391	1990	1990	
法学	2939	2785	1240	1545	154	154	
社会学	31996	30181	14924	15257	1816	1754	62
民族学与文化学	5172	4937	1645	3293	235	207	28
新闻学与传播学	1680	1277	474	803	402	402	
图书馆、情报与文献学	732	685	360	326	46	22	24
教育学	9066	8667	5126	3541	399	399	
体育科学							
统计学	209	209	64	145			

3-12 社会与人文科学领域机构R&D经费外部支出按流向分

单位：万元

项　目	R&D经费外部支出	#流向国内研究机构	#流向国内高等学校	#流向国内企业	#流向境外机构
全　国	**97**	**29**	**68**		
按隶属关系分					
地方部门属	45	15	30		
省级部门属	45	15	30		
副省级城市属					
地市级部门属					
中央部门属	53	15	38		
中国社会科学院	53	15	38		
按地区分					
东部地区	53	15	38		
中部地区					
西部地区	45	15	30		
北　京	53	15	38		
天　津					
河　北					
山　西					
内蒙古					
辽　宁					
#沈阳市					
大连市					
吉　林					
#长春市					
黑龙江					
#哈尔滨市					
上　海					
江　苏					
#南京市					
浙　江					
#杭州市					
宁波市					
安　徽					
福　建					
#厦门市					
江　西					
山　东					
#济南市					
青岛市					
河　南					
湖　北					
#武汉市					

3-12 续表

单位：万元

项　目	R&D经费外部支出	#流向国内研究机构	#流向国内高等学校	#流向国内企业	#流向境外机构
湖　南					
广　东					
#广州市					
深圳市					
广　西					
海　南					
重　庆	45	15	30		
四　川					
#成都市					
贵　州					
云　南					
西　藏					
陕　西					
#西安市					
甘　肃					
青　海					
宁　夏					
新　疆					
按机构学科领域分					
工程科学与技术领域					
管理学					
社会、人文科学领域	97	29	68		
马克思主义					
哲学					
宗教学					
语言学					
文学					
艺术学					
历史学					
考古学	45	15	30		
经济学	53	15	38		
政治学					
法学					
社会学					
民族学与文化学					
新闻学与传播学					
图书馆、情报与文献学					
教育学					
体育科学					
统计学					

3-13 社会与人文科学领域机构R&D课题人员和经费

项 目	课题数 合 计 (个)	课题经费 内部支出 (万元)	#政府资金	投入人员 (人年)	#研究人员
全 国	**4928**	**82424**	**77828**	**8217**	**6779**
按隶属关系分					
地方部门属	2220	31735	28743	4829	4066
省级部门属	1943	28973	26373	4359	3695
副省级城市属	105	1038	805	196	165
地市级部门属	172	1724	1565	274	205
中央部门属	2708	50689	49085	3387	2714
中国社会科学院	2495	42960	42145	2659	2235
按地区分					
东部地区	4001	69232	66615	5460	4464
中部地区	334	4688	3191	1126	953
西部地区	593	8504	8022	1631	1362
北 京	2757	50228	48596	3323	2699
天 津	146	1637	1417	200	200
河 北	16	1423	1423	309	142
山 西	20	843	518	159	123
内蒙古	64	2300	2300	193	157
辽 宁	58	483	479	116	108
#沈阳市	58	483	479	116	108
大连市					
吉 林	100	1167	1167	298	292
#长春市	100	1167	1167	298	292
黑龙江	83	954	267	234	166
#哈尔滨市	83	954	267	234	166
上 海	509	6773	6337	709	668
江 苏	37	554	554	100	90
#南京市	37	554	554	100	90
浙 江	71	3353	3333	128	128
#杭州市	71	3353	3333	128	128
宁波市					
安 徽	17	276	276	25	20
福 建	149	2299	2286	149	48
#厦门市					
江 西	18	196	196	144	108
山 东	128	786	767	178	169
#济南市	122	763	744	172	164
青岛市	6	23	23	6	5
河 南	41	369	369	98	80
湖 北	1	480	80	18	18
#武汉市	1	480	80	18	18

3-13 续表 1

项 目	课题数 合 计 (个)	课题经费 内部支出 (万元)	#政府资金	投入人员 (人年)	#研究人员
湖 南	54	403	319	151	146
广 东	130	1697	1424	249	212
#广州市	130	1697	1424	249	212
深圳市					
广 西	60	1100	1045	143	122
海 南					
重 庆	76	529	526	101	66
四 川	79	403	375	117	114
#成都市	79	403	375	117	114
贵 州	45	136	135	58	54
云 南	26	486	486	162	150
西 藏	7	368	368	30	14
陕 西	56	336	206	113	75
#西安市	56	336	206	113	75
甘 肃	67	1484	1373	370	315
青 海	16	248	248	28	13
宁 夏	30	575	575	72	65
新 疆	67	541	387	243	220
按课题来源分					
中央政府部门下达课题	2202	43787	43005	3652	2921
国家重大科技专项	5	111	111	16	15
国家自然科学基金课题	22	666	665	48	42
863计划课题					
国家科技支撑(攻关)计划课题	8	1623	1623	130	98
国家火炬计划课题					
国家星火计划课题					
国家973计划课题					
公益性行业科研专项	17	764	764	69	37
国家社会科学基金课题	584	8424	8072	1132	965
其它课题	1566	32200	31771	2257	1764
地方政府部门下达课题	1163	16268	15179	2258	1930
地方自然科学基金课题	1	2	2	1	1
地方科技攻关计划课题	24	310	306	108	63
地方火炬计划课题					
地方星火计划课题					
地方社会科学基金课题	394	4255	3936	855	774
其它课题	744	11700	10934	1294	1092
企业委托课题	48	880	414	88	61
自选课题	1379	17832	17317	1967	1668
国际合作课题	48	2060	1248	53	43
其它课题	88	1598	666	198	156

3-13 续表 2

项目	课题数 合计 (个)	课题经费 内部支出 (万元)	#政府资金	投入人员 (人年)	#研究人员
按课题合作形式分					
与境外机构合作	15	1477	1041	26	18
与国内高校合作	34	2602	2584	241	184
与国内独立研究机构合作	41	1931	1859	139	91
与境内注册的外商独资企业合作					
与境内注册的其他企业合作	8	314	314	32	13
独立研究	4594	73474	69943	7367	6174
其他	236	2626	2087	412	300
按课题学科分					
自然科学领域	24	611	573	185	130
信息科学与系统科学	1	4	4	2	1
化学	9	408	408	150	113
地球科学	2	12	12	7	6
心理学	12	187	148	26	10
农业科学领域	3	11	11	2	2
农学	3	11	11	2	2
林学					
医学科学领域					
预防医学与公共卫生学					
工程科学与技术领域	135	1827	1774	214	170
信息与系统科学相关工程与技术	1	11	11	2	2
能源科学技术	1	19	19	4	3
电子与通信技术	4	166	166	4	2
计算机科学技术	5	64	64	5	2
化学工程	1	14	14	5	3
土木建筑工程	2	15	4	2	1
水利工程					
交通运输工程	2	25	25	3	3
航空、航天科学技术					
环境科学技术及资源科学技术	2	14	14	2	2
安全科学技术	3	49	49	7	6
管理学	114	1450	1408	182	147
社会、人文科学领域	4766	79974	75470	7815	6477
马克思主义	170	2824	2824	210	190
哲学	134	2391	2376	200	170
宗教学	148	2217	2217	151	139
语言学	118	1434	1291	160	141
文学	258	3219	3163	346	298
艺术学	99	1619	1583	271	220
历史学	497	8791	8586	736	632
考古学	150	6428	5926	484	285
经济学	1385	25443	23777	2671	2177
政治学	418	7013	6902	608	522
法学	301	3008	2860	286	256
军事学	3	19	19	4	2
社会学	474	7034	6281	762	688
民族学与文化学	220	3076	3056	365	298
新闻学与传播学	71	1344	1339	100	69
图书馆、情报与文献学	40	258	202	49	46
教育学	276	3809	3022	406	341
统计学	4	49	49	7	3

3-14 社会与人文科学领域机构R&D课题经费按活动类型分类

单位：万元

项目	R&D课题经费 内部支出	基础研究	应用研究	试验发展
全　国	**82424**	**36225**	**36450**	**9748**
按隶属关系分				
地方部门属	31735	9718	17551	4466
省级部门属	28973	9317	15776	3881
副省级城市属	1038	30	893	115
地市级部门属	1724	372	882	470
中央部门属	50689	26507	18899	5282
中国社会科学院	42960	25379	17575	6
按地区分				
东部地区	69232	31901	29822	7509
中部地区	4688	1181	2529	979
西部地区	8504	3143	4100	1261
北　京	50228	26681	18855	4691
天　津	1637	1145	431	61
河　北	1423	110	241	1072
山　西	843	98	745	
内蒙古	2300	1294	956	49
辽　宁	483	11	199	274
#沈阳市	483	11	199	274
大连市				
吉　林	1167	448	695	25
#长春市	1167	448	695	25
黑龙江	954	216	592	146
#哈尔滨市	954	216	592	146
上　海	6773	958	5813	2
江　苏	554	46	386	122
#南京市	554	46	386	122
浙　江	3353	1438	1091	824
#杭州市	3353	1438	1091	824
宁波市				
安　徽	276	92	184	
福　建	2299	1015	1283	2
#厦门市				
江　西	196	24	24	148
山　东	786	221	161	403
#济南市	763	221	148	395
青岛市	23		14	9
河　南	369	239	130	
湖　北	480			480
#武汉市	480			480

3-14 续表 1

单位：万元

项　目	R&D课题经费内部支出	基础研究	应用研究	试验发展
湖　南	403	65	159	180
广　东	1697	278	1362	58
#广州市	1697	278	1362	58
深圳市				
广　西	1100	38	721	340
海　南				
重　庆	529	99	430	
四　川	403	13	178	212
#成都市	403	13	178	212
贵　州	136	23	113	
云　南	486	67	398	20
西　藏	368	338	14	16
陕　西	336	45	19	271
#西安市	336	45	19	271
甘　肃	1484	418	726	340
青　海	248	140	101	7
宁　夏	575	221	354	
新　疆	541	446	90	4
按课题来源分				
中央政府部门下达课题	43787	23189	17070	3527
国家重大科技专项	111	69	42	
国家自然科学基金课题	666	118	513	34
863计划课题				
国家科技支撑(攻关)计划课题	1623	376	1243	4
国家火炬计划课题				
国家星火计划课题				
国家973计划课题				
公益性行业科研专项	764		433	331
国家社会科学基金课题	8424	5084	2780	559
其它课题	32200	17542	12059	2599
地方政府部门下达课题	16268	3299	10677	2292
地方自然科学基金课题	2			2
地方科技攻关计划课题	310	10	50	250
地方火炬计划课题				
地方星火计划课题				
地方社会科学基金课题	4255	1632	2129	494
其它课题	11700	1657	8499	1545
企业委托课题	880	92	487	301
自选课题	17832	9141	6987	1704
国际合作课题	2060	203	576	1280
其它课题	1598	302	652	644

3-14 续表 2

单位：万元

项　目	R&D课题经费内部支出	基础研究	应用研究	试验发展
按课题合作形式分				
与境外机构合作	1477	1	288	1188
与国内高校合作	2602	1105	1025	472
与国内独立研究机构合作	1931	201	1143	588
与境内注册的外商独资企业合作				
与境内注册的其他企业合作	314		23	291
独立研究	73474	34265	32722	6487
其他	2626	654	1250	722
按课题学科分				
自然科学领域	611	383	116	112
信息科学与系统科学	4			4
化学	408	376	27	5
地球科学	12	5		7
心理学	187	2	89	96
农业科学领域	11	5	6	
农学	11	5	6	
林学				
医学科学领域				
预防医学与公共卫生学				
工程科学与技术领域	1827	250	1323	255
信息与系统科学相关工程与技术	11		11	
能源科学技术	19		19	
电子与通信技术	166	166		
计算机科学技术	64	18	46	
化学工程	14			14
土木建筑工程	15			15
水利工程				
交通运输工程	25			25
航空、航天科学技术				
环境科学技术及资源科学技术	14		14	
安全科学技术	49		49	
管理学	1450	65	1184	201
社会、人文科学领域	79974	35588	35005	9382
马克思主义	2824	1811	816	197
哲学	2391	2251	130	10
宗教学	2217	903	1272	42
语言学	1434	1335	99	
文学	3219	2785	403	31
艺术学	1619	1320	231	68
历史学	8791	8235	556	
考古学	6428	5294	1104	29
经济学	25443	3969	17070	4405
政治学	7013	3415	3560	39
法学	3008	872	1770	366
军事学	19	12	7	
社会学	7034	1272	4258	1504
民族学与文化学	3076	1514	1372	189
新闻学与传播学	1344	463	497	384
图书馆、情报与文献学	258	85	162	11
教育学	3809	52	1650	2107
统计学	49		49	

3-15 社会与人文科学领域机构R&D课题投入人员按活动类型分

单位：人年

项 目	投入人员合计	基础研究	应用研究	试验发展	投入研究人员	基础研究	应用研究	试验发展
全 国	**8217**	**3105**	**3805**	**1307**	**6779**	**2536**	**3223**	**1020**
按隶属关系分								
地方部门属	4829	1345	2604	880	4066	1054	2253	759
省级部门属	4359	1290	2284	786	3695	1009	1990	696
副省级城市属	196	7	164	25	165	6	142	17
地市级部门属	274	48	156	70	205	39	121	46
中央部门属	3387	1760	1201	427	2714	1482	970	262
中国社会科学院	2659	1647	1011	1	2235	1392	842	1
按地区分								
东部地区	5460	2332	2374	754	4464	1951	1982	532
中部地区	1126	291	605	231	953	241	510	202
西部地区	1631	482	826	323	1362	344	732	286
北 京	3323	1786	1212	325	2699	1506	972	222
天 津	200	156	39	4	200	156	39	4
河 北	309	43	67	199	142	23	32	87
山 西	159	24	134		123	24	98	
内蒙古	193	56	126	11	157	44	105	7
辽 宁	116	5	41	70	108	4	36	68
#沈阳市	116	5	41	70	108	4	36	68
大连市								
吉 林	298	113	183	3	292	113	178	2
#长春市	298	113	183	3	292	113	178	2
黑龙江	234	56	139	39	166	34	96	37
#哈尔滨市	234	56	139	39	166	34	96	37
上 海	709	120	588	1	668	97	571	1
江 苏	100	19	60	21	90	17	54	19
#南京市	100	19	60	21	90	17	54	19
浙 江	128	63	39	26	128	63	39	26
#杭州市	128	63	39	26	128	63	39	26
宁波市								
安 徽	25	8	17		20	8	12	
福 建	149	75	72	2	48	31	16	1
#厦门市								
江 西	144	24	24	96	108	18	18	72
山 东	178	35	45	98	169	27	44	98
#济南市	172	35	41	96	164	27	41	96
青岛市	6		4	2	5		4	2
河 南	98	47	51		80	29	51	
湖 北	18			18	18			18
#武汉市	18			18	18			18

3-15 续表 1

单位：人年

项　目	投入人员合计	基础研究	应用研究	试验发展	投入研究人员	基础研究	应用研究	试验发展
湖　南	151	19	57	75	146	15	57	74
广　东	249	31	210	8	212	26	179	7
#广州市	249	31	210	8	212	26	179	7
深圳市								
广　西	143	8	89	47	122	8	77	38
海　南								
重　庆	101	35	66		66	23	42	
四　川	117	4	50	63	114	4	48	62
#成都市	117	4	50	63	114	4	48	62
贵　州	58	2	56		54	1	52	
云　南	162	19	136	7	150	11	135	4
西　藏	30	25	2	3	14	12	1	1
陕　西	113	62	5	46	75	34	5	36
#西安市	113	62	5	46	75	34	5	36
甘　肃	370	123	115	132	315	98	92	125
青　海	28	20	6	2	13	6	6	1
宁　夏	72	26	46		65	25	41	
新　疆	243	101	129	14	220	78	128	14
按课题来源分								
中央政府部门下达课题	3652	1833	1379	440	2921	1471	1171	279
国家重大科技专项	16	11	5		15	11	4	
国家自然科学基金课题	48	12	30	7	42	9	27	6
863计划课题								
国家科技支撑(攻关)计划课题	130	81	47	2	98	62	35	1
国家火炬计划课题								
国家星火计划课题								
国家973计划课题								
公益性行业科研专项	69		34	35	37		24	13
国家社会科学基金课题	1132	603	429	99	965	481	395	88
其它课题	2257	1126	834	297	1764	908	686	170
地方政府部门下达课题	2258	389	1351	519	1930	331	1169	429
地方自然科学基金课题	1			1	1			1
地方科技攻关计划课题	108	9	22	77	63	9	16	38
地方火炬计划课题								
地方星火计划课题								
地方社会科学基金课题	855	253	438	164	774	219	402	154
其它课题	1294	127	890	277	1092	104	751	237
企业委托课题	88	8	44	36	61	2	32	27
自选课题	1967	830	898	239	1668	696	753	219
国际合作课题	53	9	27	17	43	6	25	12
其它课题	198	36	106	56	156	28	74	54

3-15 续表 2

单位：人年

项　　目	投入人员合　计	基　础研　究	应　用研　究	试　验发　展	投入研究人　员	基　础研　究	应　用研　究	试　验发　展
按课题合作形式分								
与境外机构合作	26	2	5	19	18	2	4	12
与国内高校合作	241	140	84	18	184	104	63	17
与国内独立研究机构合作	139	18	84	36	91	11	61	20
与境内注册的外商独资企业合作								
与境内注册的其他企业合作	32		4	29	13		2	11
独立研究	7367	2873	3441	1053	6174	2383	2941	850
其他	412	72	187	153	300	37	153	110
按课题学科分								
自然科学领域	185	89	64	32	130	68	38	24
信息科学与系统科学	2			2	1			1
化学	150	81	47	22	113	62	33	17
地球科学	7	7		1	6	5		
心理学	26	1	18	7	10	1	5	5
农业科学领域	2	1	1		2	1	1	
农学	2	1	1		2	1	1	
林学								
医学科学领域								
预防医学与公共卫生学								
工程科学与技术领域	214	12	140	62	170	10	119	41
信息与系统科学相关工程与技术	2		2		2		2	
能源科学技术	4		4		3		3	
电子与通信技术	4	4			2	2		
计算机科学技术	5	1	4		2	1	2	
化学工程	5			5	3			3
土木建筑工程	2			2	1			1
水利工程								
交通运输工程	3			3	3			3
航空、航天科学技术								
环境科学技术及资源科学技术	2		2		2		2	
安全科学技术	7		7		6		6	
管理学	182	7	122	53	147	7	105	35
社会、人文科学领域	7815	3003	3599	1213	6477	2458	3065	955
马克思主义	210	153	48	8	190	136	47	8
哲学	200	182	17	1	170	155	15	1
宗教学	151	87	58	7	139	78	55	6
语言学	160	139	20		141	122	19	
文学	346	283	37	26	298	246	33	20
艺术学	271	184	73	14	220	145	64	11
历史学	736	685	52		632	590	42	
考古学	484	368	92	24	285	237	39	10
经济学	2671	286	1751	633	2177	230	1472	475
政治学	608	235	362	11	522	195	317	10
法学	286	81	154	51	256	71	141	44
军事学	4	1	3		2	1	1	
社会学	762	129	454	178	688	108	410	169
民族学与文化学	365	143	172	50	298	110	147	41
新闻学与传播学	100	27	34	39	69	21	30	19
图书馆、情报与文献学	49	15	32	2	46	14	30	2
教育学	406	3	234	169	341	2	200	139
统计学	7		7		3		3	

3-16 社会与人文科学领域机构专利及专利所有权转让

项 目	专利申请受理数(件)	#发明专利	专利申请授权数(件)	#发明专利	#国外授权	有效发明专利总数(件)	专利所有权转让及许可数(件)	专利所有权转让及许可收入(万元)
全 国	**16**	**3**	**4**	**4**		**4**		
按隶属关系分								
地方部门属	8	2	4	4		4		
省级部门属	8	2	4	4		4		
副省级城市属								
地市级部门属								
中央部门属	8	1						
中国社会科学院								
按地区分								
东部地区	8	1						
中部地区	1							
西部地区	7	2	4	4		4		
北 京	8	1						
天 津								
河 北								
山 西								
内蒙古								
辽 宁								
#沈阳市								
大连市								
吉 林								
#长春市								
黑龙江								
#哈尔滨市								
上 海								
江 苏								
#南京市								
浙 江								
#杭州市								
宁波市								
安 徽	1							
福 建								
#厦门市								
江 西								
山 东								
#济南市								
青岛市								
河 南								
湖 北								
#武汉市								

3-16 续表

项　目	专利申请受理数（件）	#发明专利	专利申请授权数（件）	#发明专利	#国外授权	有效发明专利总数（件）	专利所有权转让及许可数（件）	专利所有权转让及许可收入（万元）
湖　南								
广　东								
#广州市								
深圳市								
广　西								
海　南								
重　庆								
四　川								
#成都市								
贵　州								
云　南								
西　藏								
陕　西								
#西安市								
甘　肃	7	2	4	4		4		
青　海								
宁　夏								
新　疆								
按机构学科领域分								
工程科学与技术领域								
管理学								
社会、人文科学领域	16	3	4	4		4		
马克思主义								
哲学								
宗教学								
语言学								
文学								
艺术学								
历史学								
考古学	7	2	4	4		4		
经济学	1							
政治学								
法学								
社会学								
民族学与文化学								
新闻学与传播学								
图书馆、情报与文献学								
教育学	6	1						
体育科学								
统计学	2							

3-17 社会与人文科学领域机构论文、著作及其他科技成果

项目	发表科技论文(篇)	#国外发表	出版科技著作(种)	形成国家或行业标准(件)	集成电路布图设计登记数(件)	植物新品种权授予(项)	软件著作权(件)	新药证书(件)
全　国	**20982**	**627**	**1835**	**1**				
按隶属关系分								
地方部门属	12397	264	972					
省级部门属	11458	260	884					
副省级城市属	461	4	38					
地市级部门属	478		50					
中央部门属	8585	363	863	1				
中国社会科学院	6314	256	633					
按地区分								
东部地区	14182	560	1264	1				
中部地区	3736	24	269					
西部地区	3064	43	302					
北　京	8517	363	878	1				
天　津	859		28					
河　北	648		52					
山　西	379		24					
内蒙古	97		5					
辽　宁	159	9	10					
#沈阳市	155	9	10					
大连市	4							
吉　林	744	10	54					
#长春市	744	10	54					
黑龙江	459	4	39					
#哈尔滨市	459	4	39					
上　海	1367	43	110					
江　苏	750		28					
#南京市	750		28					
浙　江	437		37					
#杭州市	437		37					
宁波市								
安　徽	351	6	21					
福　建	653	138	28					
#厦门市								
江　西	453	2	22					
山　东	558	3	61					
#济南市	544	3	59					
青岛市	14		2					
河　南	489	2	30					
湖　北	493		9					
#武汉市	493		9					

3-17 续表

项　目	发表科技论文（篇）	#国外发表	出版科技著作（种）	形成国家或行业标准（件）	集成电路布图设计登记数（件）	植物新品种权授予（项）	软件著作权（件）	新药证书（件）
湖　南	368		70					
广　东	234	4	32					
#广州市	219	4	32					
深圳市	15							
广　西	313	6	34					
海　南								
重　庆	184		13					
四　川	187		13					
#成都市	187		13					
贵　州	38							
云　南	644	30	50					
西　藏	119		21					
陕　西	347		29					
#西安市	347		29					
甘　肃	415	3	37					
青　海	152		8					
宁　夏	142	1	19					
新　疆	426	3	73					
按机构学科领域分								
工程科学与技术领域	395	18	32					
管理学	395	18	32					
社会、人文科学领域	20587	609	1803	1				
马克思主义	1184	4	105					
哲学	1310	40	123					
宗教学	98		152					
语言学	64		5					
文学	909	3	55					
艺术学	415		36					
历史学	705	32	81					
考古学	719	5	51					
经济学	4702	269	316					
政治学	663	30	62					
法学	1477	131	110					
社会学	6402	71	487	1				
民族学与文化学	502	2	49					
新闻学与传播学	127		5					
图书馆、情报与文献学								
教育学	1279	22	163					
体育科学	10							
统计学	21		3					

四、科技信息和文献机构

4-1 科技信息和文献机构从业人员和科技活动人员按性别和工作性质分

项　目	机构数（个）	从业人员（人）	科技活动人员（人）	#女性	科技管理人员	课题活动人员	科技服务人员
全　国	**340**	**15000**	**13227**	**5880**	**2419**	**5879**	**4929**
按隶属关系分							
地方部门属	322	11248	10204	4494	2023	4097	4084
省级部门属	98	6944	6314	2877	1074	2585	2655
副省级城市属	17	825	663	309	160	296	207
地市级部门属	207	3479	3227	1308	789	1216	1222
中央部门属	18	3752	3023	1386	396	1782	845
中国科学院	3	456	546	250	54	191	301
中国社会科学院	1	145	124	88	24	80	20
按地区分							
东部地区	133	9048	7669	3602	1383	3421	2865
中部地区	105	2973	2912	1163	479	1326	1107
西部地区	102	2979	2646	1115	557	1132	957
北　京	16	3546	2771	1322	395	1792	584
天　津	4	267	241	134	55	72	114
河　北	10	283	234	115	45	80	109
山　西	12	329	303	135	55	130	118
内蒙古	12	223	205	81	40	72	93
辽　宁	16	609	541	235	237	180	124
#沈阳市	5	319	278	123	163	70	45
大连市	1	46	43	19	9	24	10
吉　林	11	267	238	110	33	110	95
#长春市	6	210	185	83	24	83	78
黑龙江	14	352	330	154	31	149	150
#哈尔滨市	5	241	222	107	15	99	108
上　海	9	1227	1081	600	179	226	676
江　苏	13	521	470	205	99	132	239
#南京市	3	288	244	116	36	72	136
浙　江	11	337	313	143	60	85	168
#杭州市	4	194	181	88	32	43	106
宁波市	1	48	42	20	10	13	19
安　徽	16	484	535	161	84	317	134
福　建	13	322	297	116	50	171	76
#厦门市	2	39	28	15	5	10	13

4-1 续表

项目	机构数 (个)	从业人员 (人)	科技活动人员 (人)	#女性	科技管理人员	课题活动人员	科技服务人员
江西	13	347	309	115	46	149	114
山东	23	1054	964	402	133	338	493
#济南市	7	655	589	264	68	199	322
青岛市	1	64	64	27	18	41	5
河南	16	382	347	163	78	152	117
湖北	11	539	540	197	91	129	320
#武汉市	5	435	438	153	48	120	270
湖南	12	273	310	128	61	190	59
广东	15	655	517	246	114	258	145
#广州市	6	549	407	207	76	220	111
深圳市							
广西	19	421	390	149	103	162	125
海南	3	227	240	84	16	87	137
重庆	1	56	50	22	10	24	16
四川	25	819	695	314	154	253	288
#成都市	9	596	472	227	82	165	225
贵州	6	124	110	46	29	72	9
云南	6	243	233	97	35	130	68
西藏	1	32	31	11	7	16	8
陕西	13	449	364	155	67	175	122
#西安市	3	267	216	98	39	103	74
甘肃	6	212	208	77	36	93	79
青海	1	24	23	12	7	6	10
宁夏	4	100	93	26	15	57	21
新疆	8	276	244	125	54	72	118
按服务的国民经济行业分							
农、林、牧、渔业	35	1450	1486	568	175	806	505
采矿业	1	345	231	129	37	176	18
制造业	16	1313	772	359	163	396	213
信息传输、计算机服务和软件业	1	165	165	85	20	138	7
租赁和商务服务业	3	80	69	35	10	45	14
科学研究、技术服务和地质勘查业	255	9325	8318	3507	1708	3620	2990
居民服务和其他服务业	1	8	8	5			8
卫生、社会保障和社会福利业	20	858	842	438	132	432	278
文化、体育和娱乐业	5	1352	1234	707	161	227	846
公共管理和社会组织	3	104	102	47	13	39	50

4-2 科技信息和文献机构科技活动人员按学历和职称分

单位：人

项目	科技活动人员	学历				职称		
		博士	硕士	大学	其他	高级	中级	其他
全 国	**13227**	**353**	**1749**	**6669**	**4456**	**3494**	**4440**	**5293**
按隶属关系分								
地方部门属	10204	121	1100	5399	3584	2579	3553	4072
省级部门属	6314	107	859	3375	1973	1781	2080	2453
副省级城市属	663	6	85	353	219	165	230	268
地市级部门属	3227	8	156	1671	1392	633	1243	1351
中央部门属	3023	232	649	1270	872	915	887	1221
中国科学院	546	62	134	277	73	152	183	211
中国社会科学院	124	6	19	66	33	47	55	22
按地区分								
东部地区	7669	305	1270	3696	2398	2047	2507	3115
中部地区	2912	28	260	1565	1059	866	1009	1037
西部地区	2646	20	219	1408	999	581	924	1141
北 京	2771	242	622	1147	760	847	859	1065
天 津	241	3	36	139	63	72	60	109
河 北	234	1	15	138	80	84	73	77
山 西	303		10	200	93	65	129	109
内蒙古	205	2	8	87	108	49	78	78
辽 宁	541	5	67	284	185	167	192	182
#沈阳市	278	4	48	149	77	103	98	77
大连市	43	1	4	14	24	16	16	11
吉 林	238	1	23	138	76	77	92	69
#长春市	185	1	19	113	52	61	69	55
黑龙江	330		22	230	78	118	101	111
#哈尔滨市	222		20	157	45	82	59	81
上 海	1081	24	162	484	411	215	409	457
江 苏	470	6	66	249	149	132	181	157
#南京市	244	2	47	129	66	78	96	70
浙 江	313	2	54	156	101	68	119	126
#杭州市	181	2	46	80	53	47	72	62
宁波市	42		6	19	17	5	14	23
安 徽	535	6	50	257	222	217	139	179
福 建	297	2	39	175	81	76	108	113
#厦门市	28		6	15	7	9	11	8

4-2 续表

单位：人

项 目	科技活动人员	学历				职称		
		博士	硕士	大学	其他	高级	中级	其他
江 西	309	1	9	148	151	62	99	148
山 东	964	9	97	614	244	264	317	383
#济南市	589	9	65	383	132	164	186	239
青岛市	64		6	27	31	20	12	32
河 南	347	7	32	186	122	89	141	117
湖 北	540	12	96	253	179	138	207	195
#武汉市	438	12	96	213	117	116	153	169
湖 南	310	1	18	153	138	100	101	109
广 东	517	11	90	257	159	93	161	263
#广州市	407	11	80	206	110	71	130	206
深圳市								
广 西	390	1	37	222	130	68	152	170
海 南	240		22	53	165	29	28	183
重 庆	50	3	16	21	10	9	28	13
四 川	695	9	56	314	316	169	255	271
#成都市	472	9	45	224	194	140	165	167
贵 州	110		7	59	44	31	34	45
云 南	233	3	38	138	54	73	58	102
西 藏	31		1	17	13	6	3	22
陕 西	364		22	201	141	62	119	183
#西安市	216		20	135	61	42	66	108
甘 肃	208		6	122	80	41	62	105
青 海	23			8	15	5	9	9
宁 夏	93	1	8	73	11	28	30	35
新 疆	244	1	20	146	77	40	96	108
按服务的国民经济行业分								
农、林、牧、渔业	1486	59	188	619	620	476	381	629
采矿业	231	18	56	103	54	80	86	65
制造业	772	8	135	396	233	220	289	263
信息传输、计算机服务和软件业	165	17	58	59	31	50	54	61
租赁和商务服务业	69	5	12	36	16	18	44	7
科学研究、技术服务和地质勘查业	8318	188	1017	4367	2746	2115	2867	3336
居民服务和其他服务业	8		1	6	1	2	3	3
卫生、社会保障和社会福利业	842	36	131	392	283	260	224	358
文化、体育和娱乐业	1234	22	135	638	439	265	452	517
公共管理和社会组织	102		16	53	33	8	40	54

4-3 科技信息和文献机构科技经费筹集额按来源分

单位：万元

项　目	科技经费筹集额	政府资金	企业资金	金融机构贷款	国外资金	其他
全　国	**280608**	**225852**	**5238**	**231**	**37**	**49250**
按隶属关系分						
地方部门属	178004	149541	3761	231	20	24451
省级部门属	139542	114189	2948	50	20	22335
副省级城市属	11830	10783	681			366
地市级部门属	26632	24569	132	181		1750
中央部门属	102604	76312	1477		17	24799
中国科学院	21920	19233				2687
中国社会科学院	3200	3200				
按地区分						
东部地区	208058	164533	3765		17	39743
中部地区	36934	30548	897	231		5259
西部地区	35617	30772	577		20	4248
北　京	101290	75950	1286		17	24037
天　津	5434	3325				2109
河　北	3053	2695				358
山　西	2928	2427	15	161		326
内蒙古	1564	1412				153
辽　宁	6579	5651	18			910
#沈阳市	4561	3659	18			884
大连市	532	532				
吉　林	3509	3102		20		387
#长春市	3196	2809				387
黑龙江	4062	3725				337
#哈尔滨市	3246	2960				286
上　海	40033	36504	817			2712
江　苏	8519	6258	968			1293
#南京市	5890	4137	968			785
浙　江	9357	8040	38			1278
#杭州市	7286	6188	21			1077
宁波市	699	667				33
安　徽	7377	5182	8	50		2138
福　建	5356	5086				270
#厦门市	1253	1174				80

4-3 续表

单位：万元

项 目	科技经费					
	筹集额	政府资金	企业资金	金融机构贷款	国外资金	其他
江 西	2505	2323				182
山 东	11836	10416	15			1405
#济南市	8580	7640	10			930
青岛市	693	693				
河 南	4751	3874	300			577
湖 北	7744	6637				1106
#武汉市	7160	6080				1080
湖 南	4059	3278	574			207
广 东	15970	10106	623			5242
#广州市	14797	8983	611			5203
深圳市						
广 西	5791	4464	13			1314
海 南	631	502				128
重 庆	1572	1493	47			32
四 川	7810	7023	6			780
#成都市	6239	5461	6			772
贵 州	1923	1789				134
云 南	4634	4002	449		20	163
西 藏	1042	1042				
	3941	3477				464
陕 西	3035	2580				455
#西安市	2790	2134				655
甘 肃	189	115	62			12
青 海	946	943				3
宁 夏	3416	2878				538
新 疆						
按服务的国民经济行业分	22092	17603		50	17	4423
采矿业	9840	234				9606
制造业	17977	8519	1477			7981
信息传输、计算机服务和软件业	3565	1413				2152
租赁和商务服务业	2665	2059	606			
科学研究、技术服务和地质勘查业	164256	140651	3155	181	20	20248
居民服务和其他服务业	51	51				
卫生、社会保障和社会福利业	23602	19885				3717
文化、体育和娱乐业	35166	34192				974
公共管理和社会组织	1394	1246				148

4-4 科技信息和文献机构科技经费内部支出按费用类别分

单位：万元

项目	科技经费内部支出	日常性支出	劳务费	其他日常支出	资产性支出	仪器设备费	土建费	科技经费外部支出
全国	**250625**	**190044**	**84346**	**105699**	**60580**	**55185**	**5395**	**9629**
按隶属关系分								
地方部门属	152472	123243	60823	62419	29229	27701	1528	1999
省级部门属	117330	91892	41659	50233	25438	23985	1453	1724
副省级城市属	11946	10195	5160	5034	1751	1716	35	
地市级部门属	23196	21156	14004	7152	2040	2000	40	275
中央部门属	98153	66802	23522	43280	31351	27484	3867	7630
中国科学院	22692	10184	2751	7433	12508	12508		
中国社会科学院	3366	2266	803	1463	1100	1100		
按地区分								
东部地区	188671	136221	58624	77597	52449	47655	4795	7359
中部地区	30837	26479	12621	13858	4358	4355	3	2008
西部地区	31117	27344	13100	14244	3773	3175	598	261
北京	97595	66778	23159	43619	30818	26951	3867	7220
天津	4356	4130	2867	1263	227	227		
河北	3022	2844	1234	1610	178	178		
山西	2662	2505	1197	1308	157	157		39
内蒙古	1189	1165	766	399	24	24		
辽宁	5814	5214	4379	835	600	600		
#沈阳市	3770	3244	2888	356	526	526		
大连市	532	526	468	58	5	5		
吉林	2708	2467	1249	1217	241	241		
#长春市	2434	2202	1078	1124	232	232		
黑龙江	3677	3334	2044	1289	343	343		10
#哈尔滨市	3091	2763	1673	1090	328	328		
上海	28536	16492	8432	8060	12044	12044		
江苏	6858	6594	2883	3711	264	264		
#南京市	4829	4640	1683	2957	188	188		
浙江	7189	5968	2680	3288	1221	752	470	87
#杭州市	5338	4248	1652	2596	1089	620	470	
宁波市	656	582	467	116	74	74		
安徽	6022	5558	2069	3489	464	464		
福建	5125	4806	1967	2839	319	319		
#厦门市	1154	1123	492	631	31	31		

4-4 续表

单位：万元

项　　目	科技经费内部支出	日常性支出	劳务费	其他日常支出	资产性支出	仪器设备费	土建费	科技经费外部支出
江　西	1504	1345	1006	339	159	158	1	521
山　东	13558	8655	5671	2984	4904	4481	423	
#济南市	10598	6037	3858	2178	4561	4138	423	
青岛市	893	842	446	396	51	51		
河　南	4437	3311	1611	1700	1126	1126		420
湖　北	6435	4963	2272	2691	1472	1472		688
#武汉市	5850	4449	1883	2566	1401	1401		688
湖　南	3393	2997	1172	1824	396	395	2	331
广　东	15414	13643	4657	8986	1770	1735	35	53
#广州市	14367	12663	3954	8709	1704	1669	35	
深圳市								
广　西	4965	4227	2236	1992	738	736	2	
海　南								
	1202	1098	695	403	104	104		
重　庆	1297	1087	239	848	210	210		
四　川	7040	6345	2949	3396	695	568	127	5
#成都市	5611	4950	2047	2903	661	534	127	2
贵　州	1842	1466	648	818	376	339	37	237
云　南	4424	4080	1807	2273	344	344		
西　藏	948	680	104	577	268	268		
陕　西	2377	2273	1534	739	104	74	30	
#西安市	1563	1503	1017	486	60	30	30	
甘　肃	2866	2470	1065	1406	395	395		
青　海	207	202	100	102	5	5		
宁　夏	846	795	410	385	51	51		
新　疆	3117	2554	1244	1310	564	161	402	19
按服务的国民经济行业分								
农、林、牧、渔业	19361	13868	6293	7575	5493	5052	441	660
采矿业	7586	6932	3465	3467	654	654		36
制造业	16301	12712	5281	7431	3590	2508	1082	483
信息传输、计算机服务和软件业	4008	3921	2271	1649	88	88		
租赁和商务服务业	2625	2304	362	1942	320	320		
科学研究、技术服务和地质勘查业	150616	119374	53793	65581	31242	28287	2955	8451
居民服务和其他服务业	54	54	43	11				
卫生、社会保障和社会福利业	22482	18507	4655	13852	3975	3058	917	
文化、体育和娱乐业	26694	11484	7807	3676	15211	15211		
公共管理和社会组织	898	890	376	514	8	8		

4-5　科技信息和文献机构科研仪器设备

单位：万元

项　目	科研仪器设备原价	#进口	项　目	科研仪器设备原价	#进口
全　国	**187628**	**1320**	江　西	250	
			山　东	4397	
按隶属关系分			#济南市	2921	
地方部门属	157317	1261	青岛市	283	
省级部门属	146970	939			
副省级城市属	3267	174	河　南	1575	130
地市级部门属	7081	149	湖　北	4636	
中央部门属	30311	60	#武汉市	4597	
中国科学院	1090		湖　南	397	18
中国社会科学院	1106		广　东	4031	297
			#广州市	3513	291
按地区分			深圳市		
东部地区	164192	631	广　西	967	4
中部地区	14705	248	海　南	918	
西部地区	8731	441			
			重　庆	71	
北　京	28523	60	四　川	1736	111
天　津	3766		#成都市	1480	
河　北	1121	26	贵　州	357	68
山　西	1472		云　南	2066	
内蒙古	639	12	西　藏		
				694	
辽　宁	1891		陕　西	553	
#沈阳市	894		#西安市	1228	244
大连市	615		甘　肃	87	
吉　林	1178	100	青　海	212	
#长春市	1147	100	宁　夏	676	3
黑龙江	2992		新　疆		
#哈尔滨市	2437				
			按服务的国民经济行业分	**9148**	**362**
上　海	109960	156	采矿业	198	
江　苏	1953	14	制造业	11074	
#南京市	1953	14	信息传输、计算机服务和软件业	26	
浙　江	4360	59	租赁和商务服务业	21	
#杭州市	3500		科学研究、技术服务和地质勘查业	47717	525
宁波市	472	59	居民服务和其他服务业	116	
安　徽	2204		卫生、社会保障和社会福利业	9977	
福　建	3273	20	文化、体育和娱乐业	108996	434
#厦门市			公共管理和社会组织	356	

4-6 科技信息和文献机构课题人员与经费

项目	课题数合计(个)	课题经费内部支出(万元)	#政府资金	投入人员(人年)	#研究人员
全国	**1959**	**57197**	**35551**	**5538**	**3073**
按隶属关系分					
地方部门属	1361	27277	23278	3747	2150
省级部门属	1005	20492	17617	2625	1639
副省级城市属	71	2152	1847	178	93
地市级部门属	285	4633	3813	944	418
中央部门属	598	29920	12273	1791	923
中国科学院	135	2327	2322	162	68
中国社会科学院	66	716	716	73	60
按地区分					
东部地区	1305	45798	25202	3339	1817
中部地区	307	5118	4625	1185	650
西部地区	347	6280	5724	1014	606
北京	616	32368	14593	1844	944
天津	50	1632	1547	186	117
河北	58	851	820	76	53
山西	74	803	781	129	86
内蒙古	13	226	208	27	12
辽宁	22	345	315	118	69
#沈阳市	15	275	244	76	44
大连市					
吉林	12	146	146	48	18
#长春市	6	55	55	22	10
黑龙江	16	112	91	122	90
#哈尔滨市	8	52	50	84	77
上海	102	1728	709	211	166
江苏	44	1289	1103	146	52
#南京市	25	898	868	67	27
浙江	57	1502	1457	75	50
#杭州市	35	1165	1141	41	28
宁波市	5	27	27	4	2
安徽	42	1965	1862	263	111
福建	93	871	650	123	64
#厦门市					
江西	33	383	308	146	50
山东	60	1975	1362	260	157
#济南市	41	1273	974	188	119
青岛市	1	10	10	2	2
河南	35	239	231	105	67
湖北	55	746	495	237	137
#武汉市	55	746	495	237	137
湖南	40	725	712	135	92
广东	182	2894	2336	243	107
#广州市	166	2720	2165	197	84
深圳市					
广西	83	1823	1542	222	113
海南	21	344	311	57	39

4-6 续表 1

项　目	课题数合 计(个)	课题经费内部支出(万元)	#政府资金	投入人员(人年)	#研究人员
重　庆	9	352	352	26	18
四　川	51	676	602	195	102
#成都市	27	445	418	123	69
贵　州	32	563	563	82	62
云　南	47	636	621	145	103
西　藏	8	251	251	19	9
陕　西	23	336	327	103	52
#西安市	15	232	232	56	33
甘　肃	31	186	161	86	54
青　海	2	46	42	13	6
宁　夏	20	280	280	32	32
新　疆	28	905	774	66	44
按课题活动类型分					
基础研究	27	305	305	28	23
应用研究	155	4192	4044	371	180
试验发展	169	5479	3360	509	295
R&D成果应用	193	3292	2749	569	348
科技服务	1415	43929	25093	4061	2227
按课题学科分					
自然科学领域	240	6731	5598	840	422
信息科学与系统科学	214	4666	3533	696	396
化学	1	20	20	4	
地球科学	18	1708	1708	121	20
生物学	7	336	336	20	6
农业科学领域	135	2394	2177	277	174
农学	122	1763	1602	250	162
林学	2	427	427	10	5
畜牧、兽医科学	8	88	82	9	4
水产学	3	116	67	9	4
医学科学领域	80	2865	1739	295	188
基础医学	1				
预防医学与公共卫生学	36	1005	578	147	108
药学	5	722	38	15	12
中医学与中药学	38	1139	1123	133	68
工程科学与技术领域	815	29360	17050	2394	1314
工程与技术科学基础学科	90	1272	779	191	112
信息与系统科学相关工程与技术	35	2475	2331	200	99
测绘科学技术	1	2	1	3	1
材料科学	16	402	131	42	26
矿山工程技术	2	637		19	19
冶金工程技术	5	24	24	24	10
机械工程	12	2608	45	93	7
动力与电气工程	13	701	9	46	8
能源科学技术	19	379	140	58	37
电子与通信技术	60	4199	2003	177	144
计算机科学技术	234	7012	4699	733	339
化学工程	13	484	11	19	10
食品科学技术	10	100	88	34	18

4-6 续表 2

项目	课题数 合计 (个)	课题经费 内部支出 (万元)	#政府资金	投入人员 (人年)	#研究人员
土木建筑工程	3	31	22	7	3
环境科学技术及资源科学技术	14	145	124	23	16
安全科学技术	5	69	64	10	8
管理学	283	8821	6580	715	457
社会、人文科学领域	689	15847	8987	1732	976
哲学	2	22	22	2	2
语言学	3	36	36	5	3
历史学	1	9	9	1	1
经济学	147	5261	1533	395	267
政治学	5	55	55	14	11
法学	4	32	32	3	3
社会学	57	674	644	132	101
民族学与文化学	1	17	17	2	2
新闻学与传播学	17	582	493	38	21
图书馆、情报与文献学	405	8315	5348	1044	520
教育学	9	90	74	11	4
体育科学	4	212	212	34	17
统计学	34	543	512	52	26
按课题服务的国民经济行业分					
农、林、牧、渔业	290	5010	3998	752	417
农业	63	654	515	204	134
林业	2	427	427	10	5
畜牧业	7	88	57	13	4
渔业	1	99	50	4	1
农、林、牧、渔服务业	217	3742	2950	521	274
采矿业	49	6508	49	217	201
石油和天然气开采业	48	6493	34	196	194
有色金属矿采选业	1	15	15	21	7
制造业	105	4938	1036	426	176
农副食品加工业	10	86	84	13	8
食品制造业	7	78	71	22	14
烟草制品业	3	44	36	11	11
造纸及纸制品业	1	6	6	2	1
石油加工、炼焦及核燃料加工业	2	10	10	5	2
医药制造业	1	20	20	8	3
塑料制品业	1	3		1	1
非金属矿物制品业	12	97	62	37	24
黑色金属冶炼及压延加工业	1	4	4	1	1
金属制品业	1				
通用设备制造业	33	3001	521	179	53
专用设备制造业	8	87	28	29	12
交通运输设备制造业	6	703	97	56	24
电气机械及器材制造业	14	721	19	51	13
通信设备、计算机及其他电子设备制造业	3	67	65	9	7
工艺品及其他制造业	2	14	14	3	3
电力、燃气及水的生产和供应业	10	64	25	11	7
电力、热力的生产和供应业	9	61	22	10	6
燃气生产和供应业	1	3	3	1	1

4-6 续表 3

项　目	课题数 合　计 (个)	课题经费 内部支出 (万元)	#政府资金	投入人员 (人年)	#研究人员
建筑业	3	30	23	11	6
房屋和土木工程建筑业	2	23	23	10	5
建筑安装业	1	7	1	1	1
交通运输、仓储和邮政业	13	113	56	16	9
道路运输业	10	63	13	11	6
城市公共交通业	1	24	24	2	2
水上运输业	1	19	19	2	1
仓储业	1	7		1	1
信息传输、计算机服务和软件业	170	7427	4533	550	316
电信和其他信息传输服务业	84	5319	2973	330	217
计算机服务业	72	1736	1308	175	80
软件业	14	372	252	45	20
批发和零售业	5	51	28	12	8
批发业	2	19	10	4	3
零售业	3	32	18	9	5
金融业	2	202	3	11	1
银行业	1	3	3		
其他金融活动	1	199		11	1
房地产业	1	7	1	1	1
房地产业	1	7	1	1	1
租赁和商务服务业	39	1452	528	93	54
商务服务业	39	1452	528	93	54
科学研究、技术服务和地质勘查业	807	19870	17479	2165	1240
研究与试验发展	103	2791	1722	176	107
专业技术服务业	103	3851	3382	341	163
科技交流和推广服务业	583	11520	10667	1527	950
地质勘查业	18	1708	1708	121	20
水利、环境和公共设施管理业	27	468	428	59	38
水利管理业	2	38	38	4	2
环境管理业	18	372	347	34	21
公共设施管理业	7	58	43	21	16
居民服务和其他服务业	2	11	1	2	1
居民服务业	1	4	1	1	1
其他服务业	1	7		1	1
教育	13	114	96	47	26
教育	13	114	96	47	26
卫生、社会保障和社会福利业	133	4906	2347	520	270
卫生	130	4732	2226	508	259
社会保障业	3	175	121	12	11
文化、体育和娱乐业	149	4066	2997	339	134
新闻出版业	13	884	101	41	16
广播、电视、电影和音像业	5	132	122	12	9
文化艺术业	112	2722	2496	184	55
体育	5	215	212	35	18
娱乐业	14	112	66	69	36
公共管理和社会组织	141	1960	1924	306	169
中国共产党机关	6	131	120	12	3
国家机构	133	1807	1782	286	161
群众团体、社会团体和宗教组织	1	20	20	4	1
基层群众自治组织	1	2	2	4	4

4-7　科技信息和文献机构各类R&D人员数

单位：人

项　目	R&D人员	#全时人员	#女性	学历			
				博士	硕士	大学	其他
全　国	**1338**	**866**	**549**	**94**	**274**	**790**	**180**
按隶属关系分							
地方部门属	912	623	302	26	169	617	100
省级部门属	757	531	248	24	149	511	73
副省级城市属	37	6	15		11	23	3
地市级部门属	118	86	39	2	9	83	24
中央部门属	426	243	247	68	105	173	80
中国科学院	77	44	39	15	14	43	5
中国社会科学院	124	29	80	6	19	66	33
按地区分							
东部地区	717	424	358	81	176	349	111
中部地区	372	324	85	7	44	274	47
西部地区	249	118	106	6	54	167	22
北　京	426	243	247	68	105	173	80
天　津	20	20	14	1	6	11	2
河　北							
山　西	8	8	3			8	
内蒙古	16	5	8		2	10	4
辽　宁							
#沈阳市							
大连市							
吉　林							
#长春市							
黑龙江	47	42	9		1	36	10
#哈尔滨市							
上　海							
江　苏	54	17	17	3	30	19	2
#南京市	30	9	9	1	22	5	2
浙　江							
#杭州市							
宁波市							
安　徽	130	128	43	6	26	96	2
福　建	16	14	8	2	10	4	
#厦门市							

4-7 续表

单位：人

项　　目	R&D人员	#全时人员	#女性	学　历			
				博士	硕士	大学	其他
江　西	54	33	12		5	38	11
山　东	170	124	60	7	20	119	24
#济南市	158	112	52	7	20	107	24
青岛市							
河　南							
湖　北							
#武汉市							
湖　南	133	113	18	1	12	96	24
广　东	31	6	12		5	23	3
#广州市	31	6	12		5	23	3
深圳市							
广　西	55	24	25	1	16	27	11
海　南							
重　庆							
四　川							
#成都市							
贵　州	7	5	1		2	5	
云　南	84	28	37	3	21	60	
西　藏	19	16	3		1	15	3
陕　西							
#西安市							
甘　肃	20	15	8		2	18	
青　海							
宁　夏	12		4	1	3	8	
新　疆	36	25	20	1	7	24	4
按服务的国民经济行业分							
农、林、牧、渔业	241	196	105	19	54	122	46
采矿业							
制造业	8	5	6	1	2	5	
信息传输、计算机服务和软件业							
租赁和商务服务业							
科学研究、技术服务和地质勘查业	844	561	280	42	157	557	88
居民服务和其他服务业							
卫生、社会保障和社会福利业	121	75	78	26	42	40	13
文化、体育和娱乐业	124	29	80	6	19	66	33
公共管理和社会组织							

4-8 科技信息和文献机构各类R&D人员折合全时工作量

单位：人年

项　目	R&D人员折合全时工作量	#研究人员	基础研究人员	应用研究人员	试验发展人员
全　国	**1090**	**623**	**28**	**445**	**617**
按隶属关系分					
地方部门属	774	435		326	448
省级部门属	652	385		308	344
副省级城市属	19	8			19
地市级部门属	103	42		18	85
中央部门属	316	188	28	119	169
中国科学院	44	12		44	
中国社会科学院	73	60	25	48	
按地区分					
东部地区	546	339	28	228	290
中部地区	355	159		156	199
西部地区	189	125		61	128
北　京	316	188	28	119	169
天　津	20	20			20
河　北					
山　西	8	2		8	
内蒙古	8	3		7	1
辽　宁					
#沈阳市					
大连市					
吉　林					
#长春市					
黑龙江	46	19			46
#哈尔滨市					
上　海					
江　苏	42	15			42
#南京市	25	11			25
浙　江					
#杭州市					
宁波市					
安　徽	129	26		121	8
福　建	16	5		12	4
#厦门市					

4-8 续表

单位：人年

项　　目	R&D人员折合全时工作量	#研究人员	基础研究人员	应用研究人员	试验发展人员
江　西	48	23		1	47
山　东	135	105		97	38
#济南市	123	93		97	26
青岛市					
河　南					
湖　北					
#武汉市					
湖　南	124	89		26	98
广　东	17	6			17
#广州市	17	6			17
深圳市					
广　西	41	26		14	27
海　南					
重　庆					
四　川					
#成都市					
贵　州	7	6			7
云　南	56	44		8	48
西　藏	19	9			19
陕　西					
#西安市					
甘　肃	18	10			18
青　海					
宁　夏	10	5		10	
新　疆	30	22		22	8
按服务的国民经济行业分					
农、林、牧、渔业	218	134		43	175
采矿业					
制造业	7	7			7
信息传输、计算机服务和软件业					
租赁和商务服务业					
科学研究、技术服务和地质勘查业	693	368		336	357
居民服务和其他服务业					
卫生、社会保障和社会福利业	99	54	3	18	78
文化、体育和娱乐业	73	60	25	48	
公共管理和社会组织					

4-9 科技信息和文献机构R&D经费内部支出按来源分布

单位：万元

项目	R&D经费内部支出	政府资金	企业资金	国外资金	其他资金
全　国	**25129**	**19016**	**41**	**17**	**6055**
按隶属关系分					
地方部门属	8599	7013	41	12	1533
省级部门属	7312	6142	10	12	1148
副省级城市属	306	69	15		223
地市级部门属	980	802	16		163
中央部门属	16529	12002		5	4522
中国科学院	3792	3792			
中国社会科学院	2772	2772			
按地区分					
东部地区	19362	13712	25	5	5620
中部地区	3208	3126	16		66
西部地区	2558	2178		12	369
北　京	16529	12002		5	4522
天　津	363	309			55
河　北					
山　西	38	38			
内蒙古	75	75			
辽　宁					
#沈阳市					
大连市					
吉　林					
#长春市					
黑龙江	138	138			
#哈尔滨市					
上　海					
江　苏	475	301			174
#南京市	294	264			30
浙　江					
#杭州市					
宁波市					
安　徽	1755	1751			4
福　建	233	233			
#厦门市					

4-9 续表

单位：万元

项　目	R&D经费内部支出	政府资金	企业资金	国外资金	其他资金
江　西	313	313			
山　东	1473	816	10		647
#济南市	1310	653	10		647
青岛市					
河　南					
湖　北					
#武汉市					
湖　南	964	886	16		62
广　东	287	50	15		223
#广州市	287	50	15		223
深圳市					
广　西	515	317			199
海　南					
重　庆					
四　川					
#成都市					
贵　州	104	61			44
云　南	983	886		12	85
西　藏	251	251			
陕　西					
#西安市					
甘　肃	180	180			
青　海					
宁　夏	58	58			
新　疆	392	351			42
按服务的国民经济行业分					
农、林、牧、渔业	3305	2547		5	753
采矿业					
制造业	178	178			
信息传输、计算机服务和软件业					
租赁和商务服务业					
科学研究、技术服务和地质勘查业	15201	11006	41		4155
居民服务和其他服务业					
卫生、社会保障和社会福利业	3671	2512		12	1147
文化、体育和娱乐业	2772	2772			
公共管理和社会组织					

4-10 科技信息和文献机构R&D经费内部支出按活动类型分

单位：万元

项　目	R&D经费内部支出	基础研究	应用研究	试验发展
全　国	**25129**	**1152**	**9747**	**14230**
按隶属关系分				
地方部门属	8599		3778	4821
省级部门属	7312		3643	3670
副省级城市属	306			306
地市级部门属	980		135	845
中央部门属	16529	1152	5969	9408
中国科学院	3792		3792	
中国社会科学院	2772	1112	1660	
按地区分				
东部地区	19362	1152	7189	11021
中部地区	3208		1922	1286
西部地区	2558		636	1923
北　京	16529	1152	5969	9408
天　津	363			363
河　北				
山　西	38		38	
内蒙古	75		50	24
辽　宁				
#沈阳市				
大连市				
吉　林				
#长春市				
黑龙江	138			138
#哈尔滨市				
上　海				
江　苏	475			475
#南京市	294			294
浙　江				
#杭州市				
宁波市				
安　徽	1755		1708	47
福　建	233		157	76
#厦门市				

4-10 续表

单位：万元

项　目	R&D经费内部支出	基础研究	应用研究	试验发展
江　西	313		15	298
山　东	1473		1063	410
#济南市	1310		1063	248
青岛市				
河　南				
湖　北				
#武汉市				
湖　南	964		161	803
广　东	287			287
#广州市	287			287
深圳市				
广　西	515		157	358
海　南				
重　庆				
四　川				
#成都市				
贵　州	104			104
云　南	983		120	863
西　藏	251			251
陕　西				
#西安市				
甘　肃	180			180
青　海				
宁　夏	58		58	
新　疆	392		250	142
按服务的国民经济行业分				
农、林、牧、渔业	3305		602	2703
采矿业				
制造业	178			178
信息传输、计算机服务和软件业				
租赁和商务服务业				
科学研究、技术服务和地质勘查业	15201		7198	8004
居民服务和其他服务业				
卫生、社会保障和社会福利业	3671	40	287	3345
文化、体育和娱乐业	2772	1112	1660	
公共管理和社会组织				

4-11 科技信息和文献机构R&D经费内部支出按费用类别分

单位：万元

项 目	R&D经费内部支出	日常性支出	劳务费	其他日常支出	资产性支出	仪器设备费	土建费
全 国	**25129**	**17443**	**7479**	**9964**	**7686**	**7084**	**602**
按隶属关系分							
地方部门属	8599	6898	4480	2417	1702	1482	220
省级部门属	7312	5898	3739	2159	1414	1194	220
副省级城市属	306	248	138	111	58	58	
地市级部门属	980	751	604	147	230	230	
中央部门属	16529	10545	2998	7547	5984	5603	382
中国科学院	3792	3009	587	2422	783	783	
中国社会科学院	2772	2138	800	1338	634	634	
按地区分							
东部地区	19362	12401	4301	8100	6960	6452	509
中部地区	3208	2783	1604	1179	425	425	
西部地区	2558	2258	1574	684	300	208	93
北 京	16529	10545	2998	7547	5984	5603	382
天 津	363	288	182	107	75	75	
河 北							
山 西	38	35	28	7	4	4	
内蒙古	75	75	44	31			
辽 宁							
#沈阳市							
大连市							
吉 林							
#长春市							
黑龙江	138	129	129		10	10	
#哈尔滨市							
上 海							
江 苏	475	380	310	70	95	95	
#南京市	294	199	166	33	95	95	
浙 江							
#杭州市							
宁波市							
安 徽	1755	1641	536	1105	114	114	
福 建	233	218	64	154	16	16	
#厦门市							

4-11 续表

单位：万元

项　　目	R&D经费内部支出	日常性支出	劳务费	其他日常支出	资产性支出	仪器设备费	土建费
江　西	313	290	225	65	23	23	
山　东	1473	741	620	121	732	605	127
#济南市	1310	613	492	121	698	571	127
青岛市							
河　南							
湖　北							
#武汉市							
湖　南	964	689	686	3	275	275	
广　东	287	229	128	102	58	58	
#广州市	287	229	128	102	58	58	
深圳市							
广　西	515	468	216	253	47	47	
海　南							
重　庆							
四　川							
#成都市							
贵　州	104	104	44	61			
云　南	983	903	762	141	80	80	
西　藏	251	186	104	83	65	65	
陕　西							
#西安市							
甘　肃	180	171	152	19	9	9	
青　海							
宁　夏	58	58	39	19			
新　疆	392	293	214	79	99	6	93
按服务的国民经济行业分							
农、林、牧、渔业	3305	2193	1159	1034	1112	1019	93
采矿业							
制造业	178	171	28	143	7	7	
信息传输、计算机服务和软件业							
租赁和商务服务业							
科学研究、技术服务和地质勘查业	15201	10439	5059	5380	4763	4357	406
居民服务和其他服务业							
卫生、社会保障和社会福利业	3671	2501	433	2069	1170	1067	103
文化、体育和娱乐业	2772	2138	800	1338	634	634	
公共管理和社会组织							

4-12 科技信息和文献机构R&D经费外部支出按流向分

单位：万元

项目	R&D经费外部支出	#流向国内研究机构	#流向国内高等学校	#流向国内企业	#流向境外机构
全　国	**172**	**153**	**16**		
按隶属关系分					
地方部门属	172	153	16		
省级部门属	172	153	16		
副省级城市属					
地市级部门属					
中央部门属					
中国科学院					
中国社会科学院					
按地区分					
东部地区					
中部地区					
西部地区	172	153	16		
北　京					
天　津					
河　北					
山　西					
内蒙古					
辽　宁					
#沈阳市					
大连市					
吉　林					
#长春市					
黑龙江					
#哈尔滨市					
上　海					
江　苏					
#南京市					
浙　江					
#杭州市					
宁波市					
安　徽					
福　建					
#厦门市					

4-12 续表

单位：万元

项 目	R&D经费外部支出	#流向国内研究机构	#流向国内高等学校	#流向国内企业	#流向境外机构
江 西					
山 东					
#济南市					
青岛市					
河 南					
湖 北					
#武汉市					
湖 南					
广 东					
#广州市					
深圳市					
广 西					
海 南					
重 庆					
四 川					
#成都市					
贵 州	153	153			
云 南					
西 藏					
陕 西					
#西安市					
甘 肃					
青 海					
宁 夏					
新 疆	19		16		
按服务的国民经济行业分					
农、林、牧、渔业	172	153	16		
采矿业					
制造业					
信息传输、计算机服务和软件业					
租赁和商务服务业					
科学研究、技术服务和地质勘查业					
居民服务和其他服务业					
卫生、社会保障和社会福利业					
文化、体育和娱乐业					
公共管理和社会组织					

4-13 科技信息和文献机构R&D课题人员和经费

项 目	课题数 合 计 (个)	课题经费 内部支出 (万元)	#政府资金	投入人员 (人年)	#研究人员
全 国	**351**	**9976**	**7709**	**908**	**524**
按隶属关系分					
地方部门属	213	4983	4582	624	339
省级部门属	181	4390	4122	522	299
副省级城市属	7	184	69	14	6
地市级部门属	25	409	391	89	33
中央部门属	138	4992	3127	284	185
中国科学院	16	713	713	20	11
中国社会科学院	66	716	716	73	60
按地区分					
东部地区	217	6666	4504	453	292
中部地区	72	2439	2398	292	119
西部地区	62	872	807	163	113
北 京	138	4992	3127	284	185
天 津	10	169	133	16	16
河 北					
山 西	2	33	33	8	2
内蒙古	3	28	28	5	2
辽 宁					
#沈阳市					
大连市					
吉 林					
#长春市					
黑龙江	7	50	31	32	11
#哈尔滨市					
上 海					
江 苏	11	331	301	32	9
#南京市	7	294	264	15	5
浙 江					
#杭州市					
宁波市					
安 徽	21	1726	1712	129	26
福 建	37	233	233	14	5
#厦门市					
江 西	12	147	147	32	11
山 东	18	775	660	96	73
#济南市	15	712	597	88	65
青岛市					
河 南					
湖 北					
#武汉市					
湖 南	30	483	475	92	69
广 东	3	165	50	12	4
#广州市	3	165	50	12	4
深圳市					

4-13 续表 1

项　目	课题数 合　计 (个)	课题经费 内部支出 (万元)	#政府资金	投入人员 (人年)	#研究人员
广　西	14	173	131	33	21
海　南					
重　庆					
四　川					
#成都市					
贵　州	1	53	53	5	4
云　南	16	197	185	53	42
西　藏	6	217	217	15	7
陕　西					
#西安市					
甘　肃	9	19	19	18	10
青　海					
宁　夏	4	19	19	5	5
新　疆	9	167	157	30	22
按课题学科分					
自然科学领域	78	3882	2855	265	110
信息科学与系统科学	60	2174	1147	144	90
化学					
地球科学	18	1708	1708	121	20
生物学					
农业科学领域	14	159	130	24	15
农学	13	146	117	24	15
林学					
畜牧、兽医科学	1	13	13		
水产学					
医学科学领域	21	495	482	68	41
基础医学					
预防医学与公共卫生学	2	24	12	8	2
药学					
中医学与中药学	19	471	470	60	39
工程科学与技术领域	80	2154	1715	226	126
工程与技术科学基础学科	4	61	23	11	6
信息与系统科学相关工程与技术	10	627	566	39	17
测绘科学技术	1	2	1	3	1
材料科学					
矿山工程技术					
冶金工程技术					
机械工程					
动力与电气工程					
能源科学技术					
电子与通信技术					
计算机科学技术	35	1290	962	114	66
化学工程					
食品科学技术	3	42	42	14	9
土木建筑工程					
环境科学技术及资源科学技术					
安全科学技术	1	10	10	2	1
管理学	26	123	112	43	26

4-13 续表 2

项 目	课题数 合 计 (个)	课题经费 内部支出 (万元)	#政府资金	投入人员 (人年)	#研究人员
社会、人文科学领域	158	3286	2526	324	232
哲学	2	22	22	2	2
语言学	2	34	34	5	3
历史学	1	9	9	1	1
经济学	44	815	658	81	56
政治学	3	42	42	14	11
法学					
社会学	17	354	354	70	67
民族学与文化学	1	17	17	2	2
新闻学与传播学	1	57	39	3	1
图书馆、情报与文献学	86	1786	1232	142	90
教育学					
体育科学					
统计学	1	150	120	6	1
按课题服务的国民经济行业分					
农、林、牧、渔业	64	1048	785	125	81
农业	15	126	92	26	19
林业					
畜牧业	3	28	23	4	2
渔业					
农、林、牧、渔服务业	46	894	670	96	60
采矿业					
石油和天然气开采业					
有色金属矿采选业					
制造业	3	42	42	14	9
农副食品加工业	1	1	1	1	
食品制造业	2	41	41	13	9
烟草制品业					
造纸及纸制品业					
石油加工、炼焦及核燃料加工业					
医药制造业					
塑料制品业					
非金属矿物制品业					
黑色金属冶炼及压延加工业					
金属制品业					
通用设备制造业					
专用设备制造业					
交通运输设备制造业					
电气机械及器材制造业					
通信设备、计算机及其他电子设备制造业					
工艺品及其他制造业					
电力、燃气及水的生产和供应业					
电力、热力的生产和供应业					
燃气生产和供应业					
建筑业					
房屋和土木工程建筑业					
建筑安装业					

4-13 续表 3

项　　目	课题数合　计(个)	课题经费内部支出(万元)	#政府资金	投入人员(人年)	#研究人员
交通运输、仓储和邮政业					
道路运输业					
城市公共交通业					
水上运输业					
仓储业					
信息传输、计算机服务和软件业	10	598	485	59	32
电信和其他信息传输服务业	3	534	434	31	21
计算机服务业	2	10	10	8	2
软件业	5	54	41	20	9
批发和零售业	1	11	11	5	4
批发业					
零售业	1	11	11	5	4
金融业	1	3	3		
银行业	1	3	3		
其他金融活动					
房地产业					
房地产业					
租赁和商务服务业					
商务服务业					
科学研究、技术服务和地质勘查业	209	5736	4477	512	278
研究与试验发展	103	2791	1722	176	109
专业技术服务业	6	64	24	23	9
科技交流和推广服务业	82	1172	1024	192	140
地质勘查业	18	1708	1708	121	20
水利、环境和公共设施管理业	7	220	220	16	8
水利管理业					
环境管理业	7	220	220	16	8
公共设施管理业					
居民服务和其他服务业					
居民服务业					
其他服务业					
教育					
教育					
卫生、社会保障和社会福利业	25	1340	726	100	59
卫生	24	1178	614	93	52
社会保障业	1	162	112	7	7
文化、体育和娱乐业	16	758	740	20	11
新闻出版业	1	57	39	3	1
广播、电视、电影和音像业					
文化艺术业	15	701	701	17	10
体育					
娱乐业					
公共管理和社会组织	15	220	220	57	43
中国共产党机关					
国家机构	15	220	220	57	43
群众团体、社会团体和宗教组织					
基层群众自治组织					

4-14　科技信息和文献机构R&D课题经费按活动类型分类

单位：万元

项　　目	R&D课题经费内部支出	基础研究	应用研究	试验发展
全　　国	**9976**	**305**	**4192**	**5479**
按隶属关系分				
地方部门属	4983		2848	2135
省级部门属	4390		2774	1616
副省级城市属	184			184
地市级部门属	409		74	335
中央部门属	4992	305	1344	3343
中国科学院	713		713	
中国社会科学院	716	287	429	
按地区分				
东部地区	6666	305	2138	4222
中部地区	2439		1833	605
西部地区	872		221	651
北　京	4992	305	1344	3343
天　津	169			169
河　北				
山　西	33		33	
内蒙古	28		17	10
辽　宁				
#沈阳市				
大连市				
吉　林				
#长春市				
黑龙江	50			50
#哈尔滨市				
上　海				
江　苏	331			331
#南京市	294			294
浙　江				
#杭州市				
宁波市				
安　徽	1726		1708	18
福　建	233		157	76
#厦门市				
江　西	147		2	145
山　东	775		637	138
#济南市	712		637	75
青岛市				
河　南				
湖　北				
#武汉市				
湖　南	483		90	393
广　东	165			165
#广州市	165			165
深圳市				

4-14 续表 1

单位：万元

项　目	R&D课题经费 内部支出	基础研究	应用研究	试验发展
广　西	173		49	123
海　南				
重　庆				
四　川				
#成都市				
贵　州	53			53
云　南	197		24	173
西　藏	217			217
陕　西				
#西安市				
甘　肃	19			19
青　海				
宁　夏	19		19	
新　疆	167		111	56
按课题学科分				
自然科学领域	3882		1948	1933
信息科学与系统科学	2174		240	1933
化学				
地球科学	1708		1708	
生物学				
农业科学领域	159		9	150
农学	146		9	137
林学				
畜牧、兽医科学	13			13
水产学				
医学科学领域	495	19	106	370
基础医学				
预防医学与公共卫生学	24		24	
药学				
中医学与中药学	471	19	82	370
工程科学与技术领域	2154		1042	1112
工程与技术科学基础学科	61		21	40
信息与系统科学相关工程与技术	627		419	208
测绘科学技术	2			2
材料科学				
矿山工程技术				
冶金工程技术				
机械工程				
动力与电气工程				
能源科学技术				
电子与通信技术				
计算机科学技术	1290		534	756
化学工程				
食品科学技术	42		11	31
土木建筑工程				
环境科学技术及资源科学技术				
安全科学技术	10			10
管理学	123		58	66

4-14 续表 2

单位：万元

项　　目	R&D课题经费			
	内部支出	基础研究	应用研究	试验发展
社会、人文科学领域	3286	287	1087	1913
哲学	22	22		
语言学	34	34		
历史学	9	9		
经济学	815		280	535
政治学	42	13	29	
法学				
社会学	354	9	94	251
民族学与文化学	17		17	
新闻学与传播学	57		57	
图书馆、情报与文献学	1786	200	610	977
教育学				
体育科学				
统计学	150			150
按课题服务的国民经济行业分				
农、林、牧、渔业	1048		88	960
农业	126		18	108
林业				
畜牧业	28			28
渔业				
农、林、牧、渔服务业	894		70	824
采矿业				
石油和天然气开采业				
有色金属矿采选业				
制造业	42		11	31
农副食品加工业	1			1
食品制造业	41		11	30
烟草制品业				
造纸及纸制品业				
石油加工、炼焦及核燃料加工业				
医药制造业				
塑料制品业				
非金属矿物制品业				
黑色金属冶炼及压延加工业				
金属制品业				
通用设备制造业				
专用设备制造业				
交通运输设备制造业				
电气机械及器材制造业				
通信设备、计算机及其他电子设备制造业				
工艺品及其他制造业				
电力、燃气及水的生产和供应业				
电力、热力的生产和供应业				
燃气生产和供应业				
建筑业				
房屋和土木工程建筑业				
建筑安装业				

4-14 续表 3

单位：万元

项　目	R&D课题经费内部支出	基础研究	应用研究	试验发展
交通运输、仓储和邮政业				
道路运输业				
城市公共交通业				
水上运输业				
仓储业				
信息传输、计算机服务和软件业	598		534	64
电信和其他信息传输服务业	534		534	
计算机服务业	10			10
软件业	54			54
批发和零售业	11		11	
批发业				
零售业	11		11	
金融业	3		3	
银行业	3		3	
其他金融活动				
房地产业				
房地产业				
租赁和商务服务业				
商务服务业				
科学研究、技术服务和地质勘查业	5736	287	2533	2916
研究与试验发展	2791	287	508	1997
专业技术服务业	64		10	54
科技交流和推广服务业	1172		308	864
地质勘查业	1708		1708	
水利、环境和公共设施管理业	220		3	217
水利管理业				
环境管理业	220		3	217
公共设施管理业				
居民服务和其他服务业				
居民服务业				
其他服务业				
教育				
教育				
卫生、社会保障和社会福利业	1340	19	93	1228
卫生	1178	19	93	1066
社会保障业	162			162
文化、体育和娱乐业	758		758	
新闻出版业	57		57	
广播、电视、电影和音像业				
文化艺术业	701		701	
体育				
娱乐业				
公共管理和社会组织	220		158	63
中国共产党机关				
国家机构	220		158	63
群众团体、社会团体和宗教组织				
基层群众自治组织				

4-15　科技信息和文献机构R&D课题投入人员按活动类型分

单位：人年

项　目	投入人员合计	基础研究	应用研究	试验发展	投入研究人员	基础研究	应用研究	试验发展
全　国	**908**	**28**	**371**	**509**	**524**	**23**	**189**	**312**
按隶属关系分								
地方部门属	624		278	346	339		126	213
省级部门属	522		262	260	299		120	179
副省级城市属	14			14	6			6
地市级部门属	89		16	73	33		6	28
中央部门属	284	28	93	163	185	23	62	99
中国科学院	20		20		11		11	
中国社会科学院	73	25	48		60	21	39	
按地区分								
东部地区	453	28	171	254	292	23	116	153
中部地区	292		149	143	119		41	78
西部地区	163		50	113	113		32	81
北　京	284	28	93	163	185	23	62	99
天　津	16			16	16			16
河　北								
山　西	8		8		2		2	
内蒙古	5		4	1	2		2	1
辽　宁								
#沈阳市								
大连市								
吉　林								
#长春市								
黑龙江	32			32	11			11
#哈尔滨市								
上　海								
江　苏	32			32	9			9
#南京市	15			15	5			5
浙　江								
#杭州市								
宁波市								
安　徽	129		121	8	26		20	6
福　建	14		10	4	5		3	1
#厦门市								
江　西	32		1	31	11		1	11
山　东	96		68	28	73		50	23
#济南市	88		68	20	65		50	15
青岛市								
河　南								
湖　北								
#武汉市								
湖　南	92		20	72	69		18	50
广　东	12			12	4			4
#广州市	12			12	4			4
深圳市								

4-15 续表 1

单位：人年

项目	投入人员				投入研究			
	合计	基础研究	应用研究	试验发展	人员	基础研究	应用研究	试验发展
广西	33		11	22	21		8	13
海南								
重庆								
四川								
#成都市								
贵州	5			5	4			4
云南	53		8	45	42		2	40
西藏	15			15	7			7
陕西								
#西安市								
甘肃	18			18	10			10
青海								
宁夏	5		5		5		5	
新疆	30		22	8	22		15	7
按课题学科分								
自然科学领域	265		146	119	110		36	74
信息科学与系统科学	144		25	119	90		16	74
化学								
地球科学	121		121		20		20	
生物学								
农业科学领域	24		1	24	15			15
农学	24		1	23	15			14
林学								
畜牧、兽医科学								
水产学								
医学科学领域	68	3	19	46	41	2	9	29
基础医学								
预防医学与公共卫生学	8		8		2		2	
药学								
中医学与中药学	60	3	11	46	39	2	7	29
工程科学与技术领域	226		51	175	126		35	91
工程与技术科学基础学科	11		2	9	6		1	5
信息与系统科学相关工程与技术	39		1	38	17			17
测绘科学技术	3			3	1			1
材料科学								
矿山工程技术								
冶金工程技术								
机械工程								
动力与电气工程								
能源科学技术								
电子与通信技术								
计算机科学技术	114		31	83	66		21	45
化学工程								
食品科学技术	14		4	10	9		3	6
土木建筑工程								
环境科学技术及资源科学技术								
安全科学技术	2			2	1			1
管理学	43		13	30	26		9	17

4-15 续表 2

单位：人年

项　目	投入人员 合　计	基础研究	应用研究	试验发展	投入研究 人　员	基础研究	应用研究	试验发展
社会、人文科学领域	324	25	155	145	232	21	109	103
哲学	2	2			2	2		
语言学	5	5			3	3		
历史学	1	1			1	1		
经济学	81		40	41	56		24	32
政治学	14	1	13		11	1	10	
法学								
社会学	70	1	24	45	67	1	22	44
民族学与文化学	2		2		2		2	
新闻学与传播学	3		3		1		1	
图书馆、情报与文献学	142	17	73	53	90	14	50	25
教育学								
体育科学								
统计学	6			6	1			1
按课题服务的国民经济行业分								
农、林、牧、渔业	125		10	115	81		6	74
农业	26		5	21	19		5	15
林业								
畜牧业	4			4	2			2
渔业								
农、林、牧、渔服务业	96		5	91	60		2	58
采矿业								
石油和天然气开采业								
有色金属矿采选业								
制造业	14		4	10	9		3	6
农副食品加工业	1			1				
食品制造业	13		4	9	9		3	6
烟草制品业								
造纸及纸制品业								
石油加工、炼焦及核燃料加工业								
医药制造业								
塑料制品业								
非金属矿物制品业								
黑色金属冶炼及压延加工业								
金属制品业								
通用设备制造业								
专用设备制造业								
交通运输设备制造业								
电气机械及器材制造业								
通信设备、计算机及其他电子设备制造业								
工艺品及其他制造业								
电力、燃气及水的生产和供应业								
电力、热力的生产和供应业								
燃气生产和供应业								
建筑业								
房屋和土木工程建筑业								
建筑安装业								

4-15 续表 3

单位：人年

项　目	投入人员 合　计	基础研究	应用研究	试验发展	投入研究人员	基础研究	应用研究	试验发展
交通运输、仓储和邮政业								
道路运输业								
城市公共交通业								
水上运输业								
仓储业								
信息传输、计算机服务和软件业	59		31	28	32		21	11
电信和其他信息传输服务业	31		31		21		21	
计算机服务业	8			8	2			2
软件业	20			20	9			9
批发和零售业	5		5		4		4	
批发业								
零售业	5		5		4		4	
金融业								
银行业								
其他金融活动								
房地产业								
房地产业								
租赁和商务服务业								
商务服务业								
科学研究、技术服务和地质勘查业	512	25	238	250	278	21	99	157
研究与试验发展	176	25	64	87	109	21	46	42
专业技术服务业	23		2	21	9		1	8
科技交流和推广服务业	192		50	142	140		33	107
地质勘查业	121		121		20		20	
水利、环境和公共设施管理业	16		1	15	8		1	7
水利管理业								
环境管理业	16		1	15	8		1	7
公共设施管理业								
居民服务和其他服务业								
居民服务业								
其他服务业								
教育								
教育								
卫生、社会保障和社会福利业	100	3	15	82	59	2	7	49
卫生	93	3	15	75	52	2	7	42
社会保障业	7			7	7			7
文化、体育和娱乐业	20		20		11		11	
新闻出版业	3		3		1		1	
广播、电视、电影和音像业								
文化艺术业	17		17		10		10	
体育								
娱乐业								
公共管理和社会组织	57		47	10	43		36	7
中国共产党机关								
国家机构	57		47	10	43		36	7
群众团体、社会团体和宗教组织								
基层群众自治组织								

4-16 科技信息和文献机构专利及专利所有权转让

项　目	专利申请受理数 (件)	#发明专利	专利申请授权数 (件)	#发明专利	#国外授权	有效发明专利总数 (件)	专利所有权转让及许可数 (件)	专利所有权转让及许可收入 (万元)
全　国	**20**	**9**	**6**	**1**		**5**		
按隶属关系分								
地方部门属	16	7	5	1		4		
省级部门属	13	7	4	1		4		
副省级城市属								
地市级部门属	3		1					
中央部门属	4	2	1			1		
中国科学院								
中国社会科学院								
按地区分								
东部地区	18	7	6	1		4		
中部地区	1	1						
西部地区	1	1				1		
北　京	4	1	1			1		
天　津	1					1		
河　北	1	1	1	1		1		
山　西								
内蒙古								
辽　宁								
#沈阳市								
大连市								
吉　林								
#长春市								
黑龙江								
#哈尔滨市								
上　海								
江　苏								
#南京市								
浙　江	1		1			1		
#杭州市	1		1			1		
宁波市								
安　徽								
福　建								
#厦门市								

4-16 续表

项　　目	专利申请受理数(件)	#发明专利	专利申请授权数(件)	#发明专利	#国外授权	有效发明专利总数(件)	专利所有权转让及许可数(件)	专利所有权转让及许可收入(万元)
江　西								
山　东	9	3	3					
#济南市	6	3	2					
青岛市								
河　南	1	1						
湖　北								
#武汉市								
湖　南								
广　东	2	2						
#广州市	2	2						
深圳市								
广　西								
海　南								
重　庆								
四　川								
#成都市								
贵　州								
云　南								
西　藏								
陕　西								
#西安市								
甘　肃								
青　海								
宁　夏	1	1				1		
新　疆								
按服务的国民经济行业分								
农、林、牧、渔业	4	2	1			2		
采矿业								
制造业	1	1						
信息传输、计算机服务和软件业								
租赁和商务服务业								
科学研究、技术服务和地质勘查业	15	6	5	1		3		
居民服务和其他服务业								
卫生、社会保障和社会福利业								
文化、体育和娱乐业								
公共管理和社会组织								

4-17 科技信息和文献机构论文、著作及其他科技成果

项　目	发表科技论文（篇）	#国外发表	出版科技著作（种）	形成国家或行业标准（件）	集成电路布图设计登记数（件）	植物新品种权授予（项）	软件著作权（件）	新药证书（件）
全　国	**3321**	**175**	**104**	**280**	**1**		**97**	
按隶属关系分								
地方部门属	1995	52	61	280	1		37	
省级部门属	1508	23	48	280			36	
副省级城市属	55		7				1	
地市级部门属	432	29	6		1			
中央部门属	1326	123	43				60	
中国科学院	191	2						
中国社会科学院	57		2					
按地区分								
东部地区	2195	153	78	11			89	
中部地区	673	3	14	269			6	
西部地区	453	19	12		1		2	
北　京	1300	136	49				60	
天　津	44						14	
河　北	87	11	1					
山　西	74		2					
内蒙古	7							
辽　宁	93	2	7	1				
#沈阳市	78		6	1				
大连市								
吉　林	33		6					
#长春市	26		6					
黑龙江	54							
#哈尔滨市	41							
上　海	78	4	6	4			1	
江　苏	123			2				
#南京市	119			2				
浙　江	83		3				1	
#杭州市	54		3				1	
宁波市	7							
安　徽	98			267				
福　建	97		5					
#厦门市	7							

4-17 续表

项目	发表科技论文（篇）	#国外发表	出版科技著作（种）	形成国家或行业标准（件）	集成电路布图设计登记数（件）	植物新品种权授予（项）	软件著作权（件）	新药证书（件）
江　西	58		3					
山　东	97		3	2			10	
#济南市	60		3	2			10	
青岛市								
河　南	105							
湖　北	190	3	2	2			6	
#武汉市	189	2	2	2			6	
湖　南	61		1					
广　东	152		2	2			2	
#广州市	134		2	2			2	
深圳市								
广　西	82	2	3					
海　南	41		2				1	
重　庆	6		2					
四　川	103	17					1	
#成都市	41	2					1	
贵　州	37							
云　南	58		3					
西　藏								
陕　西	48		2					
#西安市	39							
甘　肃	40		2		1		1	
青　海	5							
宁　夏	26							
新　疆	41							
按服务的国民经济行业分								
农、林、牧、渔业	552	10	29	2	1		49	
采矿业	80	80	5					
制造业	54	3	9					
信息传输、计算机服务和软件业								
租赁和商务服务业	18	4						
科学研究、技术服务和地质勘查业	2114	75	47	278			48	
居民服务和其他服务业	15							
卫生、社会保障和社会福利业	378	3	10					
文化、体育和娱乐业	84		4					
公共管理和社会组织	26							

附录　主要统计指标解释

主要统计指标解释

从业人员：指年末直接组织安排工作并支付工资的各类人员总数。包括固定职工、国家有编制的合同制职工、招聘人员和返聘的离退休人员。不包括离退休人员、停薪留职人员。

科技活动人员：指从业人员中的科技管理人员、课题活动人员和科技服务人员。

科技管理人员：指单位领导及业务、人事管理人员。包括：从事科技计划管理、课题管理、成果管理、专利管理、科技统计、科技档案管理、科技外事工作、人事管理、教育培训、财务等与科技活动有关的人员。

课题活动人员：指编制在研究室或课题组的人员。

科技服务人员：指直接为科技工作服务的各类人员。如从事图书、信息文献、测试、试制、咨询、物资器材供应等工作的人员，以及实验室、试验工厂（车间）、试验农场的人员。不包括司机、门卫、食堂人员、医务人员、清洁工、幼儿园和托儿所的工作人员，以及主要从事生产、经营活动的人员。

科技经费筹集总额：指报告年度调查单位从各种渠道筹集到的计划用于本单位科技活动的经费，不论来源渠道如何。

科技经费内部支出：指调查单位内部开展科技活动实际支出的费用。包括来自科研渠道以及其他各种渠道的经费实际用于科技活动支出的费用，包括外协加工费。

科研仪器设备原价：指固定资产中用于科技活动的科研仪器设备总值。不包括与基建配套的各种动力设备、机械设备、辅助设备，也不包括一般运输工具和专用于生产的仪器设备。若科研与生产共用的仪器设备，则按其使用的情况，统计在主要一方。

R&D：即研究与试验发展。是指在科学技术领域，为增加知识总量、以及运用这些知识去创造新的应用进行的系统性的创造性的活动。包括基础研究、应用研究、试验发展三类活动。

基础研究：是指为了获取关于现象和可观察事实的基本原理的新知识（揭示客观事物的本质、运动规律，获得新发现、新学说）而进行的实验性或理论性研究，它不以任何专门或特定的应用或使用为目的。其成果以科学论文和科学著作为主要形式。

应用研究：是指为获得新知识而进行的创造性研究。主要针对某一特定的目的或目标。应用研究是为了确定基础研究成果可能的用途，或是为达到预定的目标探索应采取的新方法（原理性）或新途径。其成果形式以科学论文、专著、原理性模型或发明专利为主。

试验发展：是指利用从事基础研究、应用研究和实际经验所获得的现有知识，为生产新的产品、材料和装置，建立新的工艺、系统和服务，以及对已产生和建立的上述各项作实质性的改进而进行的系统性工作。其成果形式主要是专利、专有技术、具有新产品基本特征的产品原型或具有新装置基本特征的原始样机等。在社会科学领域，试验发展是指把通过基础研究、应用研究获得的知识转变成可以实施的计划（包括为进行检验和评估实施示范项目）的过程。人文科学领域没有对应的实验发展活动。

R&D 人员：指单位内部从事基础研究、应用研究和实验发展三类活动的人员。包括直接参加上述三类项目（课题）活动的人员以及这三类项目（课题）的管理人员和直接服务人员。

研究人员：指从事新知识、新产品、新工艺、新方法、新系统的构想或创造的专业人员及项目（课题）的高级管理人员。

全时人员：在报告年度实际从事 R&D 活动的时间占制度工作时间 90%及以上的人员。

R&D 人员全时当量：指 R&D 全时人员工作量与非全时人员按实际工作时间折算的工作量之和。例如：

有 2 个 R&D 全时人员（工作时间分别为 0.9 年和 1 年）和 3 个 R&D 非全时人员（工作时间分别为 0.2 人年、0.3 人年和 0.7 人年），则 R&D 人员全时当量=1+1+0.2+0.3+0.7=3.2（人年）。

R&D 经费内部支出：指调查单位在报告年度用于内部开展 R&D 活动的实际支出。包括用于 R&D 项目（课题）活动的直接支出，以及间接用于 R&D 活动的管理费、服务费、与 R&D 有关的基本建设支出以及外协加工费等。

日常性支出：指调查单位在报告年度为开展科技活动或 R&D 活动而发生的人员劳务费、与科技活动或 R&D 活动相关的各项业务费与管理费。例如：原材料费、水电能源费、期刊书报资料费、加工实验费、设备使用费、计算机机时费、资料印刷费、差旅费、修缮费、房租等。

人员劳务费：指以货币或实物形式直接或间接支付给科技活动或 R&D 活动人员的劳动报酬。包括各种形式的工资、补助工资、津贴、价格补贴、奖金、福利、失业保险、养老金、医疗保险、工伤保险、人民助学金等。

资产性支出：指调查单位在报告年度为开展科技活动或 R&D 活动而进行建造、购置、安装、改建、扩建固定资产，以及进行设备技术改造和大修等实际支出的费用。

设备购置费：指调查单位在报告年度为开展科技活动或 R&D 活动而用于购买仪器和设备的实际支出。

政府资金：指调查单位科技活动经费或 R&D 经费内部支出中来自各级政府部门的各类资金，包括财政科学技术功能支出，主管部门专项费，国务院各部门专项费，省、市、自治区专项费，财政其他功能支出中用于 R&D 人员的工资和政府提供的技术改造经费中实际用于 R&D 的经费。企业承担各级计划项目等所获得的政府无偿使用拨款，但不包括政府拨款中各类性质的贷款。

企业资金：指调查单位科技活动经费或 R&D 经费内部支出中从企业获得的资金的实际支出。

国外资金：指调查单位科技活动经费或 R&D 经费内部支出中来自中国境外的企业、大学、国际组织、民间组织、金融机构及外国政府的资金的实际支出。

其他资金：指从上述渠道以外获得的用于科技活动或 R&D 活动的经费。

外部支出：指报告年度调查单位委托外单位或与外单位合作进行科技活动或 R&D 活动而拨给对方的经费。不包括外协加工费。

课题数：指调查单位在当年立项并开展研究工作、以前年份立项仍继续进行研究的课题数，包括当年完成和年内研究工作已告失败的课题。

课题经费内部支出：指报告年度调查单位为进行课题研究而在本单位实际使用的全部经费。包括劳务费、其他日常支出、仪器设备购置费、土地使用和建筑物等。不包括与外单位合作研究而拨给对方使用的经费。

专利申请数：指调查单位在报告年度向国内外知识产权行政部门提出专利申请并被受理的件数。

发明专利申请数：指调查单位在报告年度向国内外知识产权行政部门提出发明专利申请并被受理的件数。

专利申请授权数：指报告年度由国内外知识产权行政部门向调查单位授予专利权的件数。

发明专利申请授权数：指报告年度由国内外知识产权行政部门向调查单位授予发明专利权的件数。

有效发明专利数：指调查单位作为专利权人在报告年度拥有的、经国内外知识产权行政部门授权且在有效期内的发明专利件数。

专利所有权转让及许可数：指报告年度调查单位向外单位转让专利所有权或允许专利技术由被许可单位使用的件数。

专利所有权转让及许可收入：指报告年度调查单位向外单位转让专利所有权或允许专利技术由被许可单位使用而得到的收入。包括当年从被转让方或被许可方得到的一次性付款和分期付款收入，以及利润分成、股股息收入等。

发表科技论文：指报告年度在学术期刊上发表的最初的科学研究成果。应具备以下三个条件：(1)首次发表的研究成果；(2)作者的结论和试验内被同行重复并验证；(3)发表后科技界能引用。

出版科技著作：指在报告年度经过正式出版部门编印出版的论述科学技术问题的理论性论文集或专著以及大专院校教科书、科普著作。但不包括翻译国外的著作。由多人合著的科技著作，由第一作者所在单位统计。

形成国家或行业标准数：指报告年度调查单位在自主研发或自主知识产权基础上形成的国家或行业标准。

集成电路布图设计登记数：指调查单位向知识产权行政部门提出登记申请并在报告年度被受理登记的集成电路布图设计的件数。

植物新品种权授予数：指调查单位向农业、林业行政部门（审批机关）提出申请并在报告年度被授予植物新品种的项数。

软件著作权数：指调查单位向国家版权局提出登记申请并在报告年度被受理登记的软件著作权数。

新药证书数：指调查单位向国家食品药品监督管理局提出申请并在报告年度被批准的新药证书总数。